Die Lerchen der Welt

Alaudidae

Rudolf Pätzold

W/ Die Neue Brehm-Bücherei Bd. 617
V Westarp Wissenschaften · Magdeburg · 1994

Die Deutsche Bibliothek — CIP–Einheitsaufnahme

Pätzold, Rudolf:
Die Lerchen der Welt: Alaudidae / Rudolf Pätzold –
Magdeburg: Westarp-Wiss., 1994
(Die Neue Brehm-Bücherei; Bd. 617)
ISBN 3-89432-422-8
NE: GT

Titelbild: Links: Baumklapperlerche (*Mirafra rufocinna-momea*).Rechts: Halsbandlerche (*Mirafra collaris*).
Aus: SHELLEY, G. E. (1902): The Birds of Africa in the
Ethiopian Region, Bd. 3, London.

© 1994 Westarp Wissenschaften,
Wolf Graf von Westarp
Uhlichstraße 6, 39108 Magdeburg, Tel. + Fax. 0391–35620

Satz und Layout: Heinz–Jürgen Kullmann, Dortmund
Druck und Bindung: Hartmann, Ahaus

Vorbericht

Ein Buch über alle Lerchen wünschte ich mir seit Jahrzehnten — die Arten der gesamten Familie überschauend vor mir liegen zu haben. Das gab es nicht; das Wissen über die Alaudiden ist in der Fachliteratur der ganzen Erde verstreut. Deshalb begann ich zu sammeln, zu ordnen, hinzuzufügen durch eigene Beobachtungen — fasziniert vom Lerchenflug und Lerchengesang seit Kindheitstagen. Trotz der verbleibenden Lücken, die einer angestrebten einheitlichen Behandlung aller Arten noch im Wege standen, häufte sich das Material zu einem Umfang, der nicht mehr in den Rahmen der bewährten Brehm–Reihe zu bringen war. So kam es zu dieser gekürzten Neufassung des Urtextes, besonders unter Verzicht auf ausführliche Beschreibung des Gefieders und Details in der Brutbiologie. Dennoch hoffe ich, daß das Hauptanliegen dieser Arbeit, dem Leser einen Überblick über Charakter, Verbreitung und Lebensweise der Alaudiden zu geben, erfüllt werden kann.

In der Nomenklatur und Systematik entschied ich mich in diesem Band für PETERS check–list (1969) bzw. für HOWARD & MOORE, die 1984 in ihrem umfassenden überarbeiteten Werk »Birds of the World« auf dieser Liste aufbauten, und die mir schon deshalb am zweckmäßigsten erscheint, weil sie die vermutlich ursprünglichsten Lerchenarten (Gattung *Mirafra*) an den Anfang der Familie stellt. Eigene abweichende Vorstellungen habe ich bewußt unterdrückt, um einer weiteren Zersplitterung des Systems entgegenzutreten.

Die deutschsprachigen Namen der Lerchenarten, soweit diese vorher noch nicht in unserem Sprachgut Eingang fanden, wählte ich nach WOLTERS: »Die Vogelarten der Erde« (4. Lieferung, 1979).

Um den europäischen Lesern gleich anfangs jeder Artbehandlung eine erste grobsinnliche Vorstellung des Vogels zu vermitteln, wurde versucht, im »Habitus«, soweit vertretbar, viele Spezies mit dem Typ einer bekannteren europäischen Lerche zu vergleichen. Als Standardtyp wählte ich die Feldlerche (*Alauda arvensis*), die wohl in Europa immer noch am besten bekannte Lerche. Wenn z. B. bei der Kalanderlerche zu finden ist »kurzschwänziger als Feldlerche«, so ist damit gesagt, daß sie einen proportional kürzeren Schwanz hat als die Feldlerche.

Die biometrischen Daten wurden dominierend aus Standardwerken von Autoren wie ALI & RIPLEY (1972), BANNERMAN (1936, 1953), CAVE & McDONALD (1955), DEMENT'EV & GLADKOV (1954), ETCHECOPAR & HÜE (1967, 1983), GLUTZ VON BLOTZHEIM (1985), HARTERT (1910), MACLEAN (1985), NAUMANN (1900), NIETHAMMER

(1937), MACKWORTH-PRAED & GRANT (1973), PROZESKY (1970), REICHENOW (1894, 1900 – 905, 1914), SCHÖNWETTER & MEISE (1969), und SHELLEY (1902) entnommen, wobei ich bemüht war, einen möglichst großen Kreis der Unterarten in den Minimum–Maximum–Werten einzuschließen, unter Verzicht auf errechnete Durchschnittswerte. Bei der Beschreibung des Flügelbaues folgte ich dem Handbuch von CRAMP et al. (1988).

Die Verbreitungskarten wurden, soweit vorhanden, aus o. a. Standardwerken entnommen, teilweise vom Verfasser geändert bzw. ergänzt oder nach Literaturangaben neu entworfen. Mit der nur punktweisen Angabe von real festgestellten Brutgebieten, wie in jüngster Zeit von einigen Autoren gehandhabt, konnte ich mich nicht anfreunden, da gerade in den homogenen Wüsten– und Steppengebieten in den meisten Fällen mit einer flächendeckenden Besiedlung auch zwischen diesen mehr oder weniger durch Zufall festgestellten Brutpunkten gerechnet werden muß. Fehler sind bei beiden Methoden nicht auszuschließen, zumal die Grenzen der Verbreitungsgebiete (besonders in Afrika) ständig großen Schwankungen unterliegen.

In der Zählweise der Handschwingen (HS) entschloß ich mich — wenn auch mit Zögern — für die Methode von innen nach außen (vom Handgelenk aus distal) und folgte damit dem »Handbuch der Vögel Mitteleuropas«. Die Armschwingen (AS) werden von außen nach innen (vom Handgelenk aus proximal), die Steuerfedern (ST) von innen nach außen gezählt. Die Schnabellängen verstehen sich von der Schnabelspitze bis Beginn der Stirnbefiederung, soweit nichts anderes (vom Schädel) vermerkt.

Das Manuskript wurde im wesentlichen 1990 abgeschlossen und später in einigen Kapiteln und durch neuere Erkenntnisse und Arbeiten ergänzt.

Radebeul, im Dezember 1993   RUDOLF PÄTZOLD

Inhaltsverzeichnis

1 Allgemeiner Teil

1.1 Einleitung

Gepriesen die Lerche! In einer äsopischen Fabel (ÄSOPUS, um 550 v. Chr.) wird die Lerche ohne genauere Artbezeichnung mehrfach erwähnt, und man weihte sie in Hellas der Erdgöttin GÄA, »weil sie auf der Erde nistet« und in den Weiten des Firmamentes singt, also Kontaktvogel war zwischen Himmel und Erde.

Der Römer MARCELLUS CLAUDIUS (etwa 270 – 208 v. Chr.) schreibt: »Der Vogel *Corydalus* ist identisch mit dem der *Alauda* genannt wird, der durch die Lieblichkeit seines Gesanges das Menschenherz erfreut« (heute ist *Corydalus* der wissenschaftliche Name der Pflanzengattung der Lerchensporne).

Abb. 1: Altrömische Lerchendarstellung aus Mosaiksteinchen (Tunesien, Hammamet). Foto: PÄTZOLD.

Auf einer noch nicht abgeschlossenen und wissenschaftlich aufgearbeiteten Ausgrabungsstelle einer altrömischen Patriziersiedlung in Tunesien bei Hammamet

9

(Site Archeologique Pupput) konnte ich im Mai 1992 unter den zahlreichen aus farbigen Mosaiksteinchen zusammengefügten Vogeldarstellungen (z. B. Flamingo, Ente, Pfau, Felsenhuhn, Taube und nicht näher bestimmbare Singvögel auf Bäumen) auch die Wiedergabe eines auf dem Boden laufenden Singvogels ausfindig machen, der fraglos einer Lerche zugeordnet werden muß (siehe Abb. 1). Der Durchmesser des inneren Kreisringes um den Vogel betrug 29,5 cm, die Kantenlänge der Kalksteinwürfel 10 bis 13 mm.

Göttliche Ehrungen wurden den Lerchen auch im altertümlichen Mitteleuropa durch die Kelten erwiesen, da die rüttelnd über den Äckern singenden Vögel vermeintlich ein gutes Gedeihen der Saaten verkündeten. In Osteuropa ist der russische Brauch, nach dem die ankommenden Lerchen von Kindern begrüßt werden durch das Hochwerfen aus Teig gebackener Lerchen von Scheunendächern aus mit den Rufen: »Lerchlein kommt zu uns geflogen, bringt uns den schönen Frühling!« noch nicht ausgestorben. Die sprichwörtlichen »Leipziger Lerchen« als feine Art von Napfgebäck sind gewiß mit diesem Ritus der Slawen, die diesen Raum besiedelten, in Verbindung zu bringen, wenn nicht dem dort im 18. und 19. Jh. so umfangreich betriebenen Lerchenfang zu kulinarischen Zwecken eine gewichtigere Rolle in diesem Zusammenhang zukommt.

Auch erinnert die slawische Sage vom »Geheimnis des Vogels Sirin« an die Freude und gesundmachende Kraft, den ein in der Luft schwebender und singender Vogel im Menschen auslösen kann. Es wird darin erzählt, daß ein Junge, in einer ärmlichen Holzhütte tief im russischen Winter, im Sterben liegt. Er hegt nur noch einen Wunsch: den Sommer noch einmal zu erleben und die Vögel singen zu hören. Da schnitzte ihm der Vater aus einer Holzschindel den Vogel Sirin und hing ihn an die Zimmerdecke über den kranken Jungen. Der Vogel schaukelte und drehte sich mit gebreiteten Schwingen. Da glaubte der Junge, die Lerchen wären schon da und damit der Frühling — und genas.

Die Lerche ging in den Sprach– und Liederschatz vieler Völker ein und wurde in der deutschsprachigen Dichtung nicht weniger besungen als die berühmte Nachtigall. Dennoch beklagt sich der namhafte Naturwissenschaftler und Pädagoge O. SCHMEIL vor nahezu 100 Jahren, daß im Ergebnis einer Umfrage an 150 zwölf bis vierzehnjährige Schüler einer Magdeburger Volksschule am Stadtrande nur 75 % (!) eine Lerche emporsteigen sahen und singen hörten. Er findet diesen Tatbestand »geradezu erschrecklich«. Verfasser stellte im Herbst 1990 an 135 Schüler derselben Altersstufe aus 7 Klassen in Radebeul bei Dresden die gleiche Frage. Das Ergebnis: 61 % der Schülerinnen und Schüler kannten die »Lerche« (nicht »Feldlerche«) dem Namen nach, 22,2 % wußten, daß der Vogel auf den Feldern vorkommt und 9,6 % (!) hatten eine »Lerche« aufsteigen sehen und singen gehört.

Obwohl die weltweite ökologische Misere zu erhöhtem Umweltbewußtsein zwingt und vielleicht sogar die Freude oder den Trieb zu Naturbeobachtungen zu fördern vermag, ist doch kaum zu erwarten, daß sich in dieser Frage etwas zum Positiven verändert; gehört doch keine Prophetengabe dazu, vorauszusagen, daß mit Ausdehnung von Weltbevölkerung und Industrie sowie Intensivierung der Agrarproduktion auch den Lerchen zunehmend die Lebensgrundlagen entzogen werden. Alaudiden stehen schon heute im Rotbuch verschiedener Staaten (im früheren

West–Berlin sogar die Feldlerche). Denkwürdig, daß zu Zeiten, da Feldlerchen auch in Mitteleuropa jährlich zu Millionen für Speisezwecke gefangen wurden, keine Abnahme dieses so häufigen Vogels verzeichnet werden konnte, während in den letzten 25 Jahren erhöhten Vogelschutzes der Bestand um mehr als 50 % absank.

Je mehr unsere Erde von Zivilisation und Verkehr erschlossen wird, desto weniger interessant wird für uns der Blick in die Zukunft, während die Rückschau auf ihr Gewordensein und auf vergangene Pflanzen– und Tierformen an Wert gewinnt.

1.2 Vorstellungen zur Evolution und Ausbreitung der Alaudiden aus erdgeschichtlicher, ökologischer und historischer Sicht

Der Gedanke von der permanenten Veränderung und Entwicklung der Lebewesen (Evolution), dem meine Ausführungen zugrunde liegen, ist sehr viel älter als der von den eigentlichen Evolutionstheoretikern des 18. und 19. Jh. (G. BUFFON, J. B. LAMARCK, CH. DARWIN, E. HAECKEL) verfochtene und wissenschaftlich begründete. Er übertrifft noch das Alter der christlichen Religionslehre, die sich bekanntlich die Schöpfungsthese zu eigen machte. Vertrat doch bereits vor über 2.500 Jahren der griechische Naturphilosoph ionischer Schule ANAXIMANDROS (611 – 547 v. Chr.) die Auffassung von der sukzessiven Entwicklung der Organismen, worin er sogar schon den Menschen mit einschloß, dessen Ahnen er sich als niedere fischartige Tiere vorstellte. Hundert Jahre später ließ der griechische Arzt und Naturphilosoph EMPODOKLES (483 – 424 v. Chr.) ähnliche Gedanken anklingen, wenn auch mythologisch verklärt und weniger wissenschaftlich.

Wie wir heute wissen, stammen auch die Vögel von aquatilen Reptilien (Proterosuchia = Gruppe aus den Archosauriern) aus der Unteren Trias (vor 225 – 215 Mill. Jahren) ab. Im Jura (Unteres Thiton) fand man bekanntlich die Rudimente von 6 Urvögeln (Unterklasse Urtümliche Vögel, Archaeornithis, nach WETMORE 1960).

Obwohl aus der Kreidezeit bereits Wasser– und Sumpfvögel nachgewiesen sind, kam es zur Herausbildung der Sperlingsvögel (zu denen wir die Alaudiden zählen) erst seit dem Tertiär, wo besonders in den Epochen des Eozäns (vor 53,5 – 37,5 Mill. Jahren) und Oligozäns (vor 37,5 – 22,5 Mill. Jahren) eine schlagartige Entwicklung der meisten Vogelgruppen einsetzte (Familie der Stelzen, Motacillidae, seit dem Oligozän nachgewiesen). In diesen Epochen entsprach die Verteilung von Festländern und Meeren auf der Erde in groben Zügen bereits der gegenwärtigen, so daß die Verschiebung der Kontinente (Kontinentaldrifttheorie von WEGENER) bei stammesgeschichtlichen Betrachtungen von Sperlingsvogelfamilien und deren Verbreitung bestenfalls sekundär berücksichtigt zu werden braucht.

Aufgrund morphologischer Vergleiche und ethologischer Beobachtungen dürfen wir die Vorfahren der Lerchen unter Baum– oder Strauchbewohnern suchen, die wir heute ebenfalls in die Ordnung der Sperlingsvögel stellen würden.

Von Alaudiden liegen gesicherte Nachweise allerdings erst aus dem oberen Jungtertiär (Neogen), dem Pliozän (vor 5 – 2 Mill. Jahren) vor, was natürlich nicht bedeutet, daß es lerchenartige Vögel erst seit dieser Epoche gibt. Vielmehr besagen diese Funde, daß die Entwicklung zum Alaudiden zu einem Zeitpunkt eingesetzt haben mußte, noch vor dem Pliozän, aber gewiß erst nach dem Auftreten der Passeres und der Gräser (seit der Oberkreide nachgewiesen) als schon entwickelte Blütenpflanzen. Das weist auf die dazwischenliegende erdgeschichtliche Epoche des Miozäns (vor 22,5 – 5 Mill. Jahren), in der ich bereits in meiner ersten Lerchenarbeit (PÄTZOLD 1963) die Entstehung der Alaudiden vermutete.

Die Begründung dieser Annahme fällt nicht schwer. Zur Herausbildung der Lerchen aus einer arborikolen Gruppe mußte eine ökologische Notwendigkeit bzw. Möglichkeit bestehen. Und diese wurde in keiner anderen Epoche zwingender als im Miozän. Hier setzten durch Auffaltung mächtiger Gebirgszüge (Orogenese) vom Himalaja bis zu den Alpen weltweite Klimadepressionen ein (so sank die mittlere Jahrestemperatur vom Eozän zum Miozän von 21 °C auf 16 °C), in deren Gefolge weite Räume der noch tropischen oligozänen Urwälder sich in mehr oder weniger geschlossene Graslandschaften oder Savannen (Waldsteppen, Steppen, Halbwüsten) verwandelten. Die in diesen Gebieten ansässigen »Grasmückenartigen der Alten Welt«, die vermutlich vorwiegend weiche Nahrung zu sich nahmen (Insekten, Früchte), waren gezwungen, entweder ihre Brutgebiete sukzessive zu verlassen oder sich der baumarmen oder baumlosen Gräserlandschaften anzupassen. So wird denkbar, daß sich bestimmte dazu präadaptierte Populationen im Zeitraum von Jahrmillionen zu Alaudiden entwickelt haben und sich neben den äußerlich sichtbaren Adaptionsmerkmalen auch eine endogene Umstellung auf harte Pflanzennahrung erfolgte (omnivore Ernährungsweise).

Fragen wir nach dem Entstehungszentrum der Alaudiden, so gibt es keine gewichtigen Gründe, dieses nicht im primären Evolutionszentrum der überlegenen Tiergruppen des Tertiärs (siehe BANARESCU & BOSCAIU 1978), nämlich im Süden und Südosten Asiens zu suchen. Man mag hier einwenden, daß die Urheimat ebenso in Afrika gelegen haben könnte, wo doch heute die meisten Lerchenarten siedeln und von dort aus eine Ausbreitung nach Eurasien annehmen. Jedoch sprechen für die umgekehrte Vorstellung stärkere Argumente. Vollzog sich doch im heutigen Himalajagebiet der Prozeß tektonischer Tätigkeit mit nachfolgender Auflichtung der Wälder bzw. der Steppenbildung am intensivsten und vermutlich auch am frühesten. Wir finden auch hier (wie in Afrika) die artenreichste Lerchengattung der Baumlerchen (*Mirafra*), die recht ursprüngliche Merkmale aufweist: relativ häufiger Aufenthalt auf Bäumen, abgerundete Flügel mit noch gut entwickelter 10. Handschwinge, freie Nasenlöcher und die oft überdachten Nester weisen in diese Richtung.

Wahrscheinlich breiteten sich die ersten Lerchenartigen im heutigen China und der Mongolei (Gobi) aus, deren gegenwärtige Wüsten damals noch grasartige Areale mit lichtem Baumbestand boten (die Austrocknung zu Wüsten setzte erst vor ca. 50.000 Jahren ein). Präsumtiv lebten sie dort mit dem größten bekannten Säugetier, dem giraffenartigen Nashorn *Baluchitherum parvum* zusammen. Der in den Steppengebieten dort vorgekommene riesige Raubdinosaurier *Tarbosaurus bataar* war sicherlich schon in der späten Kreide (vor 65 Mill. Jahren) ausgestorben.

Wie kamen die Lerchen nach Afrika? Als Folge von Kältedepressionen in der miozänen Orogenese und des damit absinkenden Meeresspiegels kam es an vielen Stellen zur Vereinigung Afrikas mit Asien. Wir wissen heute, daß sich in dieser Epoche zahlreiche aus Südasien stammende Pflanzen– und Tiergruppen, vornehmlich aus den Steppenregionen, nach Afrika ausbreiteten. Denn dort hatte sich im Nachgang tektonischer Aktivitäten der Ostafrikanische Graben (eine erdgeschichtliche Bruchzone) ausgebildet, der sich vom Norden, vom Nil aus südwärts, über die Hochländer bis zur Wüste Kalahari erstreckte und fast den größten Teil des Kontinents in zwei unterschiedliche geographische bzw. ökologische Systeme gliederte: westlich davon herrschten weiterhin die Urwälder, östlich dominierten Savannen und Graslandschaften — willkommene Lebensräume für Lerchen und andere Steppenbewohner. So wird sehr wahrscheinlich, daß sich Populationen der vielleicht ursprünglichsten Lerchengruppe (die wir heute in der Gattung *Mirafra* zusammenfassen) den Weg in die ostafrikanischen Savannen einschlugen, in denen später weitere Evolutionsschritte erfolgten, die infolge der veränderten ökologischen Bedingungen zu zahlreichen Artneubildungen führten. Als Gründe für die außerordentlich hochkonzentrierte Artenzahl der Alaudiden im südöstlichen Afrika sind erhöhte radioaktive Strahlungen vulkanischen Ursprungs sowie auch verstärkte Höhenstrahlungen, die genetische Kombinationen und Mutationsraten zu fördern vermögen, nicht auszuschließen. Erzeugen doch umfangreiche Uranvorkommen im Bereich der ostafrikanischen Grabenzone erhöhte Radioaktivität, die nach Annahme namhafter Autoren zu Ausgang des Tertiärs noch in bedeutend stärkerem Maße gewirkt haben soll. Darüber hinaus blieb dieses Gebiet infolge seiner niederen Breitengrade während der Umpolungen des Magnetfeldes der Erde für längere Zeit (man gibt einige tausend Jahre an) ohne Schutz gegen Höhenstrahlen, so daß diese bis zu 14 % über das Normale ansteigen konnten (siehe HERRMANN 1988). Wenngleich die Entstehungszeit der saharischen Wüste noch nicht ausreichend fixiert ist, kann man doch davon ausgehen, daß das ab etwa Oberkreide (vor ca. 100 Mill. Jahren) vom Schelfmeer überspülte Nordafrika ab der Epoche des Miozän wieder als Festland existierte, in dem steppenartige Wüsten, also Lerchenland, dominierten. Eine Herausbildung der heute in diesem Areal siedelnden Lerchenarten ist durchaus denkbar.

Ohne Frage vollzogen sich im Ursprungsgebiet ebenfalls weitere Evolutionsschritte. Vermutlich fand in diesem Zeitraum oder etwas später auch eine Ausbreitung der weiter nördlich siedelnden asiatischen Populationen in westlicher Richtung statt, soweit dort die ökologischen Ansprüche (Graslandschaften) erfüllt wurden. Reine Steppengebiete erstreckten sich nach FRENZEL 1968 (in KAHLKE 1984) am Ende des Tertiärs zwischen dem Nordrand des Himalajagebietes und etwa dem 40.

bis 50. Breitengrad bis zum Kaspi–See; die weitere nördlich liegenden Waldsteppen auch bis zur Nordwestküste des Schwarzen Meeres. Eine Ausweitung bestimmter Lerchengattungen in diese Räume noch im warmen Pliozän ist sehr wahrscheinlich. Vermutlich lebten sie dort mit dem eselgroßen Urpferd *Hipparion mediterraneum*, dem charakteristischen Huftier der unteren pliozänen Steppen und seinem ärgsten Feind, einem zu dieser Zeit größten katzenartigen Raubtier aus der Familie Machairodontidae zusammen. In nördlicher und nordöstlicher Richtung ist in dieser Epoche eine Alaudidenausbreitung infolge der geschlossenen Walddecke nicht denkbar.

Betrachten wir nun die Ausbreitungsmöglichkeiten im anschließenden Quartär (vor 2,0 – 0 Mill. Jahren).

In der Epoche des Pleistozäns (Eiszeitalter), das sich durch den Wechsel von Kalt– und Warmzeiten auszeichnete, lassen sich aufgrund von Pollenanalysen sowie fossilen Pflanzen– und Tierfunden Klima und Vegetationsdecke innerhalb der Glazial– und Interglazialzeiten recht gut einschätzen.

Zu Beginn des Eiszeitalters waren die mittleren Jahrestemperaturen im eurasischen Raum in den Breitengraden Mitteleuropas auf 8 bis 10 °C abgesunken, entsprachen also etwa unseren heutigen Temperaturen. Die spättertialen Waldgesellschaften in Eurasien, in denen anfangs noch das elefantenähnliche Rüsseltier *Anancus arvernensis* häufig war, lichteten sich zu Waldsteppen, gleichzeitig wurde das Klima trockener. Es ist gut denkbar, daß in dieser, gegenüber den späteren Glazialen noch relativ milden Kaltzeit (Praetegelen) eine Lerchenausbreitung von Osteuropa bis Mittel– und Westeuropa erfolgen konnte und auch eine Ausdehnung in nördlicher Richtung in ganz Europa stattfand. Sicherlich siedelten Alaudiden im südlichen Asien und Europa mindestens bis zum mittleren Pleistozän noch mit den Säbelzahntigern (*Homotherium* sp.) und im südlichen Osteuropa mit dem bis etwa zur Riß–Eiszeit existierenden größten Nashorn *Elasmotherium sibiricum* in gleichen Habitaten.

Die späteren Glaziale wurden kälter, besonders die letzten (Saale– und Weichselkaltzeit). Die nördliche Grenze der immerfeuchten, temperierten und borealen Klimazone verlief durch Eurasien von Ost nach West etwa auf dem 38. bis 42. Breitengrad (GELLERT 1987). Südlich davon herrschten Temperaturen, die unserer gegenwärtigen Klimazone vom etwa 60. bis 40. Grad nördlicher Breite entsprachen, in der heute viele Alaudidengattungen leben. So darf der Schluß gezogen werden, daß in den quartären Kaltzeiten Lerchen in Eurasien mindestens bis zur nördlichen Grenze der genannten Klimazone Lebensmöglichkeiten fanden, sofern die übrigen ökologischen Ansprüche, also das Vorhandensein offener Areale, erfüllt wurden. Sie waren erfüllt, denn Steppen und Waldsteppen dominierten in den Kaltzeiten in dieser Klimazone in ganz Eurasien (FRENZEL 1968, in KAHLKE 1984). Auch nördlich dieser Zone beherrschten Steppen in überwiegendem Maße diese Kontinente. So wurden Lerchenansiedlungen auch hier möglich, was durch Alaudidenfunde aus der letzten Eiszeit in Polen, Ungarn, Mähren, Österreich und Frankreich (LAMBRECHT 1933) bewiesen werden konnte (z. B. *Galerida cristata*, 30.000 bis 20.000 v. Chr. in Ungarn auf ca. 47,5° nördlicher Breite). Sicherlich aber wurden die ausgesprochenen kalten Steppen und ·Waldsteppen nördlich des 50. Breitengrades bis zum Gletscherrand von Lerchen (vielleicht mit Ausnahme der Ohrenlerche *Eremophila alpestris*) gemieden.

Man ist leicht geneigt, in den dazwischenliegenden Warmzeiten (Interglazialen) des Pleistozäns eine weitere Ausbreitung der im allgemeinen wärmeliebenden Alaudidenfamilie nach Norden zu vermuten. Dies scheint aber, zumindest für den nördlichen Teil Eurasiens, nicht oder nur in geringem Maße der Fall gewesen zu sein: denn in die geeigneten Lerchenhabitate zogen die Wälder. So wandelte sich z. B. die Waldsteppe zwischen der Westküste des Schwarzen Meeres und der Adria in ein geschlossenes Waldgebiet mit Zonen von Fichten und Kiefern sowie Eichen und Buchen. Andererseits wurden frühere Steppengebiete südlich des 40. Breitengrades zu Wüsten, die ja, zumindest in ihren Kerngebieten von den meisten Lerchengattungen nicht besiedelt werden. Dennoch haben sich Steppenrelikte erhalten, in denen nun auch in nördlicheren Gebieten sich Lerchen ansiedeln konnten. So liegt z. B. ein europäischer Fund von *Alauda arvensis* aus der Cromer–Warmzeit (Günz–Mindel–Interglazial) vor.

Über die Auswirkungen des Eiszeitalters auf Klima, Vegetation und Oberflächenstrukturen Afrikas und damit auf den Lebensraum der Alaudiden wissen wir nur wenig, denn es gibt zur Zeit noch keine allgemein anerkannte Gliederung der afrikanischen Glaziale. Doch geht der Trend dahin, daß man die Pluviale auf dem afrikanischen Kontinent, also die niederschlagsreichen Zeitabschnitte im Quartär mit den Glazialen (Kaltzeiten) in Europa zeitgleich setzt. Sicher ist, daß der Norden der Sahara — heutiges Lerchenland — in den Kaltzeiten Europas in die immerfeuchte boreale Zone fiel, in der u.a. vor ca. 170.000 – 70.000 Jahren (Weichselkaltzeit) fruchtbare Feucht– und Waldgebiete vorherrschten, in denen die Siedlungsmöglichkeiten für viele Lerchenarten weitgehend eingeschränkt wurden. Von den Auswirkungen der letzten Pluvialzeit zeugen auch die Höhlenzeichnungen aus dem 7. und 8. Jh. v. Chr., die unzweifelhaft auf fruchtbare Landschaften deuten.

Anders im südlichen Nordafrika. Hier wurde die saharische Wüste in den Pluvialzeiten um ca. 10 Breitengrade nach Süden abgedrängt und nahm hier gleichsam Savannen– und Steppencharakter an. Die optimalen Lerchenhabitate reichten nahezu bis an die Küste von Oberguinea, wo sich heute Feuchtsavannen und tropische Regenwälder befinden.

In den Interpluvialen (Niederschlagsminimum) änderten sich Klima und Vegetation grundlegend. Bereits in den Pluvialen wurde die heutige saharische Wüste vorprogrammiert: immense Niederschläge wuschen die Böden aus, schufen tiefeingeschnittene Flußbetten, die in den Interpluvialen zu Wadis wurden. Infolge der einsetzenden Trockenheit in Verbindung mit gewaltigen Winderosionen kam es zur Bildung ausgedehnter Sanddünen, die große Teile des Landes bedeckten: Wüsten — geeignete Alaudidenarten konnten sich auch im Nordteil wieder ausbreiten.

Auch in Ostafrika blieben die Klimaschwankungen nicht ohne Folgen für die Lerchenhabitate. Gletscherfelder auf den Vulkankegeln führten wechselweise zur Einengung oder Ausdehnung der Lebensräume diverser Faunen, deren Eignung für Alaudiden noch wenig untersucht sind.

Sicherlich hinterließ das Eiszeitalter auch im südlichen Afrika seine Spuren, wenn auch weniger deutlich und vielleicht für die Existenz von Lerchen nicht von einschneidendem Charakter.

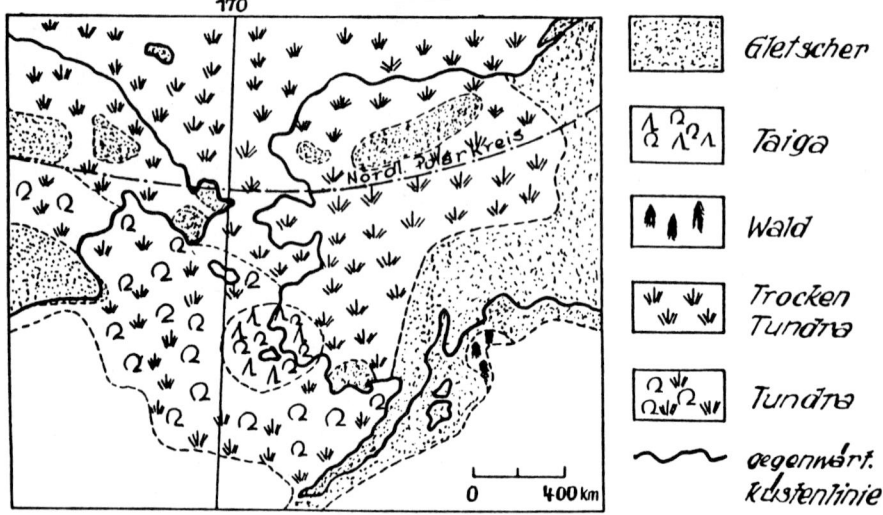

Abb. 2: Vegetation Beringias während des Höhepunktes der letzten Glazialzeit. Verändert nach KAHLKE (1984).

Auffällig in der Verbreitung der Alaudiden ist, daß nur eine Art bzw. Gattung (*Eremophila*) den Weg nach dem amerikanischen Kontinent fand. Aus obenstehenden Darlegungen scheint es nicht schwierig, den vermutlichen Ausbreitungsgang theoretisch nachzuvollziehen. Von der Lage der Kontinente her ist nur ein Übergang über die heutige Beringstraße denkbar, demnach zu einem Zeitpunkt, als eine Landverbindung von Asien zu Amerika bestand. Eine nordpazifische Landbrücke existierte vor dem Quartär mindestens bis ins mittlere Tertiär (Oligozän). Obwohl ich die Herausbildung von *Eremophila* (wie schon früher dargelegt) bereits im Oligozän vermute, halte ich eine Einwanderung zu dieser Zeit noch nicht für wahrscheinlich. Einmal lassen die im Tertiär herrschenden Vegetationsverhältnisse die Ausbreitung einer Lerchenpopulation von den offenen Arealen des Evolutionszentrums nach Norden und Nordosten nicht zu, denn dort herrschte weiträumig eine geschlossene Walddecke (Fichten, Tannen, Kiefern) bis zur Beringia. Zum anderen hätte eine Jahrmillionen andauernde Isolierung sicherlich zu einer stärkeren Deviation in Morphologie und Ethologie und neuer Artbildung geführt, was nicht eingetreten ist. So muß auf eine viel spätere Einwanderung geschlossen werden, wie sie zu den Kaltzeiten des Pleistozäns durch die Absenkung des Meeresspiegels und die dadurch entstandene Landbrücke wieder möglich wurde (siehe Abb. 2).

Interessante Gedanken (denen der Verfasser nicht unbedingt folgen kann) zur Ausbreitungsgeschichte der Ohrenlerche in Korrelation mit dem Geschlechtsdimorphismus entwickelte KOZLOVA (1981). Die Autorin geht von der Vorstellung aus, daß primitive Formen durch deutlicheren Geschlechtsdimorphismus ausgezeichnet sind, während bei »progressiven« Formen die Weibchen mehr oder weniger die Kleider der Männchen angenommen haben. Bei der Vorstellung, daß die Tundraohrenlerche (*Eremophila alpestris flava*) über die Beringstraße nach Alaska gelangt sei, stößt man mit dieser Theorie, wie die Autorin selbst betont, auf Schwierigkeiten. Denn alle amerikanischen Unterarten sind durch deutlichen Geschlechtsdimorphismus gekennzeichnet. Bei den Tundraohrenlerchen hingegen sind Männchen und Weibchen recht ähnlich gefärbt, wenn auch nicht völlig gleich. Eine Emigration nach Amerika hätte dann einen rückwärts verlaufenden Prozeß entstehen lassen, von der progressiven zur primitiven Form, was ja kaum anzunehmen ist. Die Autorin fand einen Ausweg, in dem sie die Möglichkeit einer sehr frühen Auswanderung (vielleicht am Ende des Pliozäns) von primitiven Ohrenlerchenpopulationen aus den mittleren Breiten Asiens einräumt, wobei allerdings konkretere Angaben über Richtung und Zeiten offen bleiben.

Wie oben dargelegt, ist aber eine Immigration über die Beringia infolge der die Lerchenhabitate begrenzenden Wälder im Norden und Osten Asiens zu Ausgang des Pliozäns nicht denkbar. Leichter ist dagegen auch hier die oben angeführte Vorstellung von der Einwanderung erst in den Kaltzeiten des Pleistozäns. Populationen mit noch ausgeprägtem Geschlechtsdimorphismus (sofern man die Theorie von KOZLOVA von den progressiven Formen akzeptiert) könnten schon in den ersten noch relativ milden Kaltzeiten oder — noch wahrscheinlicher — zu Ausgang des vorletzten Glazials (Rißkaltzeit in Europa und Illionian–Eiszeit in Nordamerika vor vielleicht 150.000 bis 100.000 Jahren) von Südostasien zur Tundra bis über die Beringstraße vorgedrungen sein. Bestanden doch für den Nordlandzug wahrscheinlich ähnlich günstige ökologische Bedingungen wie am Ende des letzten Glazials: die sich allmählich erwärmenden Kaltsteppen in Nordostasien behaupteten sich noch Jahrtausende vor den sich erst sukzessiv entwickelnden Wäldern. So entstand eine weiträumige mosaikförmige Verbindung zwischen den wärmeren südostasiatischen Steppen und der Trockentundra Beringias. Dort existierten neben Gräsern, *Artemisia* und anderen Trockensteppenpflanzen nur noch Zwergbirken und Zwergweiden. Hier konnten mit Mammut, Bison und Moschusochsen sicherlich auch Ohrenlerchen siedeln und sich über die Landverbindung Beringia nach Nordamerika ausbreiten (sicherlich noch vor Einwanderung der ersten Menschen, die man vor 25.000 Jahren ansetzt).

Diese Überlegungen fanden Bestätigung, als mich später die Informationen über Fossilausgrabungen in den Asphaltschichten von Rancho La Brea (Kalifornien, Nähe Los Angeles) erreichten (FEDUCCIA 1984). Dort wurden unter 4.272 Individuen der Avifauna (und zahlreicher Säuger auch aus dem asiatischen Raum) auch Skeletteile der Ohrenlerche gefunden! Das Alter der Asphaltablagerungen wird auf ca. 100.000 Jahre geschätzt. Also muß diese Art spätestens in bzw. schon vor dieser Zeit in Kalifornien eingewandert sein, in einer Epoche, die in den Ausgang der Illionian–Eiszeit fallen dürfte.

Abschließend einen Blick auf die Siedlungsmöglichkeiten der Lerchen im postglazialen (holozänen) europäischen Raum, die in groben Zügen in diesen Breitengraden auch für Asien zutreffen dürften und eng mit der Waldgeschichte korrelieren.

In der späteren arktischen Zeit herrschte in Europa noch die Tundra. Sporen– und Pollendiagramme mit dominierenden Gräsern und Zwergsträuchern dokumentieren kaltes Kontinentalklima. Unsere mittel– und südeuropäischen Brutlerchen fanden hier sicher keinen Lebensraum. Offenbleiben muß, ob die kältegewohnte Gattung *Eremophila* (die ja mit großer Wahrscheinlichkeit bereits die nordostasiatischen Kältesteppen besiedelte) auch schon nach Westen bis Nordeuropa vorgedrungen war, was nicht sehr wahrscheinlich ist, weil diese Art den Zwergstrauchheiden, die damals südlich der Eisgrenzen herrschten, nicht besonders zugetan ist.

In der mittleren subarktischen Periode (vor ca. 10.000 Jahren) schwinden die Gräser zugunsten der Birke (»Birkenwaldzeit«), auch hier dürfte es zumindest im nördlichen Mitteleuropa und in Nordeuropa für Lerchen wenig geeignete Areale gegeben haben. Südlich des 50. Breitengrades herrschten wohl schon günstigere Bedingungen. So liegt aus Ungarn der Fund einer Haubenlerche vor (Bükk–Gebirge), deren Alter auf 15.000 bis 10.000 Jahren geschätzt wird.

Auch in der folgenden »Birken–Kiefernzeit« (vor ca. 8.000 Jahren) ist die Anwesenheit von Lerchen in Europa nördlich des 50. Breitengrades unwahrscheinlich.

In den späteren, sich stärker erwärmenden Phasen der »Kiefern–Haselzeit« (vor ca. 7.000 Jahren), der »Eichenmischwaldzeit« (vor ca. 5.500 Jahren) und der »Buchenzeit« (vor 2.500 Jahren) ist eine Lerchenbesiedlung im nördlichen Mitteleuropa infolge fehlender oder zu geringer Ausdehnung offener Landschaften ebenfalls kaum denkbar. Wohl aber fand man im südlichen Europa in neolithischen Schichten (4. bis 3. Jahrtausend v. Chr.) in der Grotte du Rond du Barry/Haute–Loire (französisches Massif Central), ca. 45° nördlicher Breite Knochen von *Galerida cristata*. Die Entwicklung der Ausbreitung von Alaudiden in den südlichen Teilen Europas ist zusammenhängend noch wenig überschaubar. Sicher waren aber Lerchen in Südeuropa schon vor Beginn unserer Zeitrechnung (in Mitteleuropa »Buchenzeit«) allgemein heimisch. Aristoteles, Plinius und Marcellus kannten z. B. die Haubenlerche in Griechenland und Italien, fiel doch dort seit den Punischen Kriegen der größte Teil der Wälder der Axt zum Opfer und auch den domestizierten Weidetieren (Ziegen), so daß ausgedehnte offene Landschaften durch Menscheneinwirkung entstanden.

Im Waldland Mitteleuropa scheinen Lerchen im Altertum und auch noch im frühen Mittelalter nur in sehr beschränktem Maße vorgekommen zu sein, wissen wir doch von den ackerbauliebenden Kelten, daß sie Lerchen (vermutlich die Feldlerche) göttlich verehrten. Aber erst in der großen Rodungsperiode im 8. bis 13. Jh. konnten bedeutsame Lerchenhabitate in Mitteleuropa entstehen. So ging die Feldlerche im 12. Jh. durch Wolfram von Eschenbach in die mittelhochdeutsche Dichtung ein. Sie scheint jedoch noch längst nicht allgemein verbreitet gewesen zu sein, denn Walter von der Vogelweide nennt sie nie. Erst zu Ausgang des Mittelalters nahm die Verbreitung dieser Lerche in Mittel– und später auch in Nordeuropa beträchtlich zu und hielt sich bis Ende der 70er Jahre des 20. Jh. auf etwa gleichem Stand; danach trat eine merkliche Dezimierung der Populationen ein. Die Haubenlerche wurde im mittelalterlichen Europa vermutlich erst seit 1270 bekannt, und zwar durch Albert Magnus, der einen Vogel »im deutschen Raum« (Rhein oder Donau) beschreibt, der deutlich die Merkmale von *Galerida cristata* aufweist. Neunzig Jahre

Tab. 1: Erdgeschichtliche Zeittafel zu Kapitel 1.2

Ära	Periode	Epoche	Dauer in Mio. Jahren	Beginn vor Mio. Jahren	Fossile Steppenfauna im potentiellen Lerchenland (Charakteristische Wirbeltiere in Eurasien und Afrika)
Erdneuzeit (Känozoikum)	Quartär	Holozän	0,013	0,013	Heutige Steppenfauna
	Quartär	Pleistozän	ca. 2	1,8 - 2,0	Lerchen: *Galerida cristata*; Menschen: *Homo sapiens*; Säbelzahntiger: *Homotherium* sp.; Nashorn: *Elasmotherium sibiricum*; Menschen: *Homo erectus, Homo ergaster, Homo habilis*; Hominiden: *Australopithecus africanus*; Rüsseltier: *Anancus arvernensis*
	Tertiär (Neogen, Jungtertiär)	Pliozän	3,0	5,0	Rüsseltier: *Anancus arvernensis*; Säbelzahntiger: *Homotherium* sp.; Katzenartiges Raubtier: *Machairodus cultridens*; Eselgroßes Huftier: *Hipparion mediterraneum*, Erste Nachweise von Alaudidae
	Tertiär (Neogen, Jungtertiär)	Miozän	17,5	22,5	Homoniden: *Ramapithecus punjabicus, Ramapithecus wickeri* (erster Hominid und Samenfresser); vermutliche Entwicklung der Alaudiden
	Tertiär (Paläogen, Alttertiär)	Oligozän	15,0	37,5	Vermutlicher Herausbildungsbeginn der Alaudiden; Nashornähnliche: *Baluchitherium parvum*
	Tertiär (Paläogen, Alttertiär)	Eozän	16,0	53,5	Urraubtier (Creodont): *Andrewsarchus mongoliensis*
	Tertiär (Paläogen, Alttertiär)	Paläozän	11,5	65,0	Flugunfähige Laufvögel (*Ratiden*); Riesenlaufvogel: *Diatryma*
Erdmittelalter (Mesozoikum)	Kreide	Oberkreide	35,0	100,0	Dinosaurier: *Tarbosaurus bataar*
	Kreide	Unterkreide	40,0	140,0	Dinosaurier: *Iguanodon bernissartensis*

später erst nennt sie ein unter dem Pseudonym CLARETUS schreibender böhmischer Mönch. Bei dieser Art, die 1910 bis 1930 ihre größte Ausbreitung in Europa erreicht und danach sukzessiv in eine Regressionsphase geriet, kann eine Korrelation mit der Klimaentwicklung in diesem Zeitraum nicht ausgeschlossen werden. Über die dritte mitteleuropäische Brutlerche, die Heidelerche (*Lululla arborea*), deren Populationen heute ebenfalls in der Abnahme begriffen sind, liegen mir keine Fakten zur Ausbreitung vor.

Eine bemerkenswerte Parallelentwicklung zu den Lerchen ebenfalls in der miozänen Epoche zeigt sich im Prozeß der Menschwerdung, der sich nach unseren heu-

19

tigen Erkenntnissen gleichsam in den neu entstandenen offenen Landschaften vollzog. Denn auch bei den Hominoiden (Nachweise im Oligozän) entstanden in Anpassung an das neue Milieu der Savannen und Graslandschaften neue Hominoiden–Formen, die man bereits in die Familie der Hominidae (fossile und heutige Menschen) stellt (so *Ramapithecus punjabicus* aus dem Himalaja–Vorgebirge). Auch hier erfolgte eine Adaption von der arborikolen Lebensweise im tropischen Urwald zur bipeden in der Wald– und Grassteppe; auch hier vollzog sich ein Übergang von weicher Nahrung (Früchte und Pflanzentriebe) zu harter Pflanzenkost (Sämereien, besonders Grassamen, auch Wurzeln). Diese Kostumstellung zum »Samenfresser« ist nach JOLLY der erste und entscheidende Impuls für die Entstehung der Hominiden (MAZAK 1983).

So kann als sicher gelten, daß später die ersten wirklichen Menschen der Gattung *Homo*, an der Grenze von Tertiär und Quartär, den Gesang der Lerchen in ihr Gedächtnis integrierten. Vielleicht war der Lerchengesang der erste Vogelgesang überhaupt, den Menschen bewußt erlebten und der mit den Stimmen des Windes in den Steppengräsern entscheidenden Anteil an der Herausbildung der Musikalität der Menschheit und ihrer Folklore hat.

1.3 Stellung der Lerchen im System und mögliche verwandtschaftliche Beziehungen

Lerchen (Alaudidae) sind Singvögel (Oscines oder Passeres) innerhalb der Ordnung der Sperlingsvögel (Passeriformes). Von den etwa 9.021 bekannten Vogelarten der Erde zählt man ca. 5.275 zu den Sperlingsvögeln, darunter 4.175 zu den Singvögeln und unter diesen 70 bis 86 zu den Lerchen in gegenwärtig 17 bis 18 Gattungen.

Im jetzigen noch gültigen System nehmen die Lerchen nachstehende Stellung ein:

Klasse: Vögel, Aves
Ordnung: Sperlingsvögel, Passeriformes
Unterordnung: Singvögel, Oscines oder Passeres
Familie: Lerchen, Alaudidae

Die Alaudiden sind durch morphologisch–anatomische und karyologische Merkmale so gut von anderen Singvogelfamilien isoliert, daß sie in der heute üblichen Einteilung der Oscines in drei monophyletische Hauptgruppen (Krähenartige, Drossel– und Meisenartige, Finkenartige) nicht untergebracht werden können und somit (wie auch die Schwalben) eine Sonderstellung unter den Passeres einnehmen. Daher stellt man heute in der Regel die Alaudiden an den Anfang der Singvögel, ohne damit unbedingt eine urtümlichere Position gegenüber anderen Familien ausdrücken zu wollen. Danach folgen die Schwalben (Hirundinidae), obwohl zwischen diesen beiden Familien keine nähere Verwandtschaft erkennbar ist.

Noch etwa bis in die dreißiger Jahre unseres Jh. standen aufgrund äußerer Ähnlichkeiten (meist aus Museumsmaterial gewonnen) neben den Lerchen die Pieper, die man mancherorts auch als »Spitzlerchen« bezeichnete. Heute, wo wir eine kladistische Taxonomie anstreben, wird klar, daß Balgstudien nicht ausreichen, ja nicht einmal primäre Faktoren für dieses Ziel liefern können.

Zukunftsweisend zur Aufklärung verwandtschaftlicher Beziehungen und genetischer Abstände sind heute biochemische Methoden wie z. B. die Elektrophorese von Federproteinen; besonders vielversprechend aber Untersuchungen von Blutstrukturen, wie sie SIBLEY & AHLQUIST (1990) durch die DNA–Hybridisation durchführen. Dabei wird das aus Blutproben gewonnene genetische Material zweier Arten thermisch gemischt und wieder zur Abkühlung gebracht. Die für die nachfolgende Trennung der Hybridmoleküle notwendige Schmelztemperatur gilt als Maß für den genetischen Abstand dieser Arten. Je höher die notwendige Schmelztemperatur, desto enger die Verwandtschaft. Nach diesen Befunden sind die Lerchen (wie auch die Nektarvögel) von frühen Finkenvögeln abzuleiten. Aufbauend auf diesen Erkenntnissen kam ein neues System der Sperlingsvögel in Vorschlag. Die Lerchen nehmen darin nachstehende Position ein:

Ordnung:	Passeriformes, Sperlingsvögel
Unterordnung:	Passeres, Singvögel
Teilordnung:	Muscicapae, Meistersänger
Überfamilie:	Fringilloidea —
Familie:	Alaudidae, Lerchen

Interessante Gedanken unter stammesgeschichtlichem Aspekt entwickelt FEDUCCIA (1975, 1984), in dem er die Form des Gehörknöchelchens (Columella) diverser Vogelgruppen vergleicht und dabei zu bemerkenswerten Ergebnissen kommt, die möglicherweise Korrekturen in der herkömmlichen Taxonomie berechtigt scheinen lassen. So unterscheiden sich z. B. die Unechten Singvögel (Suboscines), obwohl im Körperbau offensichtlich weniger hoch entwickelt, durch die Gestalt des an der Basis aufgeblähten Gehörknöchelchens von den Echten Singvögeln (Oscines), die bemerkenswerterweise mit einer primitiveren Columella ausgestattet sind, welche durch ihre flache Fußplatte noch weitgehend an die der Reptilien erinnert (oder handelt es sich hier bereits wieder um eine Weiterentwicklung durch Reduktion?). Die funktionelle Bedeutung dieses Phänomens ist noch offen.

Eine völlig überzeugende Ableitung der Lerchen aus einer rezenten Reliktart, die doch vermutlich in einer primitiven Singvogelgruppe zu suchen ist, gelang bisher nicht.

Auf der Suche nach Vorfahren bietet sich Australien an, der Kontinent mit den noch urtümlichsten Tierformen. Hier findet sich unter den »Grasmücken« der Alten Welt (Sylvinae) noch die Gattung *Cincloramphus* (»Singlerchen«) mit der größeren »Braunen Singlerche« (*C. cruralis*) und der wesentlich kleineren »Rötlichen Singlerche« (*C. mathewsi*). Die Stellung dieser Arten in der Systematik ist labil, auch hegt der Verfasser nachdem er das Balgmaterial gesichtet und vermessen hat, Zweifel, ob diese Arten in eine gemeinsame Gattung gestellt werden können. Tatsache ist aber, daß diese Vögel verblüffende Gemeinsamkeiten mit den Alaudiden aufweisen. Sie könnten ein mögliches Glied zwischen »Grasmücken« und Lerchen sein. Lerchengroß und lerchenfarbig leben sie in halboffenen Landschaften, nähren sich von Samen und Insekten und singen von einer Warte oder hoch im Fluge, wohltönend, laut und weittragend. Wie die meisten Lerchen verfügen sie über verlängerte Armflügel (bei *C. cruralis* erreicht die Armflügelspitze sogar die Flügelspitze). Ihre Nester dürften von denen der Alaudiden nicht zu unterscheiden sein, sie liegen in Erdmulden, von einer Seite durch Grasbüschel, Stauden oder Steine geschützt und bestehen aus trockenen Gräsern.

Abb. 3: Braune Singlerche, *Cinclorhamphus cruralis.* Nach HILL (1967).

Abb. 4: Mundhöhlenmuster von *Cinclorhamphus cruralis* (links) und Alaudidae (Mitte und rechts). Nach MACLEAN & VERNON (1976).

Gestützt wird diese Vermutung außerdem durch die Ähnlichkeit der Mundhöhlenmuster (siehe Abb. 4) zwischen *Cinclorhamphus* und Alaudidae, auf die schon MACLEAN & VERNON (1976) hinweisen. Kommen doch innerhalb der Sperlingsvögel so scharf gezeichnete schwarze Zungenpunkte in einer gelben oder orangefarbenen Mundhöhle nur bei Alaudidae und Sylviidae (bzw. Muscipidae nach check–list von HOWARD & MOORE 1984) vor, so daß man bei der Existenz so ausgeprägter Mundhöhlenmuster auf eine der beiden Familien schließen kann (ähnliche, aber deutlich weniger prägnante Zeichnungen sind nur bei einigen Arten der Malaconotidae, Monacillidae, Campephagidae, Pycnonotidae, Timaliidae und Promeropidae vorhanden, sie stehen damit vielleicht in der Nähe der Sylviidae).

Denkbar, daß *Cinclorhamphus* auch im eozänen Südostasien verbreitet war, hier aber im alttertiären Evolutionszentrum durch weitere Entwicklungsschritte in Richtung Alaudidae wieder verschwand und nur auf Australien, dem für terrestrische Tiergruppen prädestinierten Kontinent sich bis heute halten konnte, wie z. B. auch Ameisenigel und Schnabeltier.

Obwohl durch DNA–Hybridisierung eine engere Verwandtschaft zwischen Lerchen und Grasmücken noch nicht nachgewiesen werden konnte, bemerkt doch

SIBLEY bereits 1970, daß Mundhöhlenmuster der Lerchen auf eine mögliche Verwandtschaft zwischen »sylviids, motacillids, swallows and even the emberzines« hindeuten. Aufschlußreich wäre eine DNA–Untersuchung zwischen *Cinclorhamphus* und den Lerchen, zumal nicht sicher ist, ob *Cinclorhamphus* in die Familie Sylviidae gestellt werden kann.

Im oben genannten System der Neuordnung stehen die Grasmücken unmittelbar vor der Familie der Lerchen.

Eine andere, vielleicht den *Cinclorhamphus*–Arten gar nicht so fern stehende reliktäre, noch wenig bekannte Vogelgruppe, ebenfalls in den Buschlandschaften Australiens beheimatet, kann bei der Ahnensuche der Alaudiden nicht ausgeschlossen werden: die Familie der Atrichornithidae, die Dickichtvögel. Sie gehören sicher zu den primitivsten Gruppen der Oscines, leben überwiegend am Boden, hüpfen und laufen und bauen überdachte Grasnester, die an die der *Mirafra*–Arten erinnern.

Schließlich sind auch die noch wenig erforschten neuseeländischen Maorischlüpfer, Reliktvögel aus der Familie Xenicidae, ins Kalkül urtümlicher Alaudidenverwandtschaft zu ziehen. Sie führen ein bodennahes Leben, stehen an der Grenze zwischen Unechten und Echten Singvögeln (einfach gebaute Syrinx, aber flache Fußplatte der Columella) und können bis heute noch nicht zweifelsfrei in eine dieser Unterordnungen integriert werden.

1.4 Charakteristik der Alaudiden

1.4.1 Spezifische Merkmale

Nachstehende Kriterien, die im Komplex zu betrachten sind, grenzen die Lerchen von anderen Singvogelfamilien ab.

a) Die Zahl der Makrochromosomen beträgt 5 bis 6 Paare (bei anderen Oscines 7). Auch wurde unter vier untersuchten Lerchengattungen bei *Galerida* eine abweichende Gesamtzahl der Chromosomen festgestellt (BULATOVA 1981 in GLUTZ VON BLOTZHEIM 1985).

b) Der Steg (Pessulus) im unteren Kehlkopf (Syrinx) besteht nur aus einem punktartigen Knorpel, ist also nicht verknöchert wie bei anderen Oscines oder fehlt gänzlich (nur bei den Suboscines findet sich noch eine Reduzierung des Pessulus, so bei allen Furnarioidea, einigen Arten und Individuen der Tyrannidae und den meisten Pittidae).

c) Der Singmuskelapparat enthält nur 5 Muskelpaare.

d) Der Querschnitt des Laufes (Tarsometatarsus) ist auf der Rückseite gerundet, nicht zugespitzt wie bei den übrigen Singvögeln (siehe Abb. 7).

e) Die Rückseite des Laufes ist in vierseitige Schilder gegliedert, die in alternierender Reihe den Schildern auf der Vorderseite gegenüber stehen (taxaspidianer Typ), was für den Widerstand gegen hohe Biegezugspannungen beim Laufen vorteilhaft erscheint (siehe PÄTZOLD 1963).

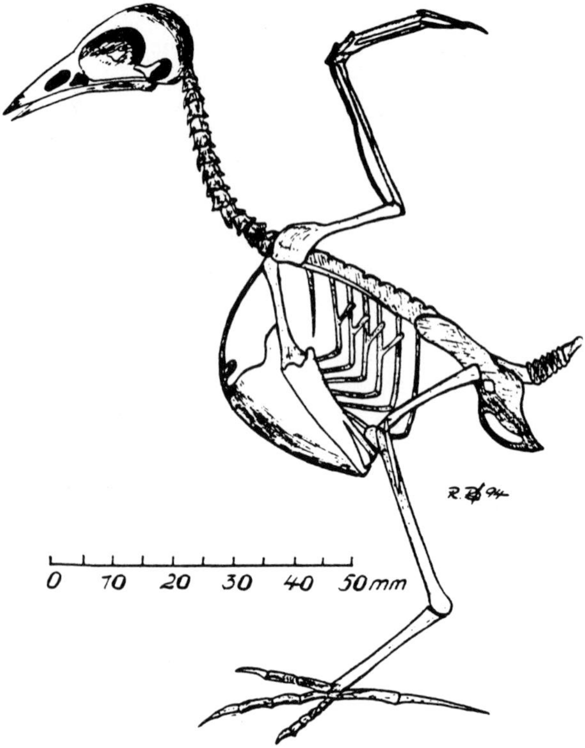

Abb. 5: Skelett einer Lerche (Feldlerche). Zeichnung: PÄT-ZOLD.

f) Die Tricepsgrube im Oberarmkopf (Caput humeri) ist in der Regel deutlich flacher ausgebildet (oder als fehlend bezeichnet) als die danebenliegende Subtrochandergrube (bei allen Alaudiden überprüft?). Siehe Abbildung 8.

g) Im Jugendflügel ist HS 10 stets länger und gerundeter als in allen späteren Jahreskleidern.

1.4.2 Allgemeines zur Morphologie und Färbung

Lerchen sind bodenbewohnende Singvögel der offenen Landschaft von 115 bis 230 mm Größe. Mit ihren relativ dicken Köpfen und kurzen Hälsen wirken sie kräftiger und gedrungener als die ihnen äußerlich ähnlichen Pieper (*Anthus*).

Ihre Schnäbel sind in Form und Größe je nach Ernährungsweise sehr unterschiedlich und zeigen zwischen dem fast einem Kernbeißer gleichkommenden Kegelschnabel der Knackerlerche (*Ramphocoris*) bis zu dem langen, dünnen und gebogenen Schnabel der Wüstenläuferlerche (*Alaemon*) alle Übergänge; in der Regel ist ihre Länge kürzer als der Kopf. Die Nasenlöcher sind mit Ausnahme der wohl noch sehr ursprünglicheren Gattungen *Mirafra, Pinarocorys, Certhilauda* und *Alaemon* mit kleinen Federchen bedeckt.

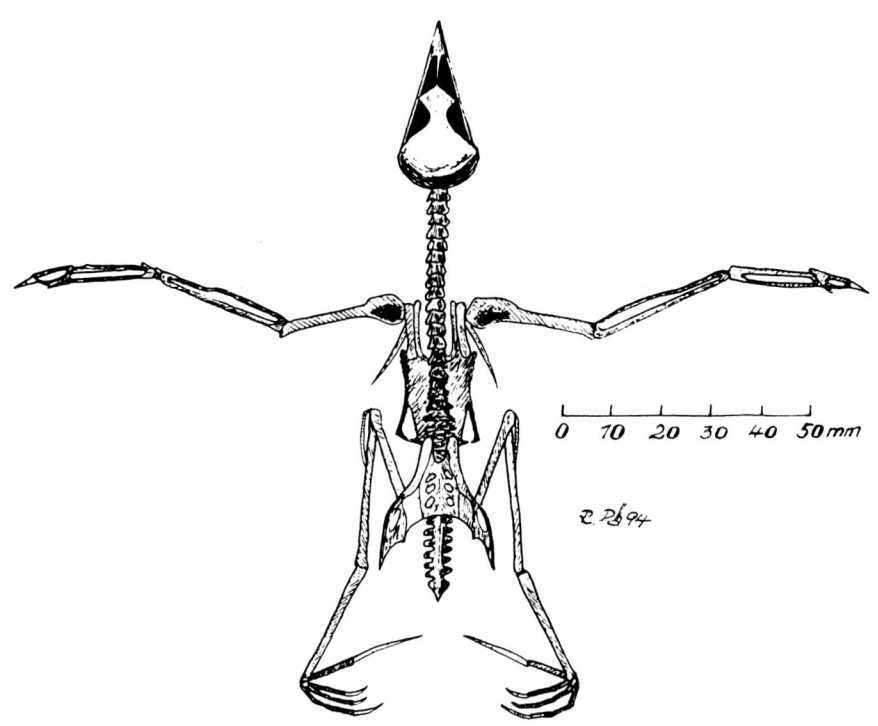

Abb. 6: Ventrale Aufsicht auf das Skelett einer Lerche (Feldlerche) mit gebreiteten Flügeln. Nach einer Röntgenaufnahme von PIECHOCKI. Zeichnung: PÄTZOLD.

Relativ lang und breit sind die Flügel. Die Zahl ihrer Handschwingen beträgt 10. Die Form des Handflügels zeigt alle Übergänge von rund bis spitz, da die äußersten Schwingen (HS 10) unterschiedliche Längen aufweisen (bei einigen Arten ist HS 10 noch halb so lang wie HS 9, bei anderen bis zur Unkenntlichkeit reduziert). Im Jugendflügel ist HS 10 stets länger als in späteren Kleidern — wohl ein Hinweis, daß urtümlichere Formen rundere Flügel besaßen. Das Vorhandensein eines Remicle (kleine Feder distal der äußersten Handschwinge) ist bei den Alaudiden nicht nachgewiesen. Im Unterschied zu den meisten Singvögeln, die 9 Armschwingen besitzen, haben Lerchen 10 und 11 AS (11 nur die Gattung *Certhilauda*, STEPHAN 1965). Die verlängerten inneren AS bilden mit der längsten, meist deutlich hervorragenden AS 7 eine zweite Spitze im zusammengelegten Flügel, die bei manchen Arten die Flügelspitze (HS 6 bis HS 8) erreicht — eine für die Landung auf dem Erdboden vorteilhafte Entwicklung (Bremswirkung), wie sie auch bei anderen häufigen Bodenlandern (Pieper, Stelzen, Stare, Limicolen, Turmfalken) gefunden wird. Der Lerchenflügel ist immer eutaxisch, d. h. AS 5 und die zugehörige große Armdecke fehlen nie.

Die Schwänze der Alaudiden sind kurz bis mittellang und am Ende gerade abgeschnitten oder nur wenig eingekerbt.

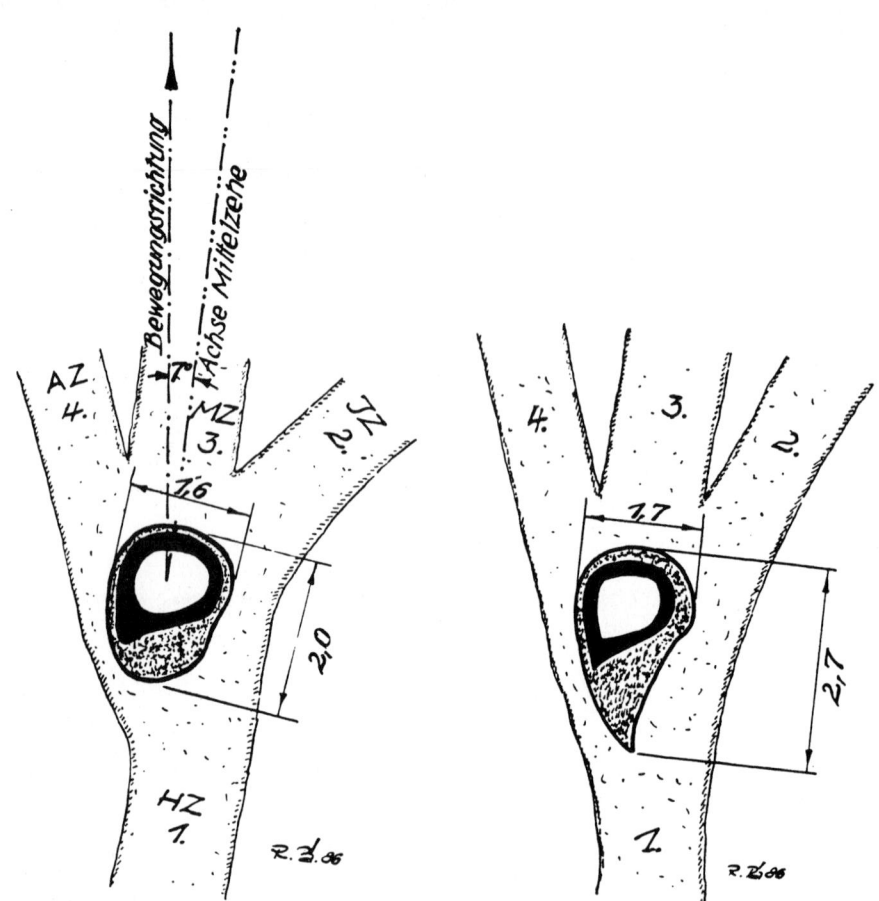

Abb. 7: Schnitt durch den linken Lauf bei der Feldlerche. Man beachte den hinten abgerundeten (latiplantaren) Querschnitt. Zeichnung: PÄTZOLD. Alle Maße in mm.

Schnitt durch den linken Lauf beim Haussperling. Man beachte den im Gegensatz zur Feldlerche hinten zugespitzten (acutiplantaren) Laufquerschnitt. Zeichnung: PÄTZOLD.

Die kräftigen Füße sind bei den meisten Arten mittellang, nur bei *Alaemon* und *Certhilauda curvirostris* länger. Der Lauf ist stets länger als der Oberschenkel (wenn auch nur wenig), was nach Untersuchungen von PALMGREN (1937) keinen Schluß auf extrem ausgebildetes Hüpfen oder Rennen zuläßt.

Wie bei allen Sperlingsvögeln stehen 3 Zehen nach vorn und eine, die am kräftigsten ausgebildet ist, nach hinten (I. Zehe). Die Beugung der Vorderzehen kann gleichzeitig, aber auch einzeln erfolgen. Die Muskeln dazu sitzen an Ober– und Unterschenkelknochen, von wo aus die Sehnen über den Lauf zu den Zehen entsendet werden. Der Beugemechanismus der I. Zehe funktioniert völlig unabhängig von den anderen Zehen. Dagegen kann das Strecken der Vorderzehen bei Sperlingsvögeln nicht individuell erfolgen, nur gemeinsam, da nur ein Streckmuskel

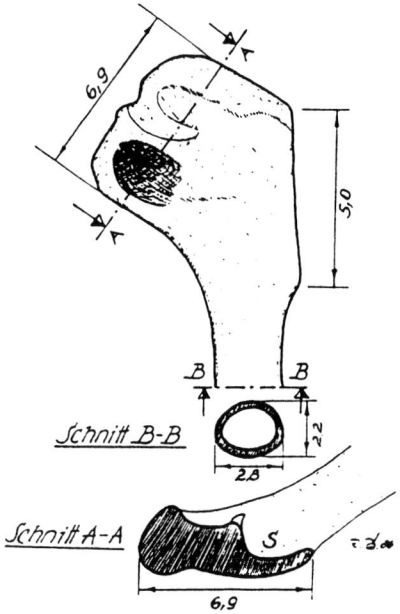 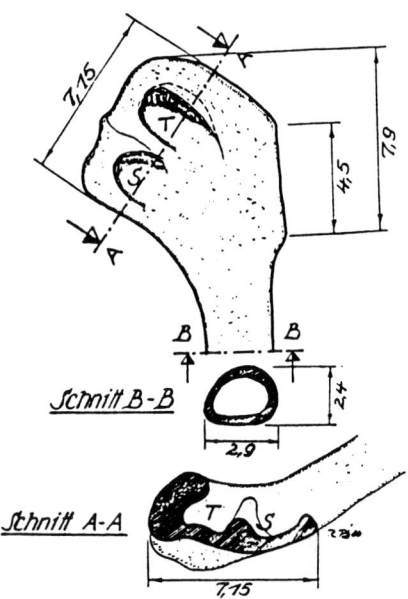

Abb. 8: Rechter Oberarmkopf (Caput humeri) einer Lerche (Feldlerche). Man beachte, daß bei der Lerche an Stelle einer Tricepsgrube nur eine flache Mulde ausgebildet ist. Zeichnung: PÄTZOLD.

Rechter Oberarmkopf einer Drossel (Singdrossel). Hier sind Triceps– und Subtrochantergrube (T, S) vorhanden. Zeichnung: PÄTZOLD. Alle Maße in mm.

(Extensor digitorum longus) dafür vorhanden ist, an dem die Zehen II bis IV gekoppelt sind, was zweckmäßig zur Masseverminderung und damit zur Förderung der Flugfähigkeit beiträgt. Dies ist eine höchst signifikante Feststellung, die erst in jüngster Zeit von REIKOW (1982, in PETERS 1989) getroffen wurde! Sie läßt interessante Schlußfolgerungen hinsichtlich der Evolution des Alaudidenfußes zu. Nur Nonpasseres können alle Vorderzehen individuell aber auch gleichzeitig strecken; dagegen kann die Hinterzehe der Sperlingsvögeln individuell gebeugt und auch gestreckt werden. Die Kralle der Hinterzehe (Hallux) streckte sich in Adaption an das Bodenleben bei vielen Arten und übertrifft in ihrer Länge häufig diese Zehe (»Lerchensporn«).

Die Oberseite des Gefieders paßte sich der Bodenfarbe mehr oder weniger an (besonders ausgeprägt bei einigen *Mirafra*–Arten der Namibischen Wüste); im dunklen Streifenmuster oder einfarbig zeigt sie sich in vielen Schattierungen zwischen grau und dunkelbraun, bisweilen gelblich oder rötlich und sogar schwarz. Die Unterseite ist in der Regel heller: meist weiß bis gelblich, auf Brust und Kropf aber oft dunkel gestrichelt oder auch schwarz gefleckt.

Die pullis sind bedunt. Die Dunen (Neoptile) sind länger als bei den meisten Arten der Oscines und zeigen alle Schattierungen von weißlicher zu grauer und gelblich brauner Färbung. Wenig Augenmerk wurde bisher der Existenz und der Anordnung der Dunen an den verschiedenen Körperteilen der pulli geschenkt. So sind die bisher untersuchten Lerchenpulli von geschlüpften Piepern (*Anthus*) durch das Fehlen der Neoptile der Augenfluren unterschieden, das man bei europäischen Singvögeln noch bei einigen Finkenarten der Gattungen *Carduelis*, *Pyrrhula* und *Coccothraustes*, besonders aber bei den Ammern (*Emberiza*) findet. Auch die Unterschenkel– und Schwanzfluren fehlen bei den bisher darauf untersuchten Lerchenarten völlig, im Gegensatz zu den europäischen Piepern, wo sie, mit Ausnahme von *Anthus pratensis* und *A. cervinus*, in den meisten Fällen, zumindest rudimentär, vorhanden sind. Die auf das Vorkommen von Neoptilen untersuchten westpaläarktischen Lerchen tragen in den Brust–, Hand– und Ohrbereichen keine Dunen.

Wie oben bemerkt, zeichnen sich die Lerchenpulli durch spezielle Mundhöhlenmuster aus. Man findet Muster mit 3 (dominierend) oder 2 Zungenpunkten. Bei ersterem liegen 2 auf der Zungenwurzel, einer auf der Spitze, bei letzterem fehlt der Spitzenpunkt. MACLEAN (briefl. Mitt.) bestätigt die 2 verschiedenen Zungenmuster auch bei südafrikanischen Lerchen. Sie sind unabhängig von der Artzugehörigkeit. Darüber hinaus haben alle pulli auf den Spitzen der Innenseiten von Ober– und Unterschnabel je einen schwarzen Punkt.

Das Jugendkleid der meisten Alaudiden wirkt durch die weißlichen oder gelblichen Federenden der Oberseite viel bunter als das der Altvögel, und je nach Form dieser hellen Federspitzen erscheint es gewellt (z. B. halbmondförmige Einfassungen bei der Feldlerche) oder geperlt bzw. tropfenförmig (Ohren– und Kurzzehenlerche). Nur bei den Wüstenbewohnern (Gattungen *Ammomanes*, *Ramphocoris* und *Eremophila bilopha*) ist diese Fleckung reduziert oder fehlend.

1.4.3 Eigenschaften

Alaudiden — tagaktive Vögel — bewohnen Wüsten, Halbwüsten, Steppen, Waldsteppen und Tundren (einschließlich alpine), wobei eine Art (*Melanocorypha maxima*) auf alpine Moore und vernäßte Uferwiesen beschränkt ist. Sie bewegen sich auf dem Boden schrittweise, das ist schreitend, trippelnd oder rennend fort (abwechselndes Vorsetzen der Beine, ohne daß beide Füße gleichzeitig den Erdboden verlassen), das ökonomischer ist als Hüpfen. Vermutlich hüpften ihre baum– und strauchbewohnenden Vorfahren, wie das bei nestverlassenden Jungvögeln (Feldlerchen) noch zu beobachten ist. Auch adulte Vögel haben das Hüpfen noch nicht verlernt, wenn sie dichteren Graswuchs passieren müssen oder sich zum Singen auf Steine oder größere Erdbrocken begeben.

Die Geschwindigkeiten im Laufen werden zumindest von keinen europäischen Singvogelarten übertroffen (in Asien möglicherweise von den Wüstenhähern der Gattung *Podoces*), sie erreichen bis 7 km/h, das sind 23 Schritte je Sekunde (bei einer durchschnittlichen Schrittlänge von 85 mm), denen kein menschliches Auge mehr folgen kann. Dennoch ist auch diese Lokomotion offenbar kein echtes »Traben« (wie bei Ratiten und Anatiden), wo der abstoßende Fuß den Erdboden verläßt, bevor der nach vorn greifende diesen berührt), sondern ein äußerst schneller Schritt, bei dem vielleicht die relativ langen Nägel der Hinterzehe wirksam werden (LORENZ 1988).

Bei solchen Laufleistungen wird man sich fragen, warum sich bei den Lerchen die Hinterzehe nicht reduzierte wie bei anderen guten und typischen Läufern (Emu, Kasuar, Kraniche, Trappen, Regenpfeifer, viele Hühner u.a.). Man könnte sich vorstellen, daß der Vogelkörper nach hinten zu kippen geneigt ist, wenn er nicht durch die 1. Zehe gestützt wird. Dem steht entgegen, daß die erwähnten Non–Passeres auch ohne diese Stützung auskommen und ihre Leistungen im Laufen sogar noch optimieren. PETERS (1989) ist dieser Frage nachgegangen und kam zu dem Schluß, daß die anatomischen Gegebenheiten des Sperlingsvogelfußes eine Evolution in dieser Richtung verhindern. Wie oben dargestellt, besitzen Sperlings-vögel für die Streckung ihrer 3 Vorderzehen nur einen gemeinsamen Muskel. Das bedeutet: wird es notwendig (etwa bei einer Stellungskorrektur) eine der Vorder-zehen anzuheben oder zu strecken, so werden auch die übrigen beiden Vorderze-hen gestreckt, der Vogel verliert seinen Halt auf der Unterlage, wenn nicht eine individuell zu bewegende Hinterzehe das verhinderte. Zur Verdeutlichung und Fortführung dieses Gedankens sei hinzugefügt, daß für den baumbewohnenden Sperlingsvogel ein gemeinsamer Streckmuskel (abgesehen von der Massereduzie-rung) äußerst vorteilhaft ist, wenn er bei plötzlich notwendiger Flucht die Um-klammerung des Zweiges blitzschnell lösen kann.

Lerchen kratzen sich am Kopf »hintenherum«, was durchaus nicht bei allen Sper-lingsvögeln der Fall ist (die Familien der Timaliidae, Parulidae und Formicariidae z. B. kratzen den Kopf direkt »vornherum« oder können beides), dabei wird der Fuß außen am leicht herabhängenden Flügel vorbeigeführt.

Beim Fliegen wird der Lauf brustwärts angezogen, so daß er im Gefieder ver-schwindet und die Laufrückseite zum Boden zeigt. Die Vorderzehen sind dabei so stark gekrümmt, daß ihre Krallen, wie die der Hinterzehe, schwanzwärts (caudal) gerichtet sind (ich führe diese jedem Feldornithologen bekannte Eigenschaft bei Sperlingsvögeln hier ausdrücklich an, weil man bemerkenswerterweise in Hand-büchern und anderen ornithologischen Standardwerken dieses signifikante Merk-mal meist keiner Erwähnung wert findet; bedenklich aber, wenn darin Sperlings-vögel im Fluge mit caudal abgestreckten Läufen dargestellt werden, wie es für Limikolen, Greife und andere Non–Passeres zutrifft). Durchaus denkbar wären Beziehungen zwischen Beinstruktur und Flugbewegung.

Die Flugweise der Alaudiden variiert beträchtlich, und es ist schwierig, Gemein-sames für alle Arten aufzuführen. Im Vergleich zu Piepern (Anthus) wirkt der Ler-chenflug schwerer, geräuschvoller, breitflügeliger und weniger hüpfend. Kurzflüge innerhalb des Revieres gestalten sich anders als Langstreckenflüge während des Zuges. Letztere sind dominierend leicht wellenförmig und oft von Rufen begleitet. Die Geschwindigkeiten liegen zwischen 50 und 90 km/h.

Viele Arten verfügen über einen wohlklingenden Originalgesang, nicht wenige besitzen vorzügliche Spöttereigenschaften. Typisch für Alaudiden ist der kreisende Sing–Schauflug. Auch im Sitzen, gewöhnlich von einem erhöhten Punkt aus, wird der Gesang vorgetragen. Bemerkenswert ist, daß einige Arten (Gattung Mirafra und Chersophilus) beim Schauflug seltsame klappernde und rasselnde Geräusche her-vorbringen, nicht von der Kehle, sondern von den harten über dem Rücken zu-sammenschlagenden Schwingen erzeugt.

Die Gesangsdauer im Flug soll nach Experimenten an Feldlerchen–Männchen im direkten Verhältnis zur Größe der Flügelfläche stehen (GLAUBRECHT 1992). Dem kann sicher nur bedingt zugestimmt werden, sind doch dafür auch mannigfaltige äußere Ursachen (Witterung, Revierverteidigung) verantwortlich. Noch bedenklicher ist die Schlußfolgerung, in der Gesangsdauer einen signifikanten Selektionsfaktor zu sehen, nach dem die Weibchen ihre Männchen auswählen. Wie sollte das ins Revier eines Männchens einziehende Weibchen Vergleiche zwischen verschiedenen Männchen anstellen können? Dazu kommt, daß Feldlerchen und vermutlich auch andere Alaudiden mit hoher Ortstreue veranlagt sind. Auf diese Weise treffen in vielen Fällen dieselben Partner vom Vorjahre im gleichen Revier zusammen und verpaaren sich erneut (DELIUS 1963, 1965 in PÄTZOLD 1975). Außerdem findet die Balz als eigentliche Werbungsfunktion bei allen Lerchen auf dem Erdboden statt (siehe unten).

Der aufsteigende, kreisziehende, schwebende oder rüttelnde Vogel hält dabei den Schnabel im flachen Winkel zur Erde gerichtet, seltener horizontal, aber niemals himmelwärts, wie man es häufig auf Abbildungen in Bestimmungsbüchern findet. Nur in der Startstellung (mit niedergebeugten Läufen und vorgestrecktem Hals) zeigt der Schnabel nach oben.

Die Wechselbeziehungen beim Singflug zwischen Atem–, Lautgebungs– und Flügelschlagfrequenz untersuchte CSICSAKY (1978) am Beispiel der Feldlerche. Dabei ergaben sich nur zeitweise synchrone Abläufe, im wesentlichen aber keine gesicherten positiven Korrelationen. Hingegen zeigte sich zwischen der Dauer eines Lautes oder Rufes und der nachfolgenden Pause eine deutliche positive Wechselbeziehung.

Die Brutzeit liegt bei paläarktischen Vögeln im März bis Juli, in den Tropen und Südafrika abhängig von der Regenzeit; manche Arten können in jedem Monat brüten. Das Männchen wählt in der Regel das Revier und verteidigt es gegen Eindringlinge der eigenen und bisweilen auch verwandter Arten. Die Verteidigung erfolgt durch Imponierstellung, Drohhaltung und Jagd, seltener durch offenen Kampf. Zur indirekten Revierverteidigung gehören Bodengesang und Singflug, mit denen das Revier markiert wird. Manche Männchen der Gattung *Mirafra* zeigen ganzjährig territoriales Verhalten und singen das ganze Jahr, auch wenn keine Brutbedingungen vorliegen. Die eigentliche Werbung erfolgt durch die »Bodenbalz«. Dabei wird das Weibchen vom Männchen durch tänzelnde und hüpfende Bewegungen im Verein mit diversen Schwanz– und Flügelhaltungen umworben, oft in Begleitung von Gesangsbruchstücken. Die Kopulation (stets auf dem Erdboden) erfolgt unabhängig von der Balz und wird oft durch ein Werbefüttern eingeleitet.

Ein »typisches« Lerchennest ist napfförmig und steht in einer meist selbst gescharrten Bodenmulde, von einer Seite durch Grasbüschel, Stauden, Erdschollen oder Steine geschützt. Einige Arten, besonders aus der Gattung *Mirafra* überwölben ihre Nester mit Gräsern. Das Nest der Wüstenläuferlerche steht bisweilen auch in niedrigen Büschen. Im allgemeinen baut nur das Weibchen ein nicht sehr kunstvolles Nest, in den meisten Fällen nur aus Gräsern und Krautstengeln. Der Nesteingang wird bei einigen Arten mit Steinchen oder anderem körnigen Material belegt, doch scheint diese Eigenschaft nicht streng artspezifisch zu sein. Verfasser fand immer auch Nester ohne solchen Vorbau bei Arten, die in der Regel ihre Nesteingänge auf diese Weise »pflastern«. Tatsache ist, daß diese »Pflasterung« vorwiegend in steinigen Habitaten erfolgt, wo es dem Vogel offenbar Schwierigkeiten bereitet, die notwendige Tiefe für die Nestmulde mit Füßen und Schnabel auszukratzen; so schürft er nur eine flachere Mulde. Da die innere Nesttiefe gewahrt werden muß, kommt der Nestrand über das Bodenniveau zu stehen und muß durch einen Wall von Steinchen oder anderem Material befestigt werden. Dadurch wird der Nestrand stabilisiert und gleichzeitig eine Zugangsrampe für die Vögel geschaffen. Auch bietet der Wall in vielen Fällen Tarnung für Nest und Brut.

Die Gelege enthalten 2 bis 5 Eier (6 und 7 sind Ausnahmen). Das relative Eigewicht zum Körpergewicht der Weibchen liegt zwischen 4,5 und 7 %, im Mittel bei 5,87 %. Die Eier tragen keine auffälligen Muster, dominierend sind weiße bis graue Grundfarben, die mehr oder weniger mit dunkleren Tüpfeln und Frickeln besetzt sind. Einfarbigkeit kommt nur ausnahmsweise vor.

Im allgemeinen brütet nur das Weibchen, nur bei der Gattung *Eremopterix* auch das Männchen. Die Brutdauer beträgt 11 bis 13 Tage, und es sind ein bis drei Bruten im Jahr möglich. Die Jungenbetreuung erfolgt durch beide Partner. Die pulli sperren auf Futterruf der Altvögel und öffnen zwischen dem 4. und 5. Lebenstag die Augen. Auffällig sind die bereits im Embryonalzustand großen und kräftigen Füße, die nach dem Schlupf auch am raschesten wachsen und noch in der Nestlingsperiode nahezu ihr Endwachstum erreichen. Die Gliederung des Laufes auf der Rückseite ist ab dem 3. Lebenstag auch ohne Lupe erkennbar. Die Entwicklung der Konturfedern, die anfangs nur zögernd voranschreitet, erhält zwischen dem 6. bis 7. Lebenstag ihren kräftigsten Impuls: innerhalb von 36 Stunden machen die Jungen plötzlich einen befiederten Eindruck. Die Oberseite ist früher befiedert als die Unterseite (Tarnung). Die Jungen verlassen das Nest, wenn der Federrain auf der Mitte des Bauches geschlossen ist, gleichzeitig hat damit auch der Flügel eine bestimmte arteigene Länge erreicht. Gewöhnlich dauert die Nestlingsperiode 8 bis 10 Tage (witterungsbedingt). Das ist die kürzeste Nestlingszeit unter allen Singvögeln! Sie ist begründet durch die steigende Gefahr, denen die Nestlinge einer Bodenbrut mit jedem längeren Tag des Nestaufenthaltes ausgesetzt sind, da Nesträuber und andere negative Einflüsse (Witterung und Parasiten) unter Umständen die gesamte Brut mit einem Schlag vernichten können. Die Überlebenschance wächst mit der frühzeitigen Verteilung der Jungen im Versteck, die eine laufende oder hüpfende Fortbewegung voraussetzt. So kann aus der Notwendigkeit des frühen Nestverlassens auch die morphologische Besonderheit des Lerchenlaufes erklärt werden. Denn zweifellos ist der Knochen des Laufes zu diesem Zeitpunkt infolge noch geringerer Kalkeinlagerung in stärkerem Maße biegsam, zumal die das Durchbiegen verursachende Kraft (Körpermasse) nahezu dieselbe ist, wie beim ausgewachsenen Vogel.

Durchbiegungen erzeugen bekanntlich in den äußeren Fasern der Laufrückseite Zugspannungen, die zur Rissebildung auf der Hornschicht führen können. Diese werden vermieden, wenn der Tarsus von vornherein gegliedert wird und nicht aus einer durchlaufenden Hornschicht auf der Rückseite besteht (Näheres siehe auch bei PÄTZOLD 1963). Auch der rückseitig abgerundete Laufquerschnitt (latiplantar) kann aus der Lebensweise, speziell aus dem frühen Nestverlassen resultieren: Lerchen sind Bodenschläfer, wobei der Lauf mit der Rückseite auf dem Boden aufliegt. Die noch weiche Hornschicht beim Jungvogel rundete sich im Laufe der Evolution vom Gebüschvogel mit acutiplantarem Laufquerschnitt zur latiplantaren Form. Dazu kommt, daß Junglerchen nach dem Nestverlassen nicht nur beim Schlafen, sondern auch wenn sie tagsüber stundenlang in ihren Verstecken harren, sich mit den Läufen auf den Boden drücken. Pieper (*Anthus*), die bei ähnlicher Lebensweise gern zum morphologischen Vergleich herangezogen werden, verlassen das Nest nicht so frühzeitig, haben ein geringere Masse (geringere Belastung des Tarsus beim Laufen) und berühren beim Schlafen und in Versteckpositionen mit den Läufen nicht den Erdboden.

Vom Nestverlassen bis zur vollen Flugfähigkeit vergehen durchschnittlich etwa 10 Tage. Vollständig unabhängig sind die Jungvögel nach 28 bis 32 Tagen. Sie lösen sich dann von den Alttieren und schließen sich zu Jugendschwärmen zusammen.

Die Nahrung besteht aus Sämereien und Arthropoden, wobei erstere bei uns im Winterhalbjahr, letztere im Sommer überwiegen. Grüne Pflanzenteile sowie Mineralien wurden bei allen untersuchten Arten gefunden. Feinschnäbelige Arten bevorzugen animalische Nahrung. Sie vermögen mit ihren verlängerten und gebogenen Schnäbeln Insektenlarven und deren Puppen bis zu 50 mm tief aus dem Sand zu graben, aber auch von den Gräsern abzulesen. Die Sämereien werden in der Regel vom Boden aufgepickt und ungeschält verschlungen, größere mit dem Schnabel aufgeknickt. *Eremopterix*–Arten enthülsen die Samen, vor allem Hirse. Auch Hochspringen an samentragenden Pflanzen und Schütteln der Samenträger im Fluge, ohne sich darauf niederzulassen, wurden beobachtet. Die Jungen werden mit Insekten und deren Larven gefüttert, nur bisweilen zusätzlich mit weichen Sämereien. Nur bei der Falblerche beobachtete man Fütterungen in großem Umfange mit unreifen Grassamen.

Lerchen fliegen in der Regel täglich zur Tränke und nehmen auch Wasser als Tautropfen von den Gräsern ab. Einige südafrikanische Arten sind von Wasserstellen für längere Zeit unabhängig, wahrscheinlich wird hier der Wasserbedarf ausschließlich durch Tautropfen an der Vegetation gedeckt. Gebadet wird im Sand oder Staub, auch »Regenbaden« wurde beobachtet, aber nie baden an offenen Wasserstellen. Gelegentlich werden Sonnenbäder genommen, jedoch ein »Einemsen« nicht beobachtet.

Alaudiden schlafen ausschließlich auf dem Erdboden, wo gegebenenfalls Schlafhöhlungen in den Boden oder in den Schnee gegraben werden. Gesunde Altvögel schlagen dabei den Kopf nicht in das Schultergefieder, sondern halten den Schnabel nach vorn und unten gerichtet, etwa 30° gegen den Erdboden, um ihre Fluchtbereitschaft gegen Bodenfeinde zu erhalten. Jungvögel vor dem völligen Selbständigwerden sowie ermattete oder kranke Exemplare schlagen den Kopf nach Art anderer Singvögel ein — wohl ein Relikt aus der Baumvogelzeit.

Lerchen unterziehen sich jährlich einer Vollmauser. Mit Ausnahme der Wüstenläuferlerche erneuern auch die Jungen unmittelbar nach dem Selbständigwerden ihr gesamtes Federkleid (Jugendvollmauser).

Die überwiegende Zahl der Alaudiden sind Stand– oder Strichvögel mit nur lokalen Wanderbewegungen, wie das auch in der ausgeprägten Anpassung der Gefiederfarbe an die Bodenfarbe des Habitates zum Ausdruck kommt. Ausgesprochene Zugpopulationen sind vor allem in der holarktischen Region zu finden. Außerhalb der Brutzeit halten sich die meisten Arten in kleineren oder größeren Trupps auf, einige auch nur in 1 bis 3 Exemplaren.

Angeschossene oder geflügelte Vögel verkriechen sich in Erdlöcher. Die durchschnittliche Lebenserwartung mag zwischen 2 und 4 Jahren liegen (maximales Alter einer Feldlerche in Gefangenschaft soll 30 Jahre betragen haben).

1.5 Die Lerchenarten der Erde nach ihren Brutkontinenten aufgeteilt

Afrika: 65 Arten (Festland), 2 Arten (Inseln)

Mirafra javanica, M. cordofanica, M. williamsi, M. cheniana, M. albicauda, M. passerina, M. candida, M. pulpa, M. ashi, M. hypermetra, M. somalica, M. africana, M. chuana, M. angolensis, M. rufocinnamomea, M. apiata, M. damarensis, M. africanoides, M. ruddi, M. collaris, M. rufa, M. sidamoensis, M. gilletti, M. poecilosterna, M. sabota, M. naevia, Pinarocorys nigricans, P. erythropygia, Certhilauda curvirostris, C. albescens, C. albofasciata, Eremopterix australis, E. leucotis, E. signata, E. verticalis, E. nigriceps, E. leucopareira, Ammomanes cincturus, A. deserti, A. dunni, A. grayi, A. burra, Alaemon alaudipes, A. hamertoni, Ramphocoris clotbey, Melanocorypha calandra, Calandrella cinerea, C. blanfordi, C. rufescens, Spizocorys conirostris, Sp. starki, Sp. sclateri, Sp. obbiensis, Sp. personata, Botha fringillaris, Chersophilus duponti, Pseudalaemon fremantlii, Galerida cristata, G. theklae, G. modesta, Calendula magnirostris, Lullula arborea, Alauda arvensis, Eremophila alpestris, E. bilopha.

Inseln: *Mirafra hova, Calandrella razae.*

Asien: 30 Arten

Mirafra javanica, M. assamica, M. erythroptera, Eremopterix nigriceps, E. grisea, Ammomanes cincturus, A. phoenicurus, A. deserti, A. dunni, A. alaudipes, Ramphocoris clotbey, Melanocorypha calandra, M. bimaculata, M. mongolica, M. maxima, M. leucoptera, M. yeltoniensis, Calandrella cinerea, C. acutirostris, C. raytal, C. rufescens, C. cheleensis, Galerida cristata, G. malabarica, G. deva, Lullula arborea, Alauda arvensis, A. gulgula, Eremophila alpestris, E. bilopha.

Europa: 11 Arten

Melanocorypha calandra, M. leucoptera, M. yeltoniensis, Calandrella cinerea, C. rufenscens, Chersophilus duponti, Galerida cristata, G. theklae, Lullula arborea, Alauda arvensis, Eremophila alpestris.

Australien: 1 Art (eine zweite eingeführt)

Mirafra javanica (Alauda arvensis eingeführt)

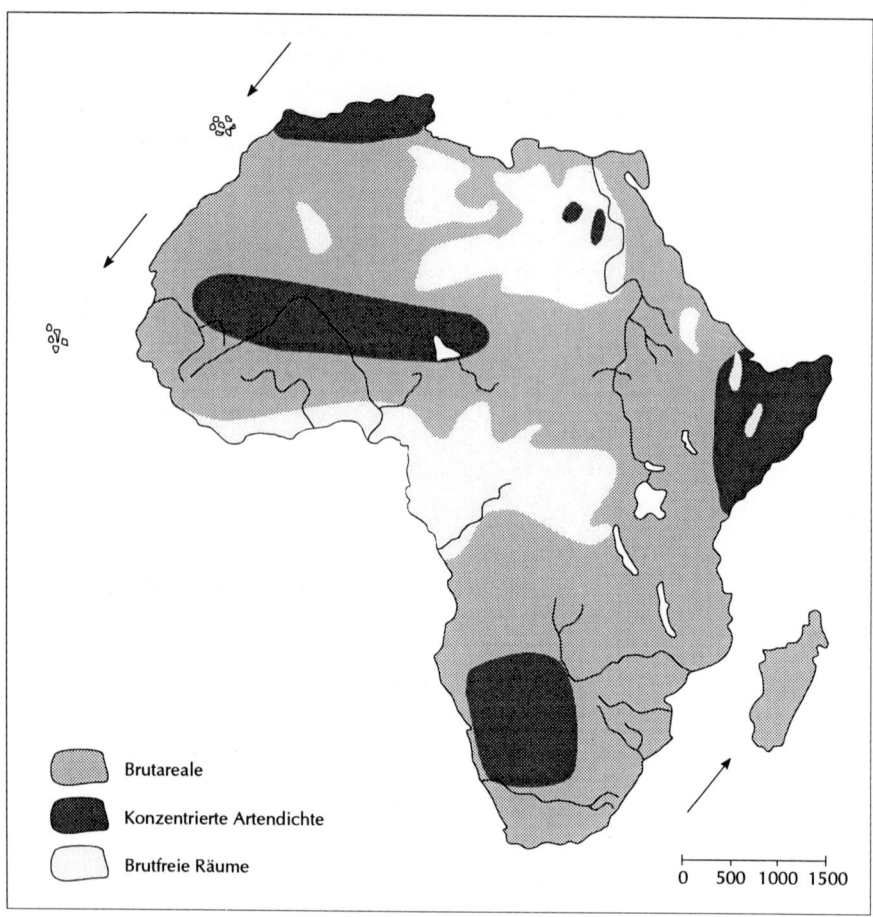

Brutareale

Konzentrierte Artendichte

Brutfreie Räume

0   500 1000 1500

Abb. 9: Afrika, Kontinent der Lerchen. 80 % aller Alaudiden brüten in Afrika. Entwurf zur Zeichnung: PÄTZOLD.

Amerika: 1 Art

Eremophila alpestris

Von den 82 Arten sind: 18 Arten mehr oder weniger feldlerchengroß, 55 Arten kleiner und 9 Arten größer als eine Feldlerche.

34

2   Spezieller Teil

2.1   Gattung *Mirafra* HORSFIELD, 1821

S y n o n y m e : *Ptocealauda* GRAY, 1844; *Geocoraphus* CABANIS, 1847; *Etoimus* Gistel, 1848.
Kleine bis große Lerchen. Schnabel mittellang und leicht kegelförmig, gerade und
spitz oder schwach gebogen. Nasenlöcher völlig frei. HS 10 immer deutlich sichtbar, 1/2 bis 2/3 so lang wie HS 9 (stets länger als die Handdecken!); HS 8, HS 7
und bisweilen auch HS 6 sind nahezu gleich lang und bilden die Flügelspitze. Der
Abstand der kürzesten Arm– und längsten Handschwinge erreicht knapp die Lauflänge. Die meisten Arten fallen im Fluge durch rötliche Schwingensäume auf. Die
Hinterkralle ist mindestens so lang wie die Hinterzehe und ein wenig gebogen. Die
Nester sind in den meisten Fällen mit Gräsern überwölbt. 29 Arten.

2.1.1   *Mirafra javanica* BLYTH, 1844 — Buschlerche, Horsfieldlerche

E : Singing Bush–Lark, Horsfield's Bush–Lark, Cinnamon Bush–Lark.

S y n o n y m e : *M. cantillans* BLYTH, 1844 – 45; *M. javanica* HORSFIELD, 1821.

Abb. 10: Buschlerche. Verändert nach BANNERMAN (1953).
Zeichnung: PÄTZOLD.

H a b i t u s : Deutlich kleiner (20 – 30 %) als Feldlerche, kurzschwänziger und dickschnäbliger.

B i o m e t r i s c h e   D a t e n   (m m ,   g) : Länge 125 – 150, Flügel 71 (67 – 84),
Schwanz 45 – 55, Schnabel 10 – 13, Lauf 20 – 23, Masse ca. 20.

Merkmale: ♂ und ♀: Keine signifikanten Kennzeichen im Felde. Das Rostbraun an den Außenfahnen der Schwingen und Weiß an ST 6 sowie teilweise an ST 5 fallen im Fluge etwas auf. In der Hand von *M. assamica* und *M. erythroptera* durch ausgedehnteres Weiß oder rötliches Weiß auf der Innenfahne von ST 6 zu unterscheiden (bei diesen braun). Die afrikanische Unterart *M. j. marginata* ist der sympatrischen *Mirafra albicauda* sehr ähnlich, jedoch ist die Oberseite bei *M. j. marginata* etwas heller und der Schnabel ist oben und unten etwa gleichgefärbt (bei *M. albicauda* kontrastiert der schwärzliche Oberschnabel zum helleren Unterschnabel). Am sichersten zu unterscheiden im Felde durch Gesang und Singflug (*M. albicauda* ohne Triller und von kürzerer Dauer). Oberseits in Anpassung an die Bodenfarbe rötlich, rötlich–grau, schwärzlich–braun oder sandfarben, Schwingen hell gesäumt. Unterseite beige bis hell rötlich bei dunkelbraun gesprenkelter Brust. *M. j. chadensis* ist die hellste Unterart. Schwingen und Schwanz im übrigen braun. Junge oben kräftiger schwärzlich gestreift und gelbbraun quergebändert, Brust markanter gesprenkelt. — Schnabel gelblich hornfarben bis braun, Füße hell bis bräunlich fleischfarben, Iris braun, Rachen zitronengelb.

Abb. 11: Verbreitung der Buschlerche.

Verbreitung und Biotop: Australische und Orientalische Region, Afrikanische Subregion: Australien außer C und SW, Neuguinea, Philippinen, Kalimantan, Java, Bali, SE Asien nordwärts bis ca. 24° n. Br., Indien (fehlend in Assam), Pakistan, SW Arabien, S und SW Somalia, NE Tansania, S, C und NW Kenia, NE und NW Äthiopien, C und S Sudan, WC Tschad, S Niger, N Nigeria, N Togo, Burkina, S Mali, S Mauretanien, N Senegal.

Grasland mit niedrigen Büschen, offenes Wald– und Buschland, besonders mit Akazien, Feldränder mit Getreide und Hülsenfrüchten, in Indien bis 350 m Höhe.

Fortpflanzung: In S Australien November bis Januar, Indien März bis September (meist Juni), Äthiopien April bis Juni, Sudan Juli bis September, Nigeria

August, Mali Mai bis Oktober, Mauretanien Mai bis September. Nest napfförmig, unter Grasbüschel, teilweise oder ganz überwölbt mit trockenen oder frischen Gräsern, nur manchmal in Erdmulde, bestehend aus gröberen und ausgelegt mit feineren Gräsern. 2 bis 4 Eier (meist 3); 20,3 x 15,2 mm (42) bei Frischvollgewicht von 2,44 g; weißlich, mit kräftigen aber feinen graubraunen Tupfen, besonders am stumpfen Ende.

S t i m m e : Gesang besteht aus Serien von variablen Phrasen, ähnelt in Tempo und Ausdauer an die Feldlerche, einige hohe Flötentöne an die Heidelerche. Es wurden über ein Dutzend Imitationen anderer Vogelarten registriert. Auch nachts wird gesungen. Der Fluggesang ist identisch mit dem Boden– oder Baumgesang. Beunruhigt erfolgt ein eigentümliches Zwitschern.

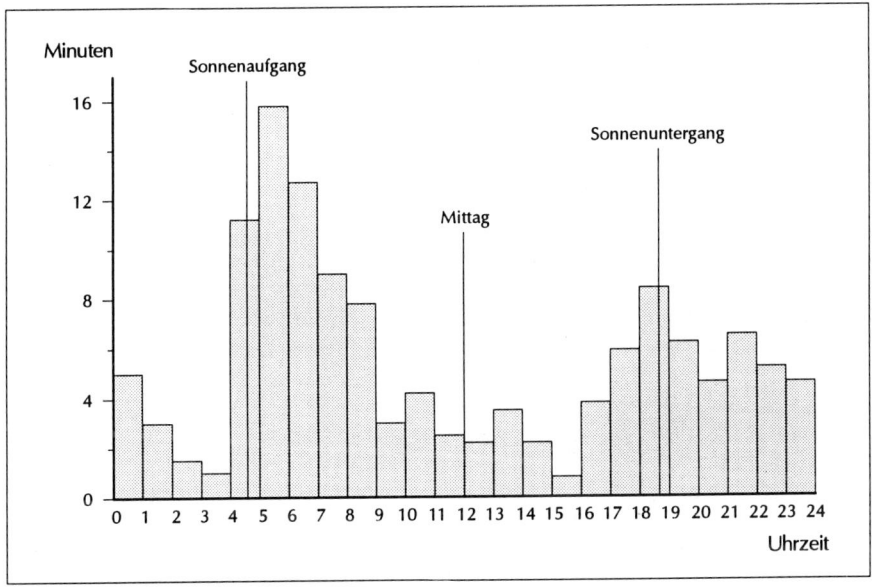

Abb. 12: Stündliche Gesangsperioden der Buschlerche im Zeitraum von 24 h, in einer Nacht ohne hellen Mondschein. Nach BOURKE (1947).

V e r h a l t e n , N a h r u n g , S t a t u s : Außerhalb der Brutzeit in Paaren oder kleinen Trupps anzutreffen; sitzt nicht selten auf Bäumen und Telegraphendrähten. Der Balzflug ist feldlerchenähnlich, oft zeitlich sehr ausgedehnt (bis 40 min!), meist nur ca. 30 m hoch, danach steil herabstürzend und landend auf Baum, Busch oder Boden, wo der Vogel oft noch eine beträchtliche Strecke weiterrennt. Nährt sich von Grassamen, Ameisen, Rüsselkäfern und anderen Arthropoden. Meist ein nicht häufiger Stand– und Strichvogel, nur bisweilen lokal häufig. In S Australien Zugvogel, der im Oktober bis November eintrifft und im Februar bis März wegzieht, vermutlich an der E Küste überwintert. Auch in Tansania Zugvogel, Ankunft März bis August während des Regens. Zieht auch in hellen Nächten.

Unterarten und ihre Brutgebiete: *M. j. marginata*, Somalia, Uganda, Kenia, Tansania; *M. j. chadensis*, Senegal bis Sudan; *M. j. simplex*, Arabien; *M. j. cantillans*, N Indien; *M. j. williamsoni*, C Burma, Thailand, Indochina; *M. j. beaulieui*, S Vietnam; *M. j. philippinensis*, Luzon und Mindoro Inseln; *M. j. mindanensis*, Mindanao Insel; *M. j. javanica*, S Kalimantan, Java, Bali; *M. j. parva*, Lombok–, Sumbawa–, Sumba–, Flores Inseln; *M. j. timorensis*, Savu– und Timor Inseln; *M. j. sepikiana*, N Neuguinea; *M. j. aliena*, NE Neuguinea; *M. j. woodwardi*, WC Australien; *M. j. halli*, NW Australien; *M. j. subrufescens*, NW Australien; *M. j. soederbergi*, W Nordterritorium (Australien); *M. j. melvillensis*, Melville Insel; *M. j. rufescens*, E Nordterritorium, N Queensland; *M. j. horsfieldii*, C und S Queensland, Neusüdwales, Victoria; *M. j. secunda*, Südaustralien.

Anmerkung: Andere Autoren stellen die afrikanischen, arabischen und indischen Unterarten in einen eigenen Artstatus: *Mirafra cantillans*.

2.1.2 *Mirafra hova* HARTLAUB, 1860 — Hovalerche

E: Hova Lark, Bush–Lark (Madagaskar).

Trivialnamen: Sorohitra (allgemeiner Name beim Volk der Hova), Vorosoy, Boria, Sirotsy, Lolokolotany (letzterer drückt die Beziehung des Vogels zur Erde aus).

Abb. 13: Hovalerche. Verändert nach GRANDIDIER. Zeichnung PÄTZOLD.

Habitus: Deutlich kleiner als Feldlerche, mit kürzerem Schwanz und längerem Schnabel.

Biometrische Daten (mm): Länge ca. 145, Flügel 71, Schwanz 46, Schnabel 11 – 12, Lauf 21 – 22.

Merkmale: Obwohl kaum markante Kennzeichen aufweisend, kann die Art im Felde mit keiner anderen Lerche verwechselt werden, da auf Madagaskar endemisch und dort die einzige Alaudidenart. Kein Geschlechtsdimorphismus. Oberseite auf breiten dunklen Federmitten hell rötlich braun gesprenkelt. Deutlicher rahmfarbener Überaugenstreif; Kopfseiten gelbbraun mit brauner Sprenkelung; Kinn und obere Kehle weiß, restliche Unterseite gelbbraun, dazu an unterer Kehle kräftig mit eckigen schwärzlichen Tupfen markiert, die sich an den Kropfseiten zu Flecken vereinigen. Flügel noch rötlicher als Rücken; untere Flügeldecken und innere Säume der Schwingen sind zimtbraun. Schwanz schwarzbraun, aber auf Außenfahne von ST 5 ein großer keilförmiger Abschnitt gelbbraun; ST 6 weiß mit dunklem Keilfleck auf Innenfahne. Schnabel oberseits dunkel hornfarben, unterseits heller; Füße rötlich grau, Iris braun.

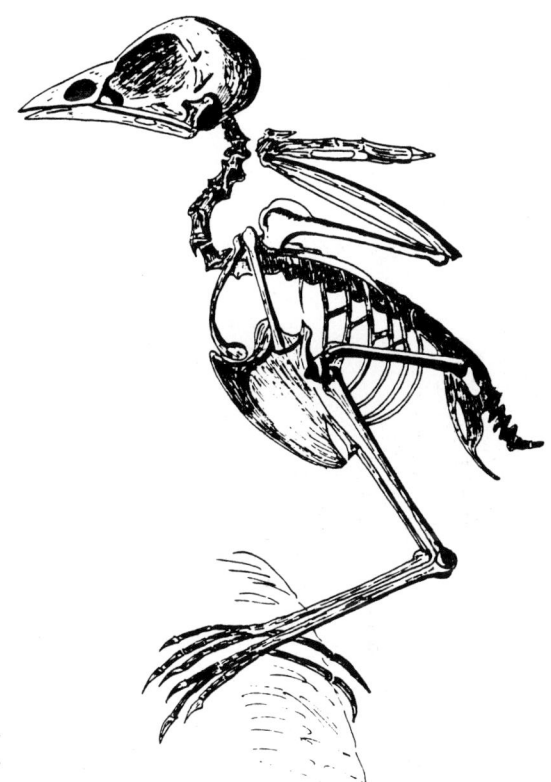

Abb. 14: Skelett der Hovalerche.
Verändert nach GRANDIDIER.
Zeichnung: PÄTZOLD.

Fortpflanzung: Genauere Brutdaten nicht bekannt, vermutlich ähnlich der anderen südafrikanischen Mirafra–Arten. Gelege enthält 4 bis 6 Eier; 20,2 x 15,0 mm (42), Frischvollgewicht 2,38 g, in der Farbe gleichen sie Calandrella cinerea brachydactyla und auch Lullula arborea: auf grau–weißem bis rahmfarbenem Grund zart olivbraun gefleckt oder rötlich gefrickelt.

Verbreitung und Biotop: Madagaskar. Auf offenem, nicht zu feuchtem Gelände fast über die ganze Insel verbreitet, bevorzugt jedoch die ebenen Dornfeldformationen im Süd– und Westteil, wo die Art von W. PETERS bei Oliara (Bucht von St. Augustin) entdeckt wurde. An der feuchteren Ostküste weniger häufig und dort im Nordteil (felsiger) spärlicher als im Süden; auch in den fast vegetationslosen Hochebenen im zentralen Teil der Insel nicht selten.

Stimme: Wenig bekannt. Der Fluggesang soll unbedeutend sein.

Verhalten, Nahrung, Status: Gewohnheiten ähnlich unserer europäischen Lerchen. HELLEY hebt die Streitsüchtigkeit bei der Reviervertei- digung hervor. Wie andere Lerchen steigt sie singend auf, kreist eine

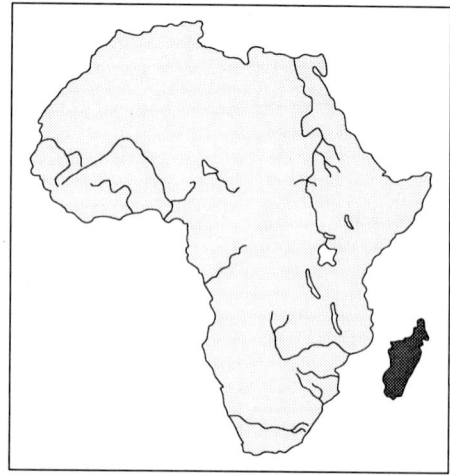

Abb. 15: Verbreitung der Hovalerche.

Weile und stürzt zu Boden, unmittelbar vor der Landung flatternd. Nährt sich von Samen und Insekten. — Gemeiner Standvogel. E. NEWTON fand die Art an der Küste so gemein wie in England die Feldlerche.

Unterarten: Keine.

2.1.3 *Mirafra cordofanica* STRICKLAND, 1850 — Kordofanlerche

E: Kordofan Bush Lark, Golden Bush Lark.

Synonyme: *Alauda rutila* V. MÜLLER NAUM., 1851; *Ammomanes cinnamomea* DELATTRE, 1854; *Alauda praestigiatrix* HEUGLIN, 1856; *Calandrella ferruginea* BREHM NAUM., 1856; *Geocoraphus cordofanica* HEUGLIN, 1868.

Habitus: Ca. 20 – 25 % kleiner als Feldlerche; rötlicher und dickschnäbliger.

Biometrische Daten (mm): Länge ca. 140, Flügel 78 – 88, Schwanz 51 – 60, Schnabel 11 – 13, Lauf 22 – 24.

Merkmale: Von der ähnlichen Rostlerche und Einödlerche, die im gleichen Areal vorkommen, durch das Weiß der äußersten Schwanzfedern unterschieden. Kein Geschlechtsdimorphismus. Oberseite hell rötlich–zimtfarben mit verwasche- ner heller Streifung, Federränder gelblich–weiß; Zügel und Überaugenstreif rahm- farben. Kinn und Kehle weiß, Brust verwaschen zimtfarben mit blassen dunklen Tupfen (Einödlerche fast ungestrichelt), übrige Unterseite überwiegend weiß. Schwingen zimtbraun. ST 1 rötlich zimtfarben wie Rücken, ST 2 bis ST 4 schwarz, ST 5 schwarz mit weißer Außenfahne, ST 6 überwiegend weiß. Junge haben hell gelbbraune Spitzen an den Federn der Oberseite. — Schnabel rosa–lehmfarben, Füße fleischfarben, Iris braun.

Abb. 16: Kordofanlerche. Verändert nach MACKWORTH–PRAED & GRANT (1955). Zeichnung: PÄTZOLD.

Verbreitung und Biotop: Äthiopische Region, nördlicher Teil und südlichste paläarktische Subregion: N Senegal, Mauretanien, Mali, SW Niger, C Sudan (Darfur, Kordofan, Nilgebiet). — lokal auf rötlich sandigen Böden, besonders (Sudan) in steppenartigem Gelände mit Federgräsern (*Aristida papposa*) und vereinzelten Büschen.

Fortpflanzung: In Mauretanien Mai bis August, Mali Mai bis Juli, Niger August, Sudan Mai bis September. Nest– und Eibeschreibungen scheinen zu fehlen.

Verhalten, Nahrung, Status: Noch wenig untersucht, singt von

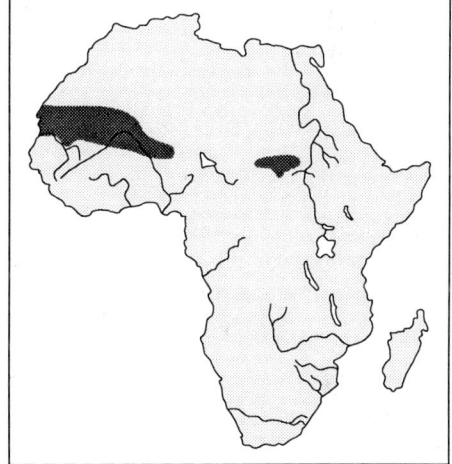

Abb. 17: Verbreitung der Kordofanlerche.

niedrigen Bäumen und Büschen in demonstrativer Haltung. — Nährt sich von Insekten und Samen. — Ziemlich seltener und lokaler Standvogel mit saisonbedingten Bewegungen in Mali und Mauretanien.

Unterarten: Keine.

2.1.4 *Mirafra williamsi* MACDONALD, 1956 — Williamslerche

E: Marsabit Lark, Williams Bush–Lark.

Anmerkung: 4 Exemplare dieser Art wurden erstmalig am 20. Juni 1955 von WILLIAMS gesammelt, sie befanden sich alle mehr oder weniger im Mauserzustand. In der Hand betrachtet ähneln die Vögel sehr einer *M. rufocinnamomea*, besonders der Unterarten *fischeri* und *torrida*, aber ihr Verhalten im Felde unterscheidet sie von dieser Art. Auch erörtert WILLIAMS die Möglichkeit einer nahen Verwandtschaft mit *M. cordofanica*, verweist aber zugleich auf die geographische Lücke in der Verbreitung und auch auf die noch spärlichen Feldbeobachtungen, so daß ein eigener Artstatus berechtigt erscheint.

Habitus: Deutlich kleiner als Feldlerche, aber mit relativ längerem und dickerem Schnabel.

Biometrische Daten (mm): Länge ?, Flügel ♂ 84 (sichtbarer Teil von HS 10 etwa 29), ♀ 83, Schwanz ♂ 55, ♀ 53, Schnabel (vom Schädel) 15, Lauf 22 – 24, Hinterkralle 8 – 10.

Merkmale: Mit Ausnahme des betont kräftigen Schnabels kein auffälliges Feldmerkmal gegenüber anderen Arten der Gattung. Oberseite zeigt ein mehr oder weniger abgestuftes Braun bis Tabakbraun, wobei die Mitten der meisten Federn dunklere Farbe aufweisen, ohne scharfe Kontraste zu bilden. Kehle fast weiß, Brust dunkel gelbbraun mit schwarzbraunen Tropfenflecken, Bauch rötlich–braun. Schwingen sepiafarben bis zimtbraun wie die Mehrzahl der *Mirafra*–Arten. ST 1 dunkelbraun mit hellen Säumen, ST 2 bis ST 4 schwarzbraun, ST 5 schwarzbraun, aber an distaler Hälfte der Außenfahne und der Spitze der Innenfahne rötlich gelbbraun. Schnabel oben gräulich hornfarben, unten rötlich–weiß; Füße rötlich–weiß; Iris braun.

Verbreitung und Biotop: Afrikanische Subregion: 2 inselartige Populationen in N und C Kenia (Marsabit). — Offene Flächen mit sicherem Bestand an Gräsern und kleinen Büschen; auch auf sandigen Böden, Weideland und schwarzen Lavaböden von 600 bis 1.300 m üNN.

Fortpflanzung: Keine Information.

Stimme: Keine Information.

Verhalten, Nahrung, Status: Gewohnheiten wenig bekannt. Gegenüber *M. rufocinnamomea*, die man infolge ihrer Heimlichkeit und Verborgenheit nur schwer auf dem Boden

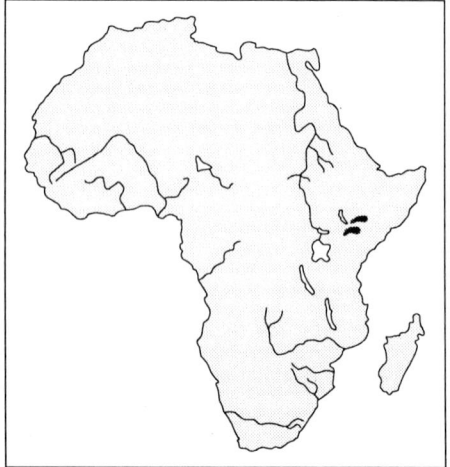

Abb. 18: Verbreitung der Williamslerche.

beobachten kann, soll diese Art nach dem Niederlassen auf der Erde noch geraume Strecken rennen oder auch hinter Büsche springen, jedoch früher oder später wieder auf ziemlich offenen Flächen laufen und dadurch leichter zu beobachten sein. — Nährt sich von Insekten und Samen. Im Magen eines Männchen wurden ausschließlich Sämereien gefunden. — Seltener und lokaler Standvogel.

Unterarten: Keine.

2.1.5 *Mirafra cheniana* A. SMITH, 1843 — Spottlerche

E: Melodious Lark, Singing Bush Lark, Latakoo Bush–Lark.

Habitus: Feldlerchenähnlich, aber 25 – 30 % kleiner, kurzschwänziger und mit scharf abgesetzter weißer Kehle.

Abb. 19: Spottlerche. Verändert nach MacLEAN (1985). Zeichnung: PÄTZOLD.

Biometrische Daten (mm): Länge 120–140, Flügel ♂ 71 – 79, ♀ 72 – 76, Schwanz 43 – 50, Schnabel 12 – 14, Lauf 18 – 21,5.

Merkmale: ♂ und ♀: Im Felde am Federkleid schwierig zu identifizieren. Von der sehr ähnlichen Sperlingslerche *M. passerina* vor allem durch Gesang unterscheidbar; optisch durch die hell bräunlichgelbe Unterseite (bei *M. passerina* weiß). Auch der bis zur Schnabelbasis reichende Überaugenstreifen (bei *M. passerina* endet er am Auge) kann zur Bestimmung herangezogen werden. Oberseite ist feldlerchenfarbig mit rostfarbenem Anflug; Kinn und Kehle sind weiß, Brust rostfarben mit dunkelbraunen Stricheln und Flecken, übrige Unterseite einschließlich Unterschwanzdecken hell bräunlichgelb. Schwingen schwärzlich, Handschwingen rostbraun gesäumt, was im Flug auffällt. Schwanz schwarzbraun, Außenfahne von ST 6 weiß. — Jungvögel stärker gesprenkelt. — Schnabel hornbraun, an Basis gelblich; Füße grau bis rötlich fleischfarben; Iris braun.

Verbreitung und Biotop: Afrikanische Subregion: Zersplitterte Brutgebiete südlich des 20° s. Br. In Südafrika in der östlichen Kapprovinz (Bedford, Queenstown, Jamestown, Aliwal Nord), Natal (Matatiele, Winterton), Transvaal (nördl. Johannisburg, Pretoria), Simbabwe (Bulawayo). — Offenes Grasland in Gipfella-gen, besonders in *Themeda triandra*–Gräsern, auch auf Kulturflächen mit *Eragrostis tef.* In Natal in Höhen von 550 bis 1750 m bei jährlichen Niederschlägen von 400 bis 800 mm (MACLEAN 1985).

Fortpflanzung: In östl. Kapprovinz Okt. bis Nov.; Natal Nov.; Simbabwe Sept. bis Jan. — Nest in Erdmulde, mehr oder weniger von Gräsern überwölbt, aus trockenem Gras und Würzelchen bestehend. Gewöhnlich 3 – 4 Eier, meist 3; 19,2 x 14,3 mm (17) (MACLEAN 1985), Frischvollgewicht 1,71.

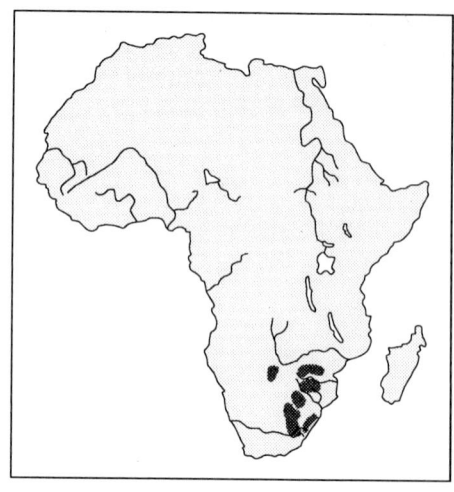

Abb. 20: Verbreitung der Spottlerche

Grundfarbe weiß bis matt gelblich, dicht mit braunen und graubraunen Tüpfeln besetzt, bisweilen am stumpfen Ende einen Kranz bildend. Keine weiteren Informationen.

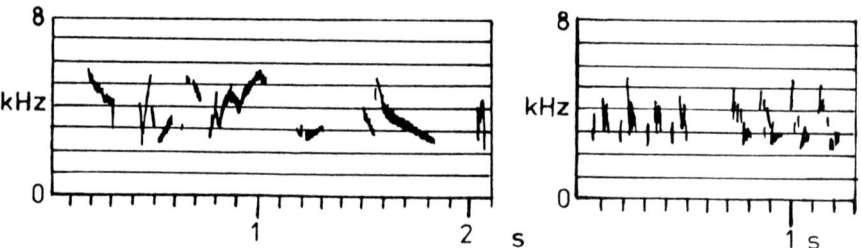

Abb. 21: Spottlerche imitiert Gelben Kanarienvogel, *Serinus flaviventris* (links) und Rotschnabellerche, *Spizocorys conirostris* (rechts). Nach MACLEAN (1985).

Stimme: Der Alarmruf ist ein wiederholtes »chuk–chuk–chucker–chuk«, meist im Flug, aber auch im Sitzen ausgestoßen. Der Gesang besteht aus einem Konglomerat melodischer Elemente, im wesentlichen aus der Imitation von Stimmen anderer Vogelarten. Man hat mindestens 57 Arten aus 20 Gattungen registriert, vorgetragen im Fluge, aber auch von Steinen und Zweigen.

Verhalten, Nahrung, Status: Die Art lebt einzeln oder in Paaren. Charakteristisch ist der Sing– bzw. Schauflug des ♂: Aufgeplustert steigt der Vogel mit raschen Flügelschlägen 20 Meter hoch oder höher, zieht, wespenartig schwirrend, Kreise von ca. 50 m Durchmesser und singt dabei ununterbrochen bis 25 Minuten und länger. Beendet wird der Singflug durch plötzliches Herabstürzen. Bisweilen wird mit eigentümlichen Flugbewegungen über den Gräsern gejagt. Auch beim Bodengesang ist der Vogel aufgeplustert; nichtsingend wird er leicht übersehen und ist nach dem Landen schwer aufzuscheuchen. — Nährt sich von Samen und Arthropoden (meist Insekten). — Lokal ein ziemlich häufiger Stand- und Strichvogel, dessen Anzahl sich mit der Zerstörung der entsprechenden Habitate verringert.

Unterarten: Keine.

2.1.6 *Mirafra albicauda* REICHENOW, 1891 — Weißschwanzlerche

E: White–tailed Bush–Lark, Northern White–tailed Bush–Lark.

Habitus: Ca. 25 % kleiner als Feldlerche, mit kürzerem Schwanz und kräftigerem Schnabel.

Abb. 22: Schwanz der Weißschwanzlerche. Nach CAVE & MACDONALD (1955). Zeichnung: PÄTZOLD.

Biometrische Daten (mm, g): Länge ca. 130 – 140, Flügel 75 – 86, Schwanz 43 – 55, Schnabel 12 – 13, Lauf 21 – 22, Masse 20 – 25.

Merkmale: Sehr ähnlich *M. javanica marginata*, aber dunklere Oberseite, auch nimmt das Weiß an ST 5 beide Fahnen ein, was im Fluge sichtbar wird. Kein Geschlechtsdimorphismus. Oberseite schwärzlich, grau und braun gestreift. Kinn und Kehle weiß, restliche Unterseite weißlich–gelbbraun, auf Kropf und Brust kräftig umbrabraun gefleckt. Schwingen braun mit markanten rötlichen Säumen; Unterflügel rötlich. Schwanz kurz. ST 1 braun mit hellen Säumen, ST 2 und ST 3 braunschwarz, ST 4 auf Außenfahne weiß, auf Innenfahne schwarzbraun, ST 5 und ST 6 weiß. Die Jungen sind oberseits ziemlich schwarz mit hellen gelbbraunen Federrändern. — Schnabel oben dunkel hornfarben, Unterschnabel auffällig heller (bei *M. javanica marginata* kaum Kontraste); Füße hornbraun, Iris braun.

Fortpflanzung: Brutkondition beobachtet im März in Kenia, im Mai in Sudan und Tansania. Offenes oder überwölbtes Nest in ausgekratzter flacher Mulde, nicht selten an feuchten nackten Stellen, oft ist Schlamm in den Nestrand eingebaut. 2 Eier, 17,8 x 12,8 mm (3), gräulichweiß mit dunkelbraunen Frickeln und Flecken, besonders am stumpfen Ende. Keine weiteren Informationen.

Verbreitung und Biotop: Afrikanische Subregion: W und C Kenia, Uganda, Tansania (Tiefebene von Lake Rukwa, Serengeti- u. Arusha Park, Tabora), NE

Zaire, E Sudan (2 Inseln), W Tschad
(Tschad–See). — Offene steppenartige
Landschaften dunklerer Böden, häufig
im Kenia–Hochland von 600 bis 2000
Meter, aber auch in der Turkana– und
Athiebene. In Sudan vorzugsweise auf
schwarzem Baumwollboden.

S t i m m e : Ein melodiöser schwatzen-
der Gesang, weniger ausgedehnt und
ohne charakteristische Triller (zum
Unterschied zu *M. j. marginata*), gewöhnlich im Singflug vorgetragen;
dazwischen rasselnde Flügelgeräusche.

V e r h a l t e n , N a h r u n g , S t a t u s :
Zum Sing–, Schau– und Klapperflug
steigt der Vogel kreisend und singend
ca. 30 m hoch, wo zwischen den

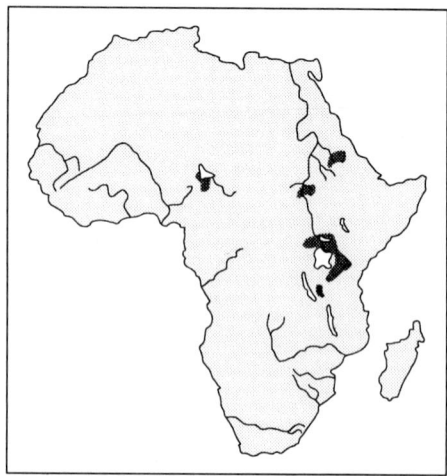

Abb. 23: Verbreitung der Weißschwanzlerche.

Singstrophen auch ein trommelndes oder klapperndes Geräusch mit den Flügeln
erzeugt wird, danach steiles Abstürzen. Im Gegensatz zu *M. javanica* mit ähnlicher
Singflugfigur läuft *M. albicauda* nur wenige Schritte nach dem Landen. Diese Lerche
wird oft in Nachbarschaft mit der Harlekin–Wachtel (*Cotornix delegorguei*)
gefunden. — Nährt sich von Insekten, Samen und grünem Pflanzenmaterial. —
Lokaler, nicht häufiger Standvogel.

U n t e r a r t e n   u n d   i h r e   B r u t g e b i e t e : *M. a. albicauda*, Tschad bis Äthiopien
und Tansania; *M. a. rukwensis*, SW Tansania.

2.1.7 *Mirafra* passerina GYLDENSTOLPE, 1926 — Sperlingslerche

E : Monotonous Lark, White–tailed Bush Lark.

T r i v i a l n a m e n : Bosveldlewerik (afr.).

S y n o n y m : *Mirafra fringillaris* auct. nec SUND., 1851.

H a b i t u s : Kleine Lerche mit untersetzter Gestalt, sehr ähnlich der Spottlerche,
aber mit etwas längerem Schwanz.

B i o m e t r i s c h e   D a t e n   (m m ,   g) : Länge 140 – 150, Flügel ♂ 83 – 88, ♀ 78 – 84,
Schwanz ♂ 53 – 59, ♀ 51 – 53, Schnabel 12 –13,5, Lauf 20 – 23, Masse 21 – 27.

M e r k m a l e : ♂ und ♀: Wie Spottlerche, aber weißer Bauch, weiße Flanken und
nur undeutlich ausgebildeter Überaugenstreifen, der nicht bis zum Schnabel reicht.
Auffallend sind die rötlichen Säume der Handschwingen, ST 6 weiß. Beim Singen
fällt die weiße Kehle auf. — Schnabel oben schwärzlich hornfarben, unten fleischfarben, Iris haselnußbraun, Füße grau bis rötlich.

Abb. 24: Sperlingslerche. Verändert nach MACLEAN (1985). Zeichnung: PÄTZOLD.

Verbreitung und Biotop: Afrikanische Subregion: Südwest Angola (selten), nordöstliches Namibia, Botswana, westliches Simbabwe, nördliche Kapprovinz (Transvaal, Orange Freistaat), südwestliches Mocambique. — Relativ niedrig gelegene Savannen mit kahlen oder steinigen Böden und spärlicher Grasbedeckung, verkrüppelten Bäumen, offenes Grasland mit besenartigen Büschen.

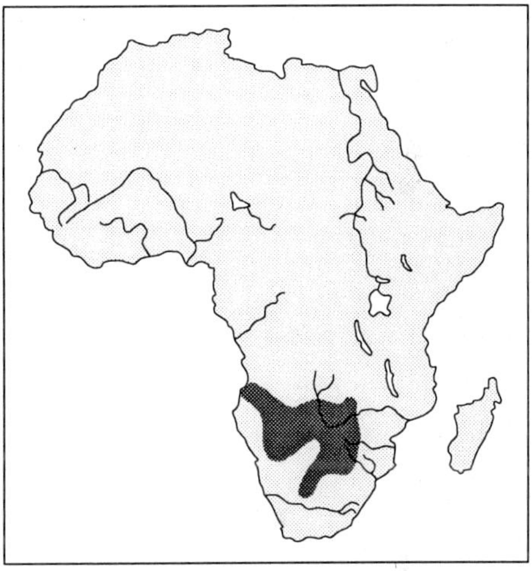

Fortpflanzung: Brutsaison in Simbabwe Okt. bis Jan., in Transvaal Jan. bis Apr., in Namibia Dez. bis März, meist nach einer Regenperiode. Nest steht zwischen Grasbüscheln, wobei die Gräser zur Überdachung

Abb. 25: Verbreitung der Sperlingslerche.

kuppelartig herabgebogen werden. 2 – 4 Eier, meist 3; 19,2 x 14,2 mm (22) (MACLEAN 1985), Frischvollgewicht 2,38 (SCHÖNWETTER), Farbe matt weißlich, braun und grau gesprenkelt, besonders dicht am stumpfen Ende. Brutdauer und Nestlingsaufenthalt nicht bekannt.

Stimme: In der Brutzeit ist vom ♂ ein monotones (englischer Name) ununterbrochenes »aquavit« zu hören, das am Tage und auch nachts bei Mondenschein vorgetragen wird (PROZESKY 1980). SINCLAIR (1984) umschreibt diese Phrase mit »trrp–chup–chip–choops« und MACLEAN (1985) notiert eine gleichbleibende rasche fünfsilbige Phrase mit den englischen Worten »for syrup is sweet« (denn Sirup ist süß). Jedes ♂ singt wohl eine andere, aber individuell gleichbleibende monotone grelle Strophe. Der Alarmruf »chip chip« klingt ähnlich wie der Ruf von *Cisticola natalensis* (Fam. Sylviidae) (MACLEAN 1984).

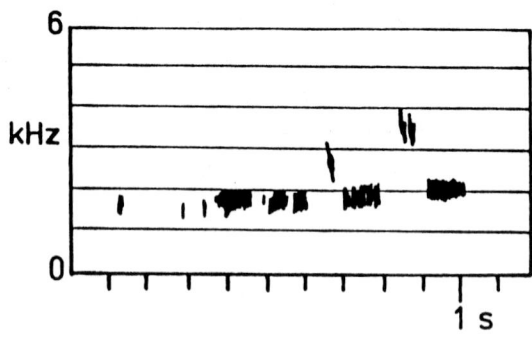

Abb. 26: Konstante Schnellphrase (»for syrup is sweet«) aus dem Gesang der Sperlingslerche. Nach MacLean (1985).

V e r h a l t e n , N a h r u n g , S t a t u s : Lebt einzeln oder in Paaren, wird außerhalb der Brutzeit leicht übersehen. Bei Störungen plötzliches Auffliegen mit leichten Flügelschlägen über relativ große Entfernungen, danach Niederstürzen ins Gras, wo sie der Beobachter kaum noch findet. Der Sing– bzw. Schauflug ist kurz und nur etwa bis 15 m hoch aufsteigend; rascher Flügelschlag, aufgeplustertes Gefieder und insektenähnliches Gleiten sind dabei charakteristisch. Singt auch von der Spitze eines Baumes oder Busches. Gleitet das ♂ nach dem Singflug abwärts zur Singwarte zurück, so erfolgt das in etwa 45° Neigung noch singend mit vorgestrecktem Kopf und aufgeplusterter Kehle. — Nahrung besteht aus Insekten und Samen. — Stand–, Strich– und teilweise Zugvogel; gemein, aber veränderlich in der Anzahl von Saison zu Saison und von Jahr zu Jahr. Sommergast bis Transvaal im niedrigen Grasland, in einigen Gebieten auch ansässig.

U n t e r a r t e n : Keine.

2.1.8 *Mirafra candida* FRIEDMANN, 1930 — Nyirolerche

E : Nyiro Bush Lark.

A n m e r k u n g : Artstatus unsicher. Sehr wahrscheinlich sind *M. candida* und *M. pulpa* in eine Art zu stellen (P. C. LACK 1977), in die 3 Monate früher von FRIEDMANN beschriebene *M. pulpa*. Andererseits gibt es begründete Vorstellungen, *M. candida* und *M. pulpa* als Unterarten von *M. javanica* zu betrachten. Ein ad. ♂ im Mauserzustand wurde am 3. August 1912 von EDGAR A. MEARNS im Norden von Guaso am Nyiro–Fluß (SE Kenia) gesammelt und von FRIEDMANN beschrieben.

H a b i t u s : Wie *Mirafra javanica*.

B i o m e t r i s c h e D a t e n (m m) : Flügel 80, Schwanz 55,5, Schnabel 13,5, Lauf 20, Hinterzehe ohne Kralle 6,5, Kralle 5,2.

M e r k m a l e : Ähnelt sehr *M. javanica marginata*, wirkt aber auf den ersten Blick dunkler und rötlicher. Oberseite bräunlich–violett mit rötlicher Schattierung (bei *M. j. marginata* matt erdbraun bzw. gräulich schwärzlich). Mitten der Scheitelfedern braun, die auf dem Rücken tief schokoladenbraun mit lichten Rändern. Auch das Jugendkleid ist rötlicher an Nacken, Rücken und Schwingen.

Verbreitung: Afrikanische Subregion: Kenia (Äthiopien?), gemeinsam mit *M. javanica marginata*.

Fortpflanzung: Unbekannt. Die Tatsache, daß der gesammelte Altvogel im August mauserte, läßt den Schluß auf ein Brüten im Apr. bis Juli zu.

Stimme, Verhalten und Nahrung: Unbekannt, vermutlich wie M. javanica.

Unterarten: Keine.

2.1.9 *Mirafra pulpa* FRIEDMANN, 1930 — Friedmannlerche

E: Sagon Bush Lark, Friedmann's Lark.

Anmerkung: Artstatus unklar, s. *M. candida*.

Habitus: Wie *Mirafra javanica*.

Biometrische Daten (mm, g): Flügel 81 – 85, Schwanz 54 – 57, Schnabel 11,5 – 12, Lauf 20 – 23, Hinterzehe 6 – 6,5, Hinterkralle 5 – 6, Masse 21 – 23.

Merkmale: ♂ und ♀: Sehr ähnlich anderen im gleichen Gebiet vorkommenden Lerchen, besonders der etwas kleineren *M. javanica marginata*, von dieser jedoch meist leicht durch den charakteristischen Gesang zu unterscheiden. Gegenüber der gleichgroßen *M. williamsi* zeigt *M. pulpa* auf der Bauchseite etwas reineres Weiß. *Calandrella rufescens athensis* ist im ganzen heller und grauer, weniger rötlich an den Flügeln und hat im Schwanz einen kleineren Anteil an weiß. Oberseits ist *M. pulpa* rötlichbraun gestreift, die Federränder hell, besonders am Nacken. Zarter heller Augenstreif, braune Ohrdecken. Kinn und Kehle weiß, Brust gelbbraun mit schwarzbrauner Fleckung, Bauch weiß mit bisweilen bräunlichem Hauch (Erdfleckung?). Flügel braun mit rötlichbraunen Säumen. ST 1 und ST 2 hell rötlichbraun mit noch helleren Rän-dern, ST 3 bis ST 5 schwarzbraun, letztere mit weißer Innenfahne, ST 6 weiß. Oberschnabel dunkel horn-braun, Unterschnabel heller. Füße dunkel fleischfarben, Iris braun. Nest-linge unbekannt.

Verbreitung und Biotop: Afrikanische Subregion: SW Äthio-pien, N, C und SE Kenia (überall in-selartiges Vorkommen). — Offenes Buschland, weniger in Arealen mit dichten Büschen.

Fortpflanzung: Keine Angaben.

Stimme: Ein charakteristisches langgezogenes »hoo–ii–oo« mit Beto-

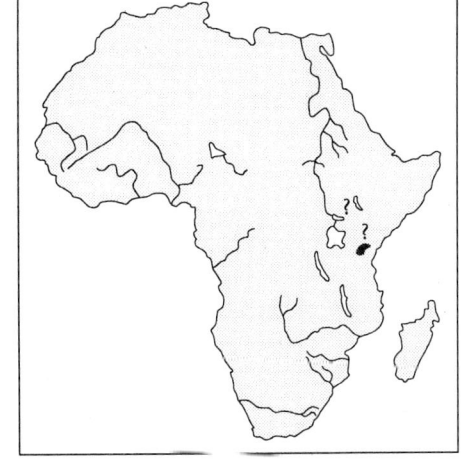

Abb. 27: Verbreitung der Friedmannlerche.

nung auf dem mittleren Teil, in Intervallen von 1 – 2 Sekunden hervorgebracht.

Verhalten, Nahrung, Status: Singflug wellenförmig kreisend in 5 bis 10 m Höhe, selten länger als 20 bis 30 Sekunden. Singt auch von den Spitzen kleiner Büsche, auch nachts bei Vollmond. Ziemlich vorsichtiger Vogel, Fluchtdistanz zum Menschen etwa 50 m; fliegt aufgestöbert vergleichsweise langsam und stürzt danach plötzlich ins Gras. — Nährt sich von Grassamen, kleinen Heuschrecken, Käfern und anderen Insekten. — Vermutlich lokaler Standvogel.

Unterarten: Keine.

2.1.10 *Mirafra ashi* COLSTON, 1982 — Ashlerche

E: Ash's Lark.

Anmerkung: Am 9. und 10. Juli 1981 wurden 6 Exemplare (5 nicht im Geschlecht zu bestimmende und ein ♀) einer bisher unbeschriebenen Lerchenart von J. S. ASH 13 km nördlich von Uarsciek (Warshikh, ca. 80 km NE von Muqdisho), 2° 17′ N, 45° 50′ E im südlichen Somalia gesammelt. Sie stehen *M. somalica*, die im gleichen Areal vorkommt, sehr nahe. COLSTON (1982) benannte sie nach ihrem Sammler, der sich mit seinen Arbeiten über die Vögel Somalias beachtliche Verdienste erworben hatte.

Habitus: Ähnlich in den Proportionen wie *M. somalica*, aber alle Maße kleiner und Oberseite dunkler.

Biometrische Daten (mm, g): Flügel 80 – 94, Schwanz 47 – 56, Schnabel (vom Schädel) 21 – 24, Lauf 29 – 30, Hinterkralle 11 – 15, Masse 31,3 – 41,9.

Merkmale: Der Beschreibung liegt ein im Geschlecht nicht bestimmtes Exemplar vom 10. Juli 1981 zugrunde, nach den Abmessungen wahrscheinlich ein ♂ (Flügel 89 mm), es befindet sich im British Museum (Natural History), B. M. No. 1982 - 3 - 1.

Sehr ähnlich *M. somalica*; Gesamteindruck der Oberseite aber nicht zimtfarben–rötlich, sondern gräulich–braun mit nur schwachem zimtfarbenem Anflug. Der Überaugenstreif ist im Gegensatz zu *M. somalica* nur sehr undeutlich ausgeprägt. Die weißen Säume an Innen– und Außenfahnen von ST 6 sind weniger auffällig, da nur ca. 1,5 mm breit (bei *M. somalica* 3 – 3,5 mm). Die ebenfalls ziemlich ähnliche Unterart der Rotnackenlerche *M. africana sharpii* in Somalia hat kein Weiß im Schwanz und unterscheidet sich außerdem von *M. ashi* und *M. somalica* durch die sehr kurze gebogene Hinterkralle von nur 6 – 7 mm.

Im übrigen wird *M. ashi* wie folgt beschrieben: Kopf aschbraun mit weißem Zügel, gelblichweißem kurzem und wenig ausgeprägtem Überaugenstreif, Gesichtsseiten und Ohrdecken weißlich gestrichelt. Die grauen Stirnfedern haben schwärzlich braune Zentren und gelbbraune Spitzen. Scheitel, Hinterkopf und Nacken sind dunkelbraun gestreift, wobei die bis zu 11 mm langen Scheitelfedern eine kleine Haube andeuten. Die Schulter– und Rückenfedern haben dunkelbraune Mitten und gelbbräunliche bis weiße Bogensäume, die dem größten Teil der Oberseite ein geschupptes Aussehen verleihen. Die gräulich–braunen Bürzelfedern sind weißlich bis gelbbraun gesäumt, die Oberschwanzdecken haben dunkelbraune, verkehrt V–förmige Bänder in Spitzennähe und sind hell gelbbraun eingefaßt. Kehle und Halsseiten weißlich gelbbraun mit feinen grauen Tüpfeln, die sich an der unteren Kehle und der zimtfarben–gelbbraunen Oberbrust zu braunen Punkten und Streifen vergrößern. Flanken hell zimtbraun mit zarten braunen Streifen; Unterbrust weißlich gelbbraun, Bauch weiß. Die Unterschwanzdecken, ähnlich *M. somalica*, mit dunkelbraunen Streifen. Schwingen braun bis dunkelbraun mit breiten zimtfarbenen Säumen, Schirmfedern hellbraun mit ca. 2 mm breiten gelblich–weißen Einfassungen und gut erkennbaren schmalen graubraunen Bändern. Obere Flügeldecken haben dunkelbraune Schäfte und sind heller gesäumt; Unterflügeldecken einfarbig hell zimtbraun. Steuerfedern dunkelbraun, ST 1 zimtfarben gesäumt, ST 6 mit weißen Säumen (s. oben). Schnabel oben dunkelbraun, unten hell bläulichgrau; Füße cremefarben, Iris braun.

Die 3 noch nicht erwachsenen Exemplare zeigten breite zimtfarbene bis weißliche Säume an den Schwingen und waren brauner an Kopf und Rücken; Tüpflung an Brust feiner und Unterseite stärker zimtfarben–gelblichbraun, Bauch weniger weiß. Hingegen zeigte ST 6 mehr Weiß als der adulte Vogel. Die Schnäbel waren kürzer (21 mm bis Schädel).

V e r b r e i t u n g   u n d   B i o t o p : Siehe oben unter Anmerkung.

F o r t p f l a n z u n g : Nahezu keine Daten. Das am 10. Juli gesammelte ♀ befand sich in voller Brutkondition mit 12 und 8 mm großen Ovarien; ungewöhnlich, daß Schwingen– und Schwanzmauser bereits eingesetzt hatten.

S t i m m e ,   V e r h a l t e n ,   N a h r u n g : Unbekannt, vermutlich ähnlich *M. africana*.

S t a t u s : Vermutlich Standvogel.

U n t e r a r t e n : Keine.

2.1.11 *Mirafra hypermetra* (REICHENOW, 1879) — Riesenlerche

E : Red–winged Bush Lark.

S y n o n y m e : *Spilocorydon hypermetrus* REICHENOW, 1879.

H a b i t u s : Ca. 10 % größer als Feldlerche, dunkler und mit auffallend längerem und dickerem Schnabel.

B i o m e t r i s c h e   D a t e n   (m m ,   g) : Länge 190 – 215, Flügel 103 – 125, Schwanz 72 – 93, Schnabel 20 – 24, Lauf 32 – 36, Masse 44 – 68.

M e r k m a l e : Die auffallende Größe, das Kastanienrot oder Gelbbraun an den Schwingen sowie die dunklen Kropfflecke sind im Felde kennzeichnend. Geschlechter gleich. Oberseite schwärzlich braun, Federsäume meist gelbbraun oder rötlich, Scheitelfedern an Wurzel rotbraun. Kinn und Kehle weißlich, Kropf und Oberbrust auf gelbrötlichem Grund schwarzbraun gefleckt, an den Kropfseiten sich auffällig verdichtend; übrige Unterseite verwaschen weißlich–rostbräunlich, Unterschwanzdecken rahmfarben. Schwingen an der Wurzel rotbraun, nach der Spitze zu graubraun mit weißlichen Endsäumen; innere Armschwingen rotbraune oder gelblich–weiße Außensäume, Schirmfedern graubraun. Schwanz graubraun bis schwarzbraun, ST 6 mit rötlich sandfarbener Außenfahne. Junge auf der Oberseite dunkler, die Endsäume der Federn aber breiter weiß. Unterseite blasser, Kropf mit schwarzgrauer Fleckung. — Schnabel oben und an der Spitze hornbraun, unten heller. Füße hellgrau, Iris haselnußfarben.

Verbreitung und Biotop: Afrikanische Subregion: Von NE Tansania (südwärts bis an den Ruvu–Fluß) über SE, C und NW Kenia bis N Uganda und S Sudan, S und C Äthiopien, extremes südliches Somalia. — Große grasige Ebenen mit eingestreuten Büschen und Bäumen, wurde aber in den Grassteppen der Arusi (Äthiopien) von ERLANGER nicht gefunden; in der Danakilsteppe dagegen recht häufig.

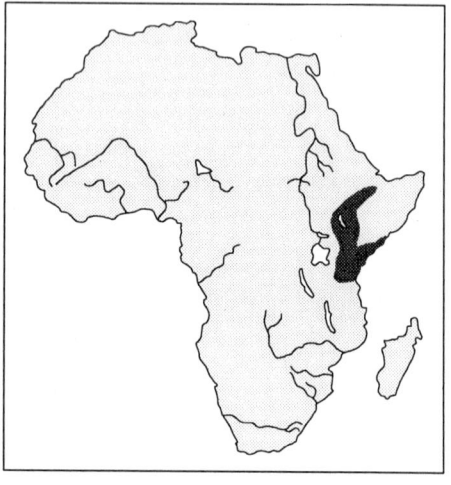

Abb. 28: Verbreitung der Riesenlerche.

Fortpflanzung: Tansania, Nov.; Kenia, Ende Jan. ein Vogel mit Nistmaterial; Somalia, April bis Juni. ERLANGER fand am 22. 6. im südlichen Somalia ein Nest, gut gedeckt unter herabhängenden Grashalmen aus Gräsern und Wurzeln. 2 bis 4 Eier; 23 x 18,5 mm (1), sie sind auf weißlichem Grund dicht olivbraun oder rötlich–braun gefleckt.

Stimme: Am häufigsten hört man einen klaren flötenartigen 1 – 2 silbigen Ruf, der bisweilen auch in den Gesang eingefügt wird. Der Gesang, von sehr unterschiedlicher Länge, besteht aus lauten flötenartigen Pfiffen, die einige 100 m weit vernommen werden können und nach ERLANGER wie »dü–diau–didlidö« klingen. Die einzelnen Phrasen werden 3 – 4 mal wiederholt, bevor eine neue begonnen wird. Obwohl jedes ♂ über eine individuelle Strophe verfügt, werden bisweilen auch die des Nachbarn imitiert und auch andere Vogelarten. So wurden in einem 15 Minuten Gesang ca. 20 Arten registriert.

Verhalten, Nahrung, Status: Diese große Lerche fliegt kräftig, aber gewöhnlich nicht weit. Sie verfügt über einen eigenartigen niedrigen Schauflug in nur 3 bis 6 m Höhe, in der sie schwebend singt. Nach steiler Landung rennt sie oft noch beträchtliche Strecken. Gesang vom erhöhten Punkt dominiert weit vor dem Fluggesang. ERLANGER beobachtete auch ein ruckweises schräges Aufsteigen, von einem Schnarren begleitet, durch rasches Flügelschlagen erzeugt. Vom Menschen verfolgt, ist sie schwer aufzuscheuchen, rennt geschickt zwischen Grasbüscheln dahin und entzieht sich so den Blicken. Bei Tageshitze sucht sie Schutz unter Grasbüscheln. Bisweilen stellen die ♂ eine zierliche Haube. — Nährt sich von Insekten (Termiten) und vermutlich Sämereien. — Gemeiner bis häufiger Standvogel, im Süden ziemlich lokalisiert auf den extremen Südosten.

Unterarten und ihre Brutgebiete: *M. h. kathangorensis*, SE Sudan; *M. h. kidepoensis*, S Sudan, N Uganda; *M. h. gallarum*, S Äthiopien; *M. h. hypermetra*, S Somalia, Kenia, N Tansania.

2.1.12 *Mirafra somalica* (WITHERBY, 1903) — Somaliriesenlerche

E: Somali Lark, Somali Long–billed Lark.

Synonyme: *Certhilauda somalica* WITHERBY, 1903; von manchen Autoren zu *Mirafra hypermetra* bzw. *Mirafra africana* gestellt. Artstatus nicht völlig klar.

Abb. 29: Somaliriesenlerche. Zeichnung verändert nach GOODCHILD (1905). Aus WITHERBY (1905).

Habitus: Feldlerchengroß, doch hochbeiniger und längerer Schnabel.

Biometrische Daten (mm, g): Länge ca. 170 – 180, Flügel ♂ 97 – 107, ♀ 90 – 95, Schwanz ♂ 58 – 72, ♀ 58 – 60, Schnabel 23 – 29 (vom Schädel), Lauf 30 – 34, Hinterkralle 11 – 15, Masse 43 – 50.

Merkmale: Sehr ähnlich der Rotnackenlerche, besonders der Unterart *M. a. sharpii*, ist aber weniger farbkräftig, hat längeren Schnabel und längere, gestrecktere Hinterkralle; der Überaugenstreif ist deutlicher ausgeprägt und ST 6 breit weiß gesäumt (bei *M. a. sharpii* kein Weiß, bei *M. ashi* ist das Weiß auf ST 6 nur ca. 1,5 mm breit).

Fortpflanzung: Juni bis Sept. Einziges beschriebenes Nest (offenbar unvollständig) lag in flacher Mulde, nicht ausgefüttert und nicht überwölbt; Nestring aus Gräsern im Schutz eines Grasbüschels. 3 – 4 Eier 22 x 16 mm (4) auf weißlicher Grundfarbe mit braunen und rötbraunen Frickeln übersät (MACKWORTH–PRAED & GRANT 1955).

Verbreitung und Biotop:
Äthiopische Region: Somalia. — Offene Savannen, trockene Stellen auf rotem Sand, offene Küstenlandschaften.

Stimme: Unbekannt.

Verhalten, Nahrung, Status: Rennt schnell, wird im allgemeinen einzeln oder in Paaren beobachtet. Nahrung unbekannt, vermutlich wie andere Mitglieder der Gattung. — Nicht seltener Standvogel.

Unterarten und ihre Brutgebiete: *M. s. somalica*, N Somalia; *M. s. rochei*, C und S Somalia.

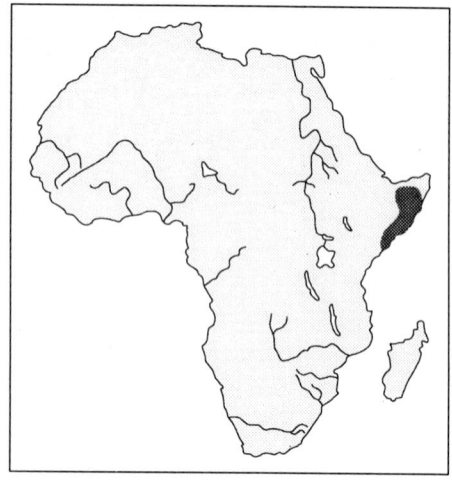

Abb. 30: Verbreitung der Somaliriesenlerche.

2.1.13 *Mirafra africana* SMITH, 1836 — Rotnackenlerche

E: Rufous–naped Lark, Rufous–naped Bush Lark.

Synonyme: *Alauda planicola* LICHT., 1842; *Megalophonus rostratus* HARTL., 1863; *Megalophonus planicola* FISCHER, 1885.

Abb. 31: Rotnackenlerche. Verändert nach MACKWORTH–PRAED & GRANT (1955). Zeichnung: PÄTZOLD.

Habitus: Robuste hochbeinige Lerche vom Haubenlerchentyp mit noch längerem, kräftigerem Schnabel.

Biometrische Daten (mm, g): Länge ♂ 175 – 180, ♀ ca. 160, Flügel ♂ 95 – 105, ♀ 89 – 92, Schwanz 58,5 – 71, Schnabel 18 – 23, Lauf 27 – 32, Masse 33 – 49.

Merkmale: ♂ und ♀: Was die Feldlerche gemeinhin in Europa, ist die Rotnakkenlerche in vielen Gebieten Afrikas südlich der Sahara, nämlich »die Lerche«. Auffällig im Felde ist der kräftige Schnabel und die kurze Haube, die dem Kopf ein spitzes Aussehen verleiht. Der rötliche Nacken ist je nach Lichteinfall nicht immer und nicht bei allen Unterarten erkennbar. Im Fluge fallen die hell rötlichen Außenfahnen der Handschwingen ins Auge. Eine allgemein gültige Gefiederbeschreibung für diese Art ist infolge der Vielzahl der Unterarten nicht möglich. Größe, Gestalt, Rufe und Verhalten sind meist zuverlässigere Merkmale. Im ganzen wirkt sie wesentlich bunter, rötlicher und kontrastreicher als unsere gleichgroße Haubenlerche. Oberseits mehr oder weniger rötlichbraun gestreift, Unterseite weißlich bis gelbbraun, wobei die Brust auf rötlich–braunem Grund schwärzlich gestrichelt ist. Ziemlich deutlicher heller Überaugenstreif. Flügel und Schwanz gelbbraun bis rötlichbraun; ST 6 mit etwas hellerer Außenfahne (kein Weiß). Junge auf Oberseite stärker geschuppt, unten weniger gefleckt. — Schnabel schwärzlich hornfarben, an Basis oft rötlich; Füße gelblich bis fleischfarben und braun; Iris braun.

Verbreitung und Biotop: Afrikanische Subregion: Südlich der Sahara weit (teilweise inselartig) verbreitet. NW Somalia, CW Sudan, Dreiländereck Tschad, Niger, Nigeria (um den Tschadsee), C Nigeria, NW Kamerun, SE Guinea. Südlich des Äquators: Kenia, Uganda, Rwanda, N und E Tansania, Malawi, W Mocambique, Simbabwe, Sambia, Angola, SW Zaire, Kongo, Namibia, Botswana, Südafrika (bis Port Elizabeth) mit Ausnahme des Westens, fehlt in Lesotho. — Offenes, grasbedecktes Waldland, Akazienbuschsteppen, kahle Stellen im Kulturland, Brachlandfelder, im Niedrigund Bergland.

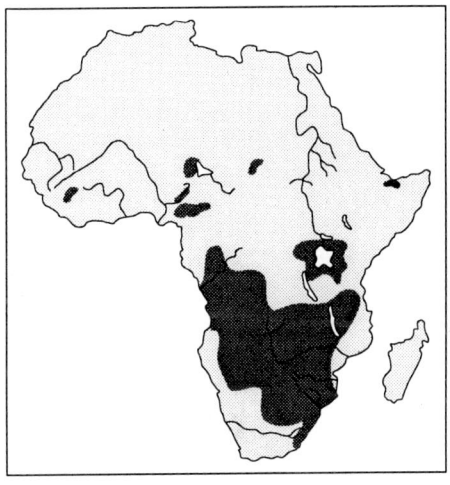

Abb. 32: Verbreitung der Rotnackenlerche.

Fortpflanzung: Juli bis Apr., im südl. Afrika vorwiegend Nov. bis Jan. Natal im Aug. bis März. Nest in flacher Mulde, bestehend aus trockenem Gras, ausgelegt mit feinerem Pflanzenmaterial; in der Regel mit Gräsern überwölbt in ca. 90 mm Höhe über dem Nestrand. 2 bis 4 Eier (meist 2 – 3); 22,2 x 15,8 mm (137) (MACLEAN 1985), Frischvollgewicht 3,24 (SCHÖNWETTER), matt weiß bis rosa mit dichten grauen und braunen Tupfen und Sprenkeln, besonders am stumpfen Ende. Beide Altvögel füttern die Jungen, die nach ca. 12 Tagen das Nest verlassen.

Stimme: Von Sitzwarte erklingen 2 bis 4 etwas unterschiedliche langgezogene Pfeiftöne wie »triilii–tirii–tiroo« in Abständen von 1 bis 2 Sekunden. Nach 3 bis 5 Phrasen erhebt sich der Sänger oft bis 50 mm über den Sitzplatz und produziert mit den Schwingen ein rasselndes Geräusch. Auch Singen und Flügelklappen während des Singfluges, in dem bisweilen Imitationen anderer Vögel zu hören sind. Alarmruf ist ein »piiwit« oder »twiikirii«.

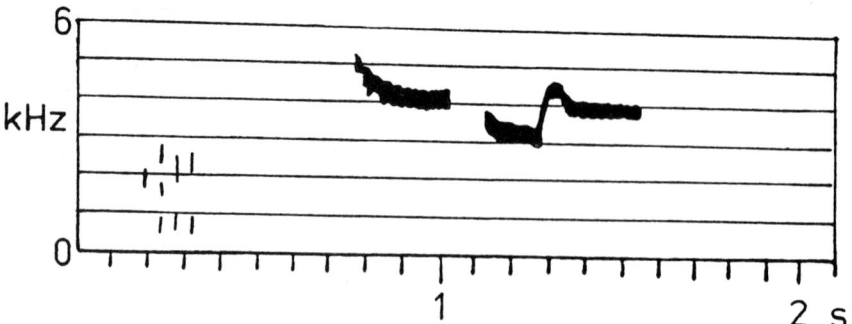

Abb. 33: Phrase aus dem Fluggesang mit Schwingenklappern (links) und Pfeiftöne. Nach MacLean (1985).

Verhalten, Nahrung, Status: Außerhalb der Brutzeit einzeln oder in Paaren; leicht zu übersehen, da ungern auffliegend. Der Flug wirkt sprunghaft infolge kurzer Unterbrechungen der Flügelschläge; stürzt sich abrupt aus dem Flug ins Gras und rennt mäuseähnlich in geduckter Haltung zwischen Grashorsten. Oft auf Ameisenhügeln, Zaunpfosten und verkrüppelten Bäumen anzutreffen. Stellt häufig die kurze Haube, besonders beim Singen von der Spitze eines Busches oder Baumes, wo der Vogel mit weit geöffnetem und aufwärtsgerichtetem Schnabel eine charakteristische Figur bildet. Im Singflug werden ausgedehnte Schwebestrecken zurückgelegt. Am Nest wurde Verleiten beobachtet. — Nährt sich von Wirbellosen (Käfer, Schmetterlinge, Heuschrecken, Spinnen, Tausendfüßer u. a.) und Grassamen. Insekten werden auch im Fluge gefangen. — Fast überall gemeiner Standvogel, aber in N und NW Cape nicht häufig.

Unterarten und ihre Brutgebiete: *M. a. henrici*, Guinea, Liberia; *M. a. batesi*, Niger, N Nigeria; *M. a. stresemanni*, N Kamerun; *M. a. bamendae*, Kamerun; *M. a. kurrae*, E Tschad; *M. a. tropicalis*, E Zaire, Uganda, Kenia, Tansania; *M. a. sharpii*, Somalia; *M. a. ruwenzoria*, W Uganda; *M. a. athi*, Kenia; *M. a. harterti*, S Kenia; *M. a. malbranti*, S und C Zaire; *M. a. nyikae*, E Sambia, N Malawi; *M. a. chapini*, SE Zaire, NW Sambia; *M. a. occidentalis*, Gabun, W und S Angola; *M. a. irwini*, Angola (Cuando); *M. a. kabalii*, NE Angola; *M. a. anchietae*, Angola (Huila); *M. a. gomesi*, E Angola; *M. a. grisescens*, W Sambia, Simbabwe; *M. a. pallida*, Namibia, Botswana; *M. a. ghansiensis*, SW Botswana; *M. a. nigrescens*, SW Tansania; *M. a. zuluensis*, SW Tansania, N Natal, Mocambique; *M. a. transvaalensis*; Transvaal, Natal, Simbabwe, Sambia, Malawi; *M. a. africana*, S Natal, E Cape Provinz.

2.1.14 *Mirafra chuana* (SMITH, 1836) — Betschuanenlerche

E: Short–clawed Lark.

Synonyme: *Alauda chuana* SMITH, 1836; *Certhilauda chuana* (SMITH, 1836); *Certhilauda breviunguis* SHELLEY, 1902; *Alauda breviunguis* SUNDEVALL, 1850; *Heterocorys breviunguis* SHARPE, 1874.

Abb. 34: Betschuanenlerche. Verändert nach MACLEAN (1985). Zeichnung: PÄTZOLD.

Habitus: 5 bis 10 % größer als Feldlerche, längerer Schnabel, schlanker, an Pieper erinnernd, kurze gebogene Hinterkralle.

Biometrische Daten (mm, g): Länge 190 – 200, Flügel ♂ 100 – 105, ♀ 91, Schwanz 75 - 79, Schnabel 16,5 - 20,5, Lauf 26 - 27,5, Hinterkralle 7 - 8,5, Masse 44 (1 ♂).

Merkmale: ♂ und ♀: Ähnlich der Rotnackenlerche *M. africana*, aber größer und mit längerem und dünnerem Schnabel, bei beiden Arten fallen die rotbraunen Säume der Handschwingen im Fluge auf. Die ebenfalls sehr ähnliche Langschnabellerche *Certhilauda curvirostris*, deren Verbreitungsgebiet sich aber kaum mit *M. chuana* überlappt, unterscheidet sich durch das Fehlen der rotbraunen Säume an den Handschwingen und durch die längere gestreckte Hinterkralle. Die Oberseite gräulich braun, kräftig schwarz gestreift. Überaugenstreif, Kinn und Kehle weiß, Kropf und Brust gelbbraun mit dunkler Sprenkelung, übrige Unterseite rahmweiß. Schwingen und Schwanz sind schwarzbraun, Außenfahne von ST 6 sandfarben gesäumt. Jungvögel unbekannt. Schnabel schwärzlich oder bräunlich hornfarben, Füße rötlichbraun, Iris braun.

Fortpflanzung: Transvaal im März. Bisher nur eine bekannte Nestregistrierung: HUSTLER (1985) fand zwei ca. 10 Tage alte Jungvögel in einem Nest aus Grasstengeln und Wurzeln an der Staudenpflanze *Hypolix rigidula* auf gutem Weideland. Eier unbekannt (die von W. A. PAYN am 22. Jan. 1902 bei Belfast gesammelten 3 Eier können wohl kaum dieser Art zugerechnet werden, liegt doch der Fundort fast 300 km außerhalb des Verbreitungsgebietes). Keine weiteren Informationen.

Verbreitung und Biotop: Afrikanische Subregion: Nördliche Kapprovinz, SE Botswana, angrenzend an W Transvaal, möglicherweise auch im NW des

Oranje Freistaates. — Offene Areale in halbtrockenen Buschsteppen (*Lycium*– und *Rhus*–Arten, *Tarchonanthus camphoratus*), trockene Dornsteppen, Akaziensavannen am Rande von offenen Laubwäldern.

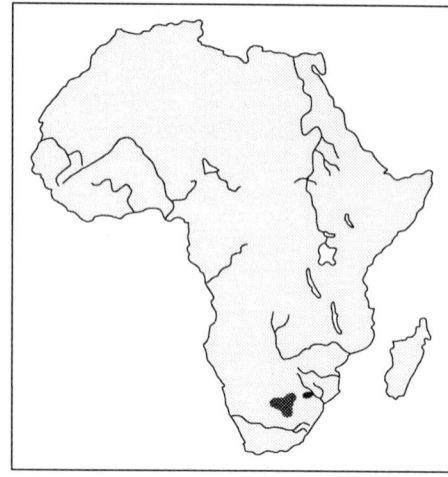

Stimme: Ein schrilles klares »pip–piiju–piiju–pipiuwiju, wip–piie prr pip piiet prriie« und Variationen von anderen Pfeiftönen erklingen von der Spitze eines niedrigen Busches oder während des Flatterfluges. Der Alarmruf ist ein »kwert–kwert«, der Warnruf ein hartes »krerr–krerr–krerr« (MACLEAN 1985).

Abb. 35: Verbreitung der Betschuanenlerche.

Verhalten, Nahrung, Status: Meist einzeln anzutreffen, bisweilen in Paaren. In der Brutzeit Schaustellung im Flatterflug niedrig über den Grasflächen, bisweilen mit Klappern der Flügel, wobei das Rotbraun an den Handschwingen sichtbar wird. Beunruhigt fliegt der Vogel auf die Spitze eines Busches oder Baumes und stößt Alarm– oder Warnrufe aus. Nahrungsaufnahme im Laufen vom Boden oder von Blättern und Stengeln, von denen die Beutetiere auch herabgeschüttelt und danach aufgelesen werden. Im übrigen ist das Verhalten wohl infolge seines spärlichen Auftretens wenig bekannt. – Nährt sich von Insekten und Grassamen. Die Jungen werden mit Insektenlarven gefüttert. – Nicht gemeiner Standvogel. Nach BERRUTI & SINCLAIR (1983) im Oranje Freistaat und in nördlicher Kapprovinz seltener bis sehr seltener Standvogel, in Transvaal und Botswana ein ungewöhnlicher Standvogel.

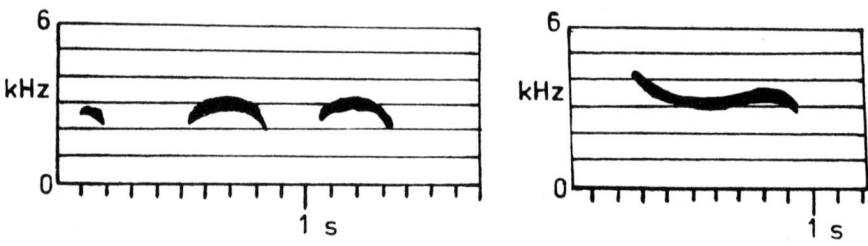

Abb. 36: Variationen von Pfeiftönen der Betschuanenlerche. Nach MACLEAN (1985).

Unterarten: Keine.

2.1.15 *Mirafra angolensis* BOCAGE, 1880 — Angolalerche

E: Angola Lark.

Synonyme: *Mirafra africana angolensis* HARTERT, 1901.

Habitus: Kräftige hochbeinige Lerche von Feldlerchengröße, ganz ähnlich oder identisch mit *Mirafra africana*.

Biometrische Daten (mm, g): Länge 170 – 180, Flügel 86, Schwanz 57, Lauf 27, Schnabel 17 – 18, Masse 30 – 42.

Merkmale: Fast *M. africana* gleichend, aber oberseits dunkler und Schwingen nur an der Außenfahne rotbraun, Innenfahnen schwarzbraun mit gelbbraunen Säumen. Auch ist ST 6 an der Außenfahne und im reichlichen Drittel der Innenfahne weiß oder rahmweiß, desgleichen die Außenfahne von ST 5 (bei *M. africana* an ST 5 und ST 6 nur rahmfarbiger oder blaß rostgelber Außensaum). Die ebenfalls recht ähnliche aber etwas kleinere *M. rufocinnamomea* hat auch kein Weiß im Schwanz. Das sicherste Unterscheidungsmerkmal im Feld von beiden Arten ist der unterschiedliche Gesang bei *M. africana* und das Flügelklappern bei *M. rufocinnamomea*. Junge ähneln den adulten, aber auf der Oberseite fein quergestreift, die Unterseite heller gelbbraun und die Bruststreifung mehr verwaschen. — Schnabel oben hornbraun, unten heller; Füße hell fleischfarben, Iris kastanienbraun.

Verbreitung und Biotop: Afrikanische Subregion: C und N Angola (lokal), Dreiländereck: Angola, Zaire, Sambia, SE Zaire (lokal). — Trockenes Grasland mit niedrigen Büschen und Termitenhügeln in Tälern bis ins Bergland, das Habitat überlappt sich mit dem von *M. africana* und *M. rufocinnamomea*.

Fortpflanzung: Sept. bis Jan. Nest ein grober Bau aus trockenen Gräsern, ausgelegt mit feinerem Material im Schutz eines Grasbüschels, nur leicht überwölbt. Innendurchmesser 65, Tiefe 42, Wanddicke 20 mm. 3 Eier, cremefarben mit dicken braunen Flecken und Frickeln am stumpfen Ende; 20,7 x 14,8 mm (3).

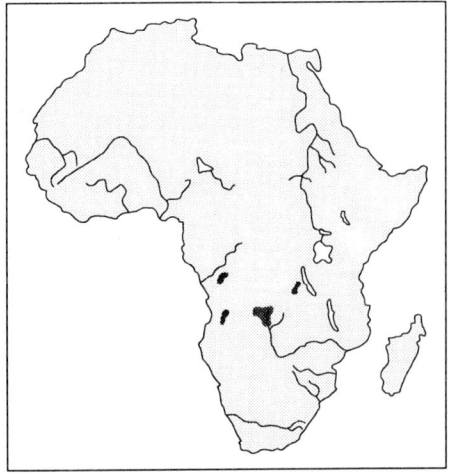

Abb. 37: Verbreitung der Angolalerche.

Stimme: Fluggesang eine Serie von klaren lieblichen Trillern in unterschiedlicher Tonhöhe. Wie »zu–zu–zi–zi–zi–zi–zu–zu–zu« klingend; ca. 9 Triller je Gesang, Tonhöhe variabel. Von der Sitzwarte wird ein »trrp–trrp–t–tiiii–tuu« Rufgesang vernommen (KEITH 1992).

Verhalten, Nahrung, Status: Zum Singflug steigt das ♂ ca. 25 m steil auf und geht mit hochgestellten Flügeln fallschirmartig zur Erde. Nach dem Bodengesang fliegt es ca. 5 m hoch und fällt mit schnurrenden Flügeln zur Erde. — Nährt sich von Insekten (Käfer) und Samen. — Ziemlich seltener lokaler Standvogel.

Unterarten und ihre Brutgebiete: *M. a. marungensis*, SE Zaire; *M. a. angolensis*, W Angola; *M. a. niethammeri*, Cuando District (Angola); *M. a. antonii*, E Angola; *M. a. minyanyae*, NW Sambia.

2.1.16 *Mirafra* rufocinnamomea (SALVADORI, 1865) — Baumklapperlerche

E: Flapped Lark, Cinnamon Bush Lark.

Synonyme: *Megalophoneus rufocinnamomea* SALVADORI, 1865, *Geocoraphus elegantissimus* HEGGLIN, 1868, *Geocoraphus rufocinnamomeus* HEUGL., 1871, *Mirafra torrida* SHELLEY, 1882.

Habitus: Ca. 20 % kleiner als Feldlerche, aber Schnabel etwas kräftiger.

Biometrische Daten (mm, g): Länge 140 – 150, Flügel 68 – 82, Schwanz 52 – 59, Schnabel 13,5 – 15, Lauf 21 – 24, Masse 21 – 32.

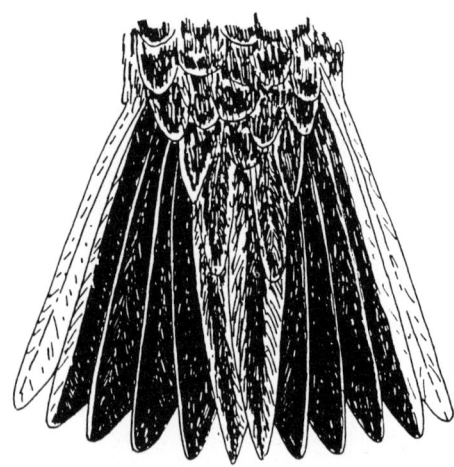

Abb. 38: Schwanz der Baumklapperlerche. Nach CAVE & MACDONALD (1955). Zeichnung: PÄTZOLD.

Merkmale: ♂ und ♀: Im Schauflug ist das ♂ durch das Flügelklappern leicht von anderen Lerchen zu unterscheiden. Im Gefieder zum Verwechseln ähnlich der *M. apiata*, doch ist letztere fast immer durch ihr südlicheres Verbreitungsgebiet getrennt (es gibt Berührungen, aber kaum signifikante Überlappungen). Bei *M. rufocinnamomea* spielen die meisten Unterarten mehr ins gräuliche und ST 6 ist gelbbraun (bei *M. apiata* weiß). Das Rötliche an den Handschwingen ist durch einen dunklen Streifen entlang des Schaftes geteilt. Die Oberseite ist je nach Unterart auf olivbrauner bis zimtbrauner oder grauer Grundfarbe mehr oder weniger dunkel gesprenkelt oder gelblich geschuppt. Kinn und Kehle sind weiß oder cremeweiß, übrige Unterseite verwaschen gelbbraun oder hell rötlichbraun, Kropf und Oberbrust dunkelbraun gestrichelt. Schwingen und Schwanz braun, ST 6 gelbbraun. Junge im ganzen matter, Oberseite mehr quergestreift, Federn mit hellen Spitzen. — Schnabel dunkel hornbraun, an Basis rötlich; Füße rötlichbraun, Iris braun.

Verbreitung und Biotop: In Afrikanischer Subregion weit verbreitet: W Äthiopien, S Sudan, E Zentralafrikanische Republik, N Kamerun, Nigeria, Benin, Togo, Ghana, Burkina, Mali, N Elfenbeinküste, Guinea, Sierra Leone, Senegal, S Mauretanien, S Somalia, Kenia, Uganda, Tansania, Mocambique, S Zaire, Kongo, Sambia, Angola, NE Botswana, NE Namibia, NE Südafrika (inselartig). — Offenes Waldland mit ausgedehnten Lichtungen und lockerem Grasbestand, auch in Savannen (Akazien) und entlang der Straßen.

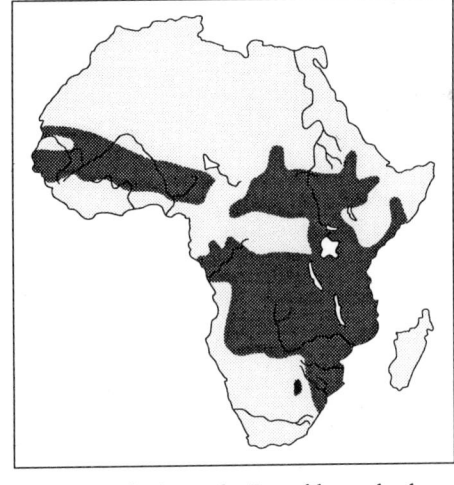

Abb. 39: Verbreitung der Baumklapperlerche.

Fortpflanzung: In Natal und Mocambique Okt. bis Nov. (Febr.), Simbabwe Okt. bis Apr., Äthiopien Aug. bis Okt., Sudan Juli bis Aug., Kenia Apr. bis Juli (auch Dez.), Tansania Nov. bis Jan., Nyasaland Nov. bis Jan. (auch Apr.), Uganda Mai/Juni (auch Okt.), Mauretanien Mai bis Sept. — Nest in flacher Mulde an Grasbüscheln aus trockenen Gräsern, ausgelegt mit Wurzeln und feinerem Material, oben überwölbt. 2 bis 3 Eier, 20,8 x 14,8 mm (41 aus Südafrika); 21,6 x 15,9 mm (29 aus Äthiopien). Farbe sehr unterschiedlich, oft den Eiern der Heidelerche (*Lullula arborea*) ähnlich. Brut- und Nestlingsdauer unbekannt.

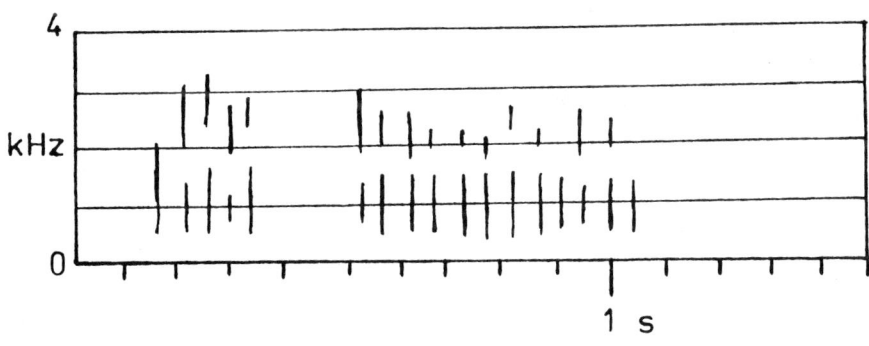

Abb. 40: »Klapper«–Phrase der Baumklapperlerche. Nach MacLean (1985).

Stimme: Die rasselnd–klappernden Geräusche, mit den Flügeln während des Schaufluges hervorgebracht, sind eindrucksvoller und weittragender als ihre stimmlichen Laute und kennzeichnen die Art im Felde gut. Während des »Flügelklapperns« erklingt ein dünnes piepsendes »chik–chik–e–wiie« oder ähnliche wispernde Töne. (Die im Grenzgebiet vorkommende sehr ähnliche *M. apiata* »klappert« ebenfalls, unterscheidet sich aber leicht durch einen klaren ansteigenden Flötenruf von ca. 1,2 s Länge, der unmittelbar nach dem Klappern ertönt.) Viel weniger gemein sind die drei– bis viersilbigen Pfeiftöne vom Boden oder einer erhöhten Sitzwarte, die meist in der Dämmerung hervorgebracht werden und wie »tuii–tuii–tooi« klingen.

Verhalten, Nahrung, Status: Scheuer Einzelgänger, der außerhalb der Werbungszeremonien (s. Stimme) leicht übersehen wird. Im Gegensatz zu *M. apiata* wählt diese Art auch erhöhte Sitzplätze auf niedrigen Bäumen und Büschen. Schauflug vor allem in den Morgenstunden, Landung durch Herabfallen bis auf 10 bis 6 m, danach Streckenflug in etwa gleicher Höhe und endgültiges Niederlassen. Aufsteigen zum Schauflug gewöhnlich mit 3 bis 4 sprunghaften Ausbrüchen klappernder Flügelschläge (3 bis 8 Schläge je Ausbruch); im Zenit während des Herumkreisens erfolgt eine Serie weiterer Ausbrüche, die am Ende in ein Schnurren von mehreren Sekunden Übergehen können. — Nährt sich von Wirbellosen (Käfer, Termiten, Heuschrecken, Schmetterlingslarven) und Grassämereien. — Gemeiner Standvogel, aber nicht überall häufig. Siedlungsdichte variiert mit dem Habitat; so wurden in Tansania (Serengeti) in offener Landschaft 6 Vögel je km², in Waldlandschaften 12 Vögel je km² registriert.

Unterarten und ihre Brutgebiete: *M. r. buckleyi*, Gambia u. Mali bis Nigeria u. Kamerun; *M. r. serlei*, E Nigeria; *M. r. tigrina*, NE Kamerun; *M. r. furensis*, W Sudan; *M. r. sobatensis*, E Sudan; *M. r. rufocinnamomea*, Äthiopien; *M. r. omoensis*, SW Äthiopien; *M. r. kawirondensis*, Uganda, Kenia, Tansania; *M. r. fischeri*, SE Zaire, Sambia bis Kenia, N Mocambique; *M. r. torrida*, S Äthiopien, SE Sudan, Uganda, C Kenia, C Tansania; *M. r. pintoi*, S Mocambique, E Transvaal, NE Natal; *M. r. mababiensis*, SW Sambia bis C Botswana, Namibia; *M. r. iwenarum*, N Sambia; *M. r. schoutedeni*, NE Angola; *M. r. smithersi*, Simbabwe, Sambia, NE Botswana, N Transvaal.

2.1.17 *Mirafra apiata* (VIEILLOT, 1816) — Grasklapperlerche

E: Clapper Lark.

Synonyme: *Alauda apiata* VIEILL., 1816; *Alauda rufipilea* VIEILL., 1816; *Alauda clamosa* STEPH., 1826; *Megalophonus erepitans* LICHT., 1854; *Megalophonus apiatus* LAY., 1867; *Mirafra rufipilea* SHARPE, 1874; *Mirafra damarensis* SHARPE, 1874.

Habitus: 15 – 20 % kleiner als Feldlerche, aber mit kräftigerem Schnabel.

Biometrische Daten (mm, g): Länge ca. 150, Flügel 84 – 92, Schwanz 54 – 63, Schnabel 13,5 – 15,5, Lauf 18 – 23, Hinterkralle 7 – 9, Masse 23 – 44.

Merkmale: ♂ und ♀: Sehr ähnlich der Baumklapperlerche, aber die meisten Unterarten sind oberseits rötlicher, westliche Vögel heller. Oberseite mit rotbraunen und schwarzen Querbinden, Kinn und Kehle weißlich mit zarter dunkler Strichelung; Brust gelbbraun mit dunkelbrauner Fleckung. Schwingen braun, Handschwingen an Außenfahnen leuchtend rötlich, Schwanz schwarzbraun, aber ST 1 rötlichbraun und ST 6 weiß oder gelblichweiß (nicht gelbbraun wie *M. rufocinnamomea*). Am sichersten im Felde durch die Stimme und den unterschiedlichen

Rhythmus des Klapperns von der Baumklapperlerche zu unterscheiden. Junge oben grauer, ohne rotbraune Querbinden, Kehle schwärzlich getüpfelt, Unterschwanzdecken mit schwarzen Dreiecksflecken. — Schnabel bräunlich hornfarben, an Basis heller, Füße hell rötlich, Iris lichtbraun.

Verbreitung und Biotop: Afrikanische Subregion: SW Sambia, SE Angola, E Namibia (fehlend in Namibischer Wüste), Botswana (außer NE und extremer W), Südafrika (außer NE und SE), W Lesotho. — Hochsteppen, Täler mit dichten, langen Gräsern (Kalahari), Sandsteppen mit vereinzelten Büschen und hohem Gras. Zum Unterschied von *M. rufocinnamomea* nicht in lichten Wäldern.

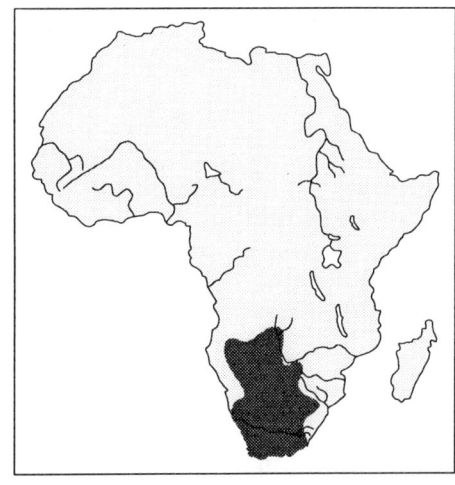

Fortpflanzung: Meist Okt. bis Febr., in trockenen Arealen nach dem Regenfall. Nest aus trockenen Gräsern und Wurzeln, oben kugelförmig überwölbt. 2 bis 3 Eier, 22,6 x 15,4 mm (15); Grundfarbe weiß bis cremeweiß,

Abb. 41: Verbreitung der Grasklapperlerche.

dicht mit ziemlich gleichmäßig verteilten violetten bis rötlichen Punkten und Flecken übersät. Brutdauer und Nestlingsaufenthalt nicht bekannt.

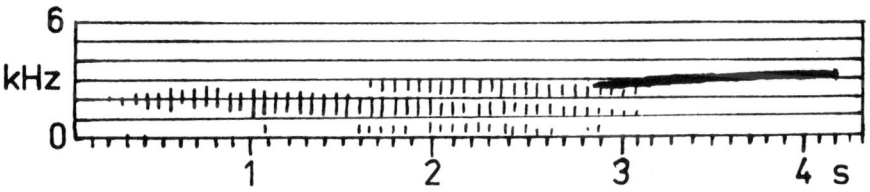

Abb. 42: Schwingenklappern der Grasklapperlerche mit ansteigendem Pfeifton am Ende. Nach MACLEAN (1985).

Stimme: Charakteristisch ist das mehrere Sekunden dauernde Flügelknarren des ♂ beim Balzflug »prrrr ...... rrrrr«, das wie entferntes Maschinengewehrfeuer klingt. Darauf folgt ein langgezogener, klagender, etwas ansteigender Pfeifton »poooooiii« (bei *M. rufocinnamomea* fehlend). Alarmrufe sind kratzende »chrk–chrk«, ein »piiek« und miauende Töne. Auch Imitationen anderer Vogelarten wurden registriert (so aus den Gattungen *Acrocephalus, Vanellus, Estrilda, Francolinus*).

Verhalten, Nahrung, Status: Lebt versteckt im hohen Gras, nur bisweilen auf niedrigen Büschen stehend (im Gegensatz zur Baumklapperlerche). Singt vom Boden und im Flug. Beim Balzflug steigt das ♂ steil aufwärts in weiten Spiralen mit knatternden Flügelschlägen. An der Spitze des Steigfluges werden die Flügel in V–Form steif auseinander gehalten, danach baumpieperähnlicher Sturzflug und Ausschweben über dem Boden. Der gesamte Singflug kann 10 Minuten oder länger dauern. Der Streckenflug ist im Gegensatz zum Balzflug spechtartig bogenförmig. In Nestnähe wurde Verleiten registriert. — Nahrung Arthropoden und Sämereien, die an der Basis von Grasbüscheln auf kahlen Bodenflächen gesucht werden. — Lokal gemein bis häufig in den meisten Gebieten, weniger gemein in nördlicher Kapprovinz.

Unterarten und ihre Brutgebiete: *M. a. reynoldsi*, W Sambia; *M. a. adendorffi*, NW Kapprovinz; *M. a. apiata*, SW Kapprovinz; *M. a. marjoriae*, Cape Town; *M. a. algoensis*, SE Kapprovinz; *M. a. jappi*, SW Sambia; *M. a. nata*, NE Botswana; *M. a. deserti*, W und C Botswana.

2.1.18 *Mirafra damarensis* SHARPE, 1874 — Damaraklapperlerche

E: Damara Clapper Lark.

Anmerkung: Diese noch umstrittene »Art« gleicht *M. apiata*, mit der sie teilweise sympatrisch ist, so sehr, daß grundsätzliche und den Artstatus rechtfertigende Unterschiede in Morphologie, Fortpflanzung, Stimme und Verhalten nicht gegeben werden können. Die meisten Autoren stellen sie daher heute als Unterart *damarensis* zu *Mirafra apiata*. Es genügen deshalb Maßangaben sowie eine Kurzbeschreibung des Gefieders dieser Form (nach Urbeschreibung bzw. REICHENOW).

Biometrische Daten (mm): Länge ca. 140, Flügel 85, Schwanz 60, Schnabel 14 – 16, Lauf 27 – 28 (!).

Merkmale: ♂ und ♀: Oberseite graubraun mit schwarzbrauner Strichelung; Überaugenstreif und Kehle weiß; übrige Unterseite einschließlich Unterschwanzdecken blaß bräunlich, der Kropf schwarzbraun gesprenkelt und gefleckt; Handschwingen an der Basis rotbraun, an der Spitze schwarzbraun, Unterflügeldecken blaß rostfarben. Die Schwanzfedern sind schwarzbraun mit blaßbraunen Rändern. ST 4 und ST 5 mit weißem Außen– und Endsaum, ST 6 weiß.

Unterarten und ihre Brutgebiete: *M. d. damarensis*, N Namibia; *M. d. hewitti*, NE Kapprovinz, Transvaal; *M. d. deserti*, C Namibia; *M. d. kalaharica*, SW Botswana; *M. d. nata*, E Botswana.

2.1.19 *Mirafra africanoides* A. SMITH, 1836 — Steppenlerche, Rehbaumlerche

E: Fawn–coloured Lark, Fawn–coloured Bush Lark.

Synonyme: *Megalophonus africanoides* LAY., 1867; *Alauda africanoides* SHARPE, 1871; *Mirafra cordofanica* SHELL., 1885; *Mirafra alopex* SHARPE, 1890; *Mirafra intercedens* REICHENOW, 1885.

Habitus: 15 – 20 % kleiner als Feldlerche, kräftigerer Schnabel, kürzere gebogenere Hinterkralle.

Biometrische Daten (mm, g): Länge 140 – 160, Flügel 78 – 95, Schwanz 57 – 70, Schnabel 13 – 15, Lauf 21 – 24, Masse 20 – 30.

Merkmale: ♂ und ♀: Ohne Gefiederkenntnis der in einem bestimmten Gebiet vorkommenden Unterart, ist diese Art im Felde nur schwierig zu identifizieren, da übereinstimmende Merkmale für alle Unterarten zu fehlen scheinen. Im Fluge fallen die breiten rostroten Säume an den Schwingen ins Auge (dadurch von *M. sabota* unterschieden). Das verläßlichste Merkmal ist noch der Gesang. Im allgemeinen ist die Oberseite rötlich– bis gelblichbraun (auch graubraun), oft mit deutlicher schwärzlicher Streifung, bisweilen fast einfarbig. Überaugenstreif bei allen Unterarten deutlich ausgebildet von weiß bis hell sandfarben, ebenfalls ein heller Ring um das Auge. Durch das Fehlen einer dunklen Linie vom Schnabelwinkel zur Ohrdecke unterscheidet sich diese Art von *Certhilauda albescens* und *Ammomanes burra*. Kinn und Kehle sind weiß bis rahmweiß; Oberbrust mehr oder weniger dunkel gestrichelt auf hell bräunlichem bis matt rostrotem Grund. Übrige Unterseite weiß bis rahmweiß. Schwingen braun bis schwarzbraun mit breiten rostbraunen Säumen. Schwanz dunkelbraun, ST 1 heller, meist wie Rückenfarbe, ST 6 mit weißer bis sandfarbener Außenfahne. Jungvögel auf Scheitel und Oberseite kräftig gefleckt mit gelbbraunen Federspitzen. Das Weiß oder Rahmweiß der ST 6 ist breiter. — Schnabel gelblich bis bräunlich hornfarben, Füße hell rötlich, Iris rötlichbraun.

Verbreitung und Biotop:
Afrikanische Subregion: 2 getrennte Gruppen; 1. in S Afrika: SE Angola, SW Sambia, E Namibia, Botswana, SW Simbabwe, N Südafrika, SE Mocambique; 2. E Afrika: E, C, und S Äthiopien (inselartig), NW und CW Somalia, W Kenia, NE Uganda, NE Tansania. — Sandige hochgelegene Savannen (bevorzugt Akazien), trockene Buschsteppen, Rote Böden in der Kalahari (rote Form) sowie Kalkböden in der Etoscha–Pfanne (graubraune Form). In Senken der Graslandschaften häufiger als in Rhigozum–Vegetation (MACLEAN 1970); Akazien–Waldland.

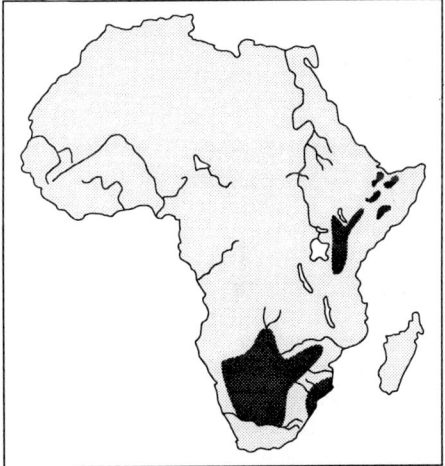

Abb. 43: Verbreitung der Steppenlerche.

Fortpflanzung: Tansania im März, Mai und Okt. (Brutkondition); Kenia, Äthiopien, Apr. bis Mai; Simbabwe, Sept. bis Febr.; Südafrika, Sept. bis Okt.; in der Kalahari variabel in Übereinstimmung mit dem Regenfall. Typisches Lerchennest, aber oben mit Gräsern überwölbt. 2 bis 3 (4) Eier; 20,8 x 14,7 mm (35), auf weißem Grund fein rostbraun und violett gepunktet, auch hellbräunlich gefleckt besonders am stumpfen Ende. Brutdauer 12 Tage, Nestlingsaufenthalt 10 bis 14 Tage.

Abb. 44: Lebensraum der Steppenlerche im Kalahari Gemsbok Park (Südafrika). Foto: MacLean.

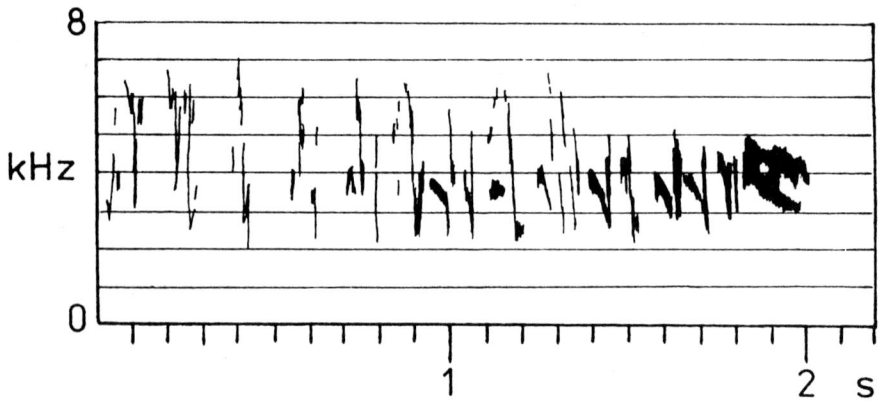

Abb. 45: Endphrase des Gesanges der Steppenlerche. Nach MacLean (1985).

Stimme: Der Alarmruf ist ein lautes »piiek«. Der Gesang, von der Singwarte oder im Schauflug vorgetragen, beginnt mit 4 bis 5 abgehackten Tönen, denen ein wohlklingendes musikalisches Gezwitscher von 2 bis 3 Sekunden Länge folgt, wie »chip chip chip chirie chirie chirie chwiier« klingend. Es wird in Abständen von 7 bis 10 Sekunden und in einer Höhenlage zwischen 2 und 5 kHz vorgetragen (MacLean 1985).

Verhalten, Nahrung, Status: Nicht scheu, einzeln oder in Paaren anzutreffen; sehr ausgeprägte Korrelation zwischen Boden– und Gefiederfarbe. Häufiger als andere Arten der Gattung auf Büschen und Bäumen (zumindest das ♂), dabei fast horizontale Haltung bei gebeugten Läufen. Singflug als Flatterflug in 20 bis 30 m Höhe, meist vom Gehölz aus startend. Nach jeder Liedphase Flügelhaltung einige Sekunden bewegungslos, dabei abfallend in der Höhe, mit neuer Phase wieder flatternd aufsteigend, endend mit Sturzflug zur Erde. Singflugdauer mehrere Minuten. — Nährt sich von Arthropoden (Heuschrecken, Spinnen, Ameisen, Termiten u. a.) und Sämereien (Grassamen *Enneapogon*, *Schmidtia* und Gänsefußgewächse *Chenopodium*). — Gemeiner Standvogel in den meisten Gebieten; seltener in Transvaal, Mocambique, Oranje.

Unterarten und ihre Brutgebiete: *M. a. intercedens*, Äthiopien, Somalia, Kenia, NE Tansania; *M. a. alopex*, S Somalia, Äthiopien; *M. a. macdonaldi*, S Äthiopien; *M. a. longonotensis*, E Uganda, W Kenia; *M. a. omaruru*, NW Namibia; *M. a. trapnelli*, W Sambia; *M. a. harei*, C Namibia; *M. a. gobabisensis*, E Namibia; *M. a. makarikari*, S Sambia, NE Botswana; *M. a. sarwensis*, N Namibia, C Botswana, Mocambique; *M. a. vincenti*, Simbabwe, S Mocambique; *M. a. austinrobertsi*, SE Botswana, W Transvaal; *M. a. africanoides*, S Namibia, N Kapprovinz; *M. a. rubidior*, N Namibia.

2.1.20 *Mirafra ruddi* (GRANT, 1908) — Spornlerche, Somalispornlerche

E: Rudd's Lark, Long–clawed Lark, Archer's Lark.

Synonyme: *HeteroMirafra ruddi* (GRANT, 1908); *Heteronyx ruddi* GRANT, 1908; *HeteroMirafra archeri* CLARKE, 1920.

Abb. 46: Spornlerche. Verändert nach NEWMANN (1983). Zeichnung: PÄTZOLD.

Habitus: Kleine dickköpfige, kurzschwänzige Lerche vom Heidelerchentyp mit auffällig langer gestreckter Hinterkralle, ca. 20 % kleiner als Feldlerche.

Biometrische Daten (mm, g): Länge ca. 140, Flügel ♂ 73,5 – 83, ♀ 69 – 74, Schwanz 38 – 45, Schnabel 13 – 15, Lauf 24 – 26, Hinterkralle 12 – 20, Masse (2 ♀) 26 und 27,2.

Merkmale: ♂ und ♀: Charakteristisch ist der sehr kurze schmale Schwanz (Vogel wirkt fast schwanzlos), die aufrechte Körperhaltung und ein feiner weißer bis rahmfarbener Streif in der Scheitelmitte (siehe Abb. 46). Deutlicher weißlicher Überaugenstreif. Oberseite dunkelbraun mit weißlicher Sprenkelung, Kinn und Kehle weiß, übrige Unterseite weiß bis gelbbraun, außer Kropf und Vorderbrust, die auf gelbrötlichem Grund mit schmaler dunkelbrauner Strichelung versehen sind. Schwingen dunkelbraun mit schmalen rötlichen Rändern, Schwanz dunkelbraun mit weißem bis hell gelbbraunem Rand an der Außenfahne von ST 6. Die Jungen haben breite gelblichbraune und weiße Säume und Spitzen an den Federn der Oberseite. — Schnabel dunkelbraun bis hornfarben, Füße fleischfarben, Iris haselnußbraun.

Verbreitung und Biotop: Afrikanische Subregion: Zwei separate Populationen (von anderen Autoren als zwei eigenständige Arten aufgefaßt); in S Afrika beschränkt auf Lesotho, NE Oranje Freistaat, SE Transvaal, W Natal; im tropischen Afrika in W Somalia. — Bewohnt Bergsteppen in Höhen von 1.700 bis 2.200 m mit kurzer dichter Grasnarbe (vorherrschend *Tristachya leucothrix, Themeda triandra, Trachypogon capensis*) in Gebieten mit hohen Niederschlägen (> 600 mm).

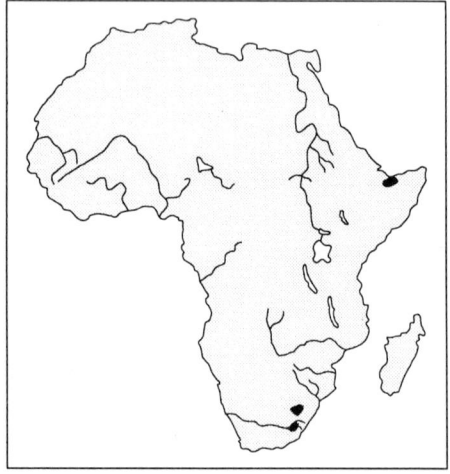

Fortpflanzung: Oranje Freistaat im Nov., Transvaal im Jan., W Natal im Okt., Somalia im Juni. Nest ist ein

Abb. 47: Verbreitung der Spornlerche.

aus Grasstengeln überwölbter Napf, bestehend aus Wurzeln und trockenem Gras; Innendurchmesser 60 – 70 mm, Napftiefe 20 – 35 mm, Eingangshöhe über dem Nestrand 40 – 50 mm. Offene Nestseite in Transvaal gegen NW, W oder S gerichtet. Gebaut von nur einem (♀ ?) Vogel, der das Nistmaterial im Umkreis von 10 m sammelt. Eier 2 – 3, 21,2 x 15,2 mm (MACLEAN 1985), weißlich bis rosa gelblich, dicht mit grauen und hellbraunen Punkten und Flecken besetzt, die Eier in Somalia (*M. r. archeri*) sind blasser. Keine weiteren Informationen.

Stimme: Vor allem im Fluggesang zu vernehmen. Beim Aufsteigen liegt die Betonung auf spitzem »i«, das bis zum Gipfelpunkt an Stärke zunimmt. Danach, beim Kreisen oder Rütteln ertönen in klaren Phrasen 3 bis 4 klangschöne Elemente »is–it–wie« oder »is–it–wie–prr« (MACLEAN). Sie dauern eine knappe Sekunde und werden in Abständen von 5 bis 6 Sekunden wiederholt. Auch Kurzgesänge als klagende Pfeiftöne wurden registriert. Dabei steigt der Vogel ca. 4 m vom Boden auf und fällt danach unverzüglich wieder ins Gras.

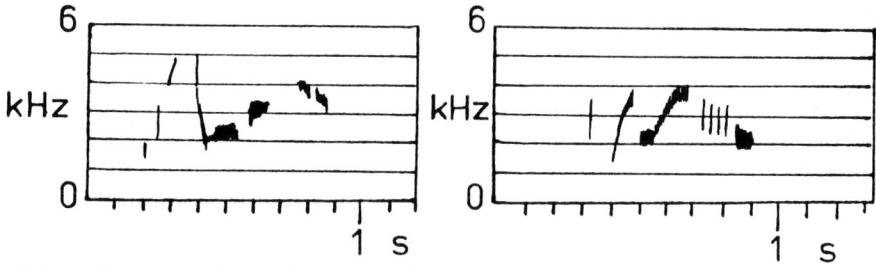

Abb. 48: Fluggesangsphrasen der Spornlerche. Nach MACLEAN (1985).

Verhalten, Nahrung, Status: Lebensweise auf Grund der Scheuheit und Verborgenheit wenig bekannt, bewegt sich oft kriechend und fliegt ungern auf. Meist einzeln anzutreffen. Zum Singflug steigt das ♂ etwa im Winkel von 60° vom Boden auf, erreicht den Gipfel in 15 bis 30 m Höhe, steht rüttelnd gegen den Wind oder fliegt in Kreisen von 20 bis 50 m Durchmesser, wobei es oben auch Singphrasen hervorbringt, der Schwanz ist dabei gefächert. Singflugdauer 1 bis 30 Minuten. In Schaustellung vor der Begattung stolziert das ♂ vor dem ♀ mit Nistmaterial im Schnabel. In einem Areal von 4 km² wurden 15 ♂ in Schaustellung beobachtet. Die Unterart *M. archeri* in Somalia lebt wahrscheinlich nur in einem Areal von ca. 200 km². — Die Nahrung besteht aus Arthropoden und Sämereien. — Sehr ungemeiner Stand– (und Strich ?) Vogel im Bergland.

Unterarten und ihre Brutgebiete: *M. r. archeri*, W Somalia; *M. r. ruddi*, Lesotho, NE Oranje Freistaat, SE Transvaal, W Natal.

2.1.21 *Mirafra collaris* (SHARPE, 1896) — Halsbandlerche

E: Collared Lark.

Synonyme: *Amirafra collaris* (SHARPE, 1896).

Habitus: Ca. 20 % kleiner als Feldlerche, bunter und mit dickerem Schnabel.

Biometrische Daten (mm): Länge ca. 140 – 150, Flügel 78 – 88, Schwanz 55 – 63, Schnabel 13 – 15, Lauf 23 – 25.

Merkmale: ♂ und ♀: Auffallend schöngefärbter Vogel. Durch das schwarze Kehlband über rostbräunlichem Kropf im Felde sicher von anderen Mitgliedern der Gattung zu unterscheiden. Scheitelfedern schwarzbraun mit rostbraunen Säumen, Hinterkopf und Nacken weißlich mit dichter schwarzer Strichelung, übrige Oberseite fast einfarbig leuchtend rotbraun, wobei die Rückenfedern am dunkelsten und auf Innenfahne weiß oder weißlich gesäumt. Obere Schwanzdecken graubraun bis schwarzbraun. Deutlicher rahmfarbener Überaugenstreif, Wangen und Ohrgegend rostbraun; Kinn und Oberkehle weißlich rahmfarben. Über Unterkehle läuft ein aus schwarzen Flecken gebildetes Band, das nach unten von dem hell rotbraunen Kropf begrenzt wird; übriger Unterkörper rostgelblich weiß. Schwingen schwarzbraun,

an Wurzel hell rotbraun; Unterflügeldecken hell
rostbraun. ST 1 dunkel graubraun mit rötlichen Rändern, ST 2 bis ST 5 schwarzbraun, ST 6 schwarzbraun
mit breitem gelblich oder weißem Rand an der Außenfahne. Jungvögel auf Oberseite schwarz quergebändert bei weißen Federrändern, das Halsband nur
angedeutet durch verwaschene schwärzliche Flek-
ken, übrige Unterseite weißer als bei adulten Vögeln.
— Schnabel oben dunkel hornfarben, unten heller;
Füße hell fleischfarben, Iris braun.

Verbreitung und Biotop: Afrikanische Subregion: SE Äthiopien, Somalia (außer extremen N),
NE und E Kenia. — Trockenes oder halbtrockenes
Grasland mit vereinzelten Büschen und Bäumen;
auch auf kahlen Stellen harter ziegelroter Böden,
meidet üppigen Strauch– und Baumbewuchs. In
Kenia in 100 m bis 1.350 m üNN.

Fortpflanzung: Im südlichen Äthiopien im Mai
(Garra–Liwin Gelände). Überwölbtes Nest aus Gräsern in flacher Bodenmulde an Grasbüscheln. 3 bis 4
Eier, 19,9 x 14,9 mm (11), Frischvollgewicht 2,28 g; die Farbe ähnelt nach
ERLANGER Brachpiepereiern: auf trübweißem Grund reichlich oliv und rostbraun gefleckt.

Abb. 49: Halsbandlerche. Verändert nach MACKWORTH–
PREAD & GRANT (1955). Zeichnung: PÄTZOLD.

Stimme: Der Gesang besteht aus
eigenartigen klagenden Pfeiftönen
beim Aufsteigen und Niedergehen der
♂ im Schauflug (PRAED–GRANT) oder
auch nach dem Landen auf einer
Baumspitze. ERLANGER vernahm das
Pfeifen jedoch nur während des Flie-
gens, auch ein Flügelklatschen wurde
registriert. SERLE (1943) beschreibt den
Gesang etwa als ein seltsam klagendes
Pfeifen, das allmählich in der Höhe
ansteigt, anfangs zunehmend in der
Lautstärke, danach abnehmend bei
weiterer steigender Tonhöhe.

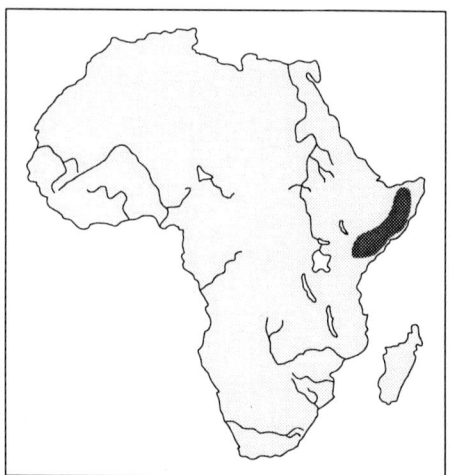

Abb. 50: Verbreitung der Halsbandlerche.

Verhalten, Nahrung, Status: Ein scheuer Vogel, der in niedriger Haltung
rasch am Boden läuft, wenn er sich beobachtet fühlt; auf rotem Boden duckt er sich
und vertraut auf seine Schutzfarbe. Bei unmittelbarer Gefahr zieht er das Rennen
dem Auffliegen vor. Gewöhnlich einzeln anzutreffen, steht auch gern auf Baumspitzen. Im relativ kurzen Schauflug steigt er steil und flügelklappernd 10 m bis

15 m auf, beendet das Klappern und beginnt allmählich wieder singend (nicht immer) herunterzugehen, auf dem Erdboden bzw. Strauch oder Baum landend. — Nährt sich von Arthropoden (Heuschrecken, Schmetterlingslarven u. a. Insekten) und Samen. — Lokaler und nicht häufiger Standvogel.

Unterarten: Keine.

2.1.22 *Mirafra assamica* HORSFIELD, 1840 — Bengalenlerche

E: Rufous–winged Bush Lark; Bengal Bush Lark; Madras Bush Lark.

Synonyme: *Plocealauda typica* HODGSON, 1844; *Mirafra assamensis* BLYTH, 1843; *Mirafra immaculata* HUME, 1872; *Mirafra erythrocephala* SALVADORI & GIGL., 1885.

Habitus: Deutlich kleiner als Feldlerche und mit kürzerem Schwanz.

Biometrische Daten (mm, g): Länge ca. 150, Flügel ♂ 77 – 88, ♀ 75 – 82, Schwanz ♂ 42 – 52, ♀ 39 – 45, Schnabel 13 – 14, Lauf 24 – 28, Masse 26,2 (11).

Merkmale: Ähnelt der Busch– und der Rotflügellerche sehr durch die rötlichen bis kastanienbraunen Säume an den Fahnen der Schwingen; von ersterer unterscheidbar durch die gänzlich braune Innenfahne von ST 6 (bei *M. javanica* ST 6 größtenteils weiß bis rötlich weiß), von letzterer differenziert durch scharfe Abgrenzung der rötlichen Säume an den Schwingen vom braunen Schaft (bei *M. erythroptera* verwaschen), Geschlechter gleich. Oberseite aschbraun (Nominatform) bis rötlichbraun (*M. a. affinis*) mit schwärzlicher Längsstreifung. Schwingen braun mit rötlichen Säumen. Schwanz schwärzlich braun, ST 5 und ST 6 nur an den Außenfahnen zum größten Teil hellrötlich. Junge haben auf der Oberseite rötlichweiße Querstreifen mit schwarzen Begrenzungen, die Unterseite ist hell gelbbraun, an Spitze fast schwarz, unten gelblich hornfarben. Füße rötlich bis gelblich braun; Iris braun.

Verbreitung und Biotop: Orientalische Region: Vietnam, Laos, Kampuchea, Thailand, Burma, Bangladesch, Nepal, N Indien (von E Assam westwärts bis Haryana), E und S Indien (von Orissa bis Mysore und Kerala), Sri Lanka, E Pakistan. — Auf steinigem offenem Grasland mit Büschen, auch auf kultivierten Flächen, sogar an Randgebieten von mooriger Erde, wenn Gefiederfarbe mit Bodenfarbe übereinstimmt.

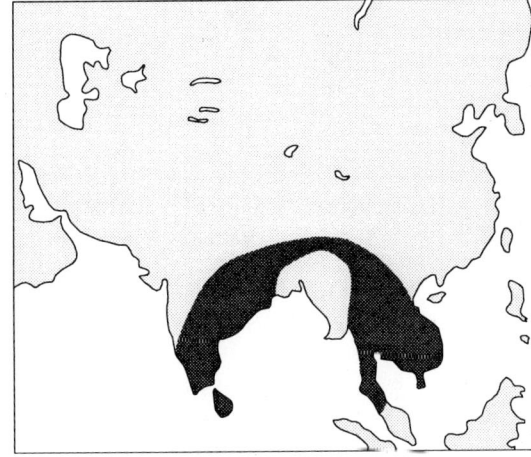

Abb. 51: Verbreitung der Bengalenlerche.

Fortpflanzung: Nördliche Populationen März bis Aug., meist Mai/Juni; S Indien Dez. bis Mai, meist März; Sri Lanka März bis Aug., meist Mai. — Nest in Erdmulde, gelegentlich überwölbt, wobei die über dem Nest wachsenden Grasspreiten vom Vogel zur Wölbung verflochten werden. 3 bis 4 Eier; 20,3 x 15,3 mm, Frischvollgewicht 2,45 g; gelblich bis gräulich–weiß mit bräunlichen oder purpurgrauen Frickeln und Blattern besetzt; im allgemeinen blasser als Eier von *M. javanica* (BAKER 1930).

Stimme: Ein mausartiges »chip–chip–chip–chip« vom Zweig oder erhöhten Punkt vorgetragen. Gesang (meist im Balzflug) beginnt mit schwachem »swier–swier–swier« oder »sisisisi...«, danach ein quiekendes »wisie–wisie–wisie–wisie......« mit nachlassendem Tempo am Ende des Gesanges, der kontinuierlich ca. 20 s dauert und auch in der Dunkelheit verhört wurde.

Verhalten, Nahrung, Status: Gewöhnlich verborgen und still in Paaren oder kleineren Trupps lebend, nicht selten auf Büschen und Bäumen sitzend. Singflug typisch. Start vom erhöhten Punkt fast senkrecht 10 bis 15 m hoch (Gipfelpunkt), dann wenig kraftvoll singend, wobei Flügel in starrer V–Haltung verharren und bisweilen auch Flugkapriolen gezeigt werden. Nach langsamem Herabgleiten oft wieder Aufsteigen und Singen, zuletzt herabstürzend auf erhöhten Punkt, wo oft noch wenige Sekunden weitergesungen werden. — Nährt sich von Sämereien, Rüsselkäfern und anderen Arthropoden. — Gemeiner Standvogel.

Unterarten und ihre Brutgebiete: *M. a. assamica*, N Indien, Nepal, Assam; *M. a. affinis*, S Indien, Sri Lanka; *M. a. microptera*, C Burma; *M. a. subsessor*, N Thailand; *M. a. marionae*, S Burma, S Thailand, S Indochina.

2.1.23 *Mirafra rufa* LYNES, 1920 — Rostlerche

E: Rusty Lark, Rusty Bush–Lark.

Habitus: Ca. 20 % kleiner als Feldlerche, pieperähnliche Erscheinung mit relativ langem Schwanz.

Biometrische Daten (mm): Länge ca. 140, Flügel ♂ 86 – 89, ♀ 78 – 84, Schwanz ♂ 65 – 67, ♀ 60 – 65, Schnabel 13 – 15, Lauf 21 – 23.

Merkmale: ♂ und ♀: Sehr ähnlich *M. rufocinnamomea*, aber äußere Schwanzfedern braunschwarz und nur mit schmalen gelbbraunen Säumen (nicht gänzlich gelblich bis hell rötlich). Oberseite rost– bzw. zimtbraun, mehr oder weniger gestreift durch dunkelbraune Federmitten. Andere rötliche Lerchen im gleichen Areal haben kürzere Schwänze. *M. cordofanica* hat Weiß im Schwanz, ist auf der Unterseite reiner weiß und oberseits heller. *Ammomanes dunni* ist ebenfalls unten weißer und auf der Brust fast ungestreift. — Bei der Rostlerche sind Kinn und Kehle hell sandfarben, Kropf und Oberbrust gelbbräunlich mit verwaschenen dunklen Steifen und Flecken, die übrige Unterseite weißlich mit ockerfarbenem Anflug. Schwingen braun, an beiden Fahnen zimtfarben gesäumt; Schirmfedern wie der Rücken. ST 1 zimtbraun, ST 2 braunschwarz mit zimtbrauner Außenfahne, ST 3 bis ST 5 braunschwarz, ST 6 braunschwarz mit gelb– oder zimtbraunem Saum an der Außenfahne und Federspitze. — Jungvögel haben hellere Oberseite bei gelbbraunen Federspitzen, auch Unterseite heller, Brust mit noch verwaschenerer Streifung. — Der pieperähnliche Schnabel ist oben dunkel hornfarben, unten deutlich heller (Merkmal); Füße und Krallen tonfarben–bräunlich, die Iris hell sepia.

Abb. 52: Rostlerche. Verändert nach MACKWORTH–PREAD & GRANT (1955). Zeichnung: PÄTZOLD.

Abb. 53: Schwanz der Rostlerche. Verändert nach CAVE & MACDONALD (1955). Zeichnung: PÄTZOLD.

Abb. 54: Kopfpartie der Rostlerche. Verändert nach CAVE & MACDONALD (1955). Zeichnung: PÄTZOLD.

Fortpflanzung: Sudan Juni bis Sept., Mali Mai bis Juli, Niger Juli, Tschad Sept. Keine weiteren Informationen.

Verbreitung und Biotop: Afrikanische Subregion: E Mali, W Niger, CW Tschad, C Sudan. — Savannen, felsiges offenes Hügelland mit Buschwerk und schwarzem Gestein, offenes Combretum–Waldland.

Stimme: Nicht näher beschrieben; soll nach LYNES (1924) ein »angenehmer« Gesang sein.

Verhalten, Nahrung, Status: Ein Vogel mit ziemlich pieperähnlichen Eigenschaften; einzeln, in Paaren oder in kleinen Familiengesellschaften anzutreffen. Vom Boden auffliegend landet er gewöhnlich auf einem Busch oder Baum. Der Sing– bzw. Schauflug ist ein unregelmäßiges Kreuzen in

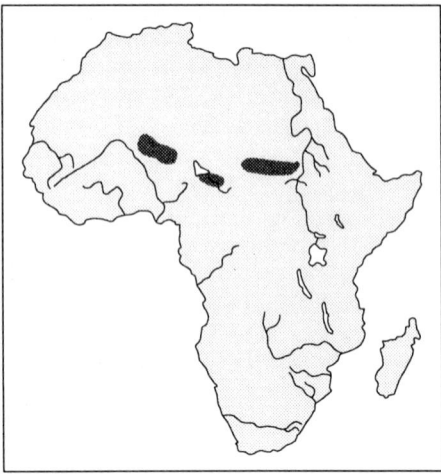

Abb. 55: Verbreitung der Rostlerche.

mittleren Höhen, der mit einem plötzlichen Sturz bei angelegten Flügeln auf einer Strauchspitze oder auf den Erdboden beendet wird. — Die Nahrung besteht aus Insekten und anderen Arthropoden, auch aus diversen Sämereien. — Ziemlich gemeiner Stand– und Strichvogel.

Unterarten und ihre Brutgebiete: *M. r. nigriticola,* Mali, Niger; *M. r. rufa,* W Sudan, Tschad; *M. r. lynesi,* C Sudan.

2.1.24 *Mirafra sidamoensis* ERARD, 1975 — Sidamospornlerche

E: Sidamo Bush Lark.

Synonym: *Heteromirafra sidamoensis* (Konspez. mit *Mirafra ruddi?*).

Anmerkung: Der Artstatus dieser Form scheint ungenügend gesichert. Es wurde nur ein einziges Exemplar am 18. 05. 1968 2 km südlich von Negele (5° 20′ N, 39° 35′ E) in S Äthiopien gesammelt, 650 km südwestlich des Brutareals von *Mirafra ruddi archeri. M. sidamoensis* ähnelt sowohl der südafrikanischen Nominatform von *M. ruddi,* aber mehr noch *Mirafra ruddi archeri* in Somalia. ERARD verglich diese 3 Formen und neigt zu der Auffassung, ihnen allen einen eigenen Artstatus zuzuerkennen. HOWARD & MOORE (1984), denen wir hier folgen, geben nur *sidamoensis* und *ruddi* einen Artstatus und stellen *archeri* als Unterart zu *Mirafra ruddi.* Jedoch stehen ethologische und brutbiologische Untersuchungen noch aus, und ökologische Fakten sind nur unzureichend belegt.

Habitus: Ganz ähnlich *M. ruddi.* Kleine rötlichbraune Lerche mit gedrungenem Körperbau, kräftigen Läufen und auffällig langem geradem Nagel der Hinterzehe.

Biometrische Daten: Siehe *M. ruddi* (nur ein σ als Museumsexemplar vorhanden).

Merkmale: Im Felde wahrscheinlich nicht von *M. ruddi* zu unterscheiden, möglicherweise aber durch die ökologische Trennung zu differenzieren. Proportionen sehr ähnlich *M. ruddi*, aber Schnabel, innere Armschwingen und Schwanzfedern relativ länger, die Läufe etwas kräftiger. Charakteristisch ist eine allgemeine braunrötliche Färbung der Oberseite (*M. r. ruddi* ist dunkelbraun bis braun, *M. r. archeri* ist heller rötlich und wirkt buntscheckiger), besonders sind Rücken, innere Armschwingen und Teile der äußeren Steuerfedern fuchsrötlich (letztere bei *M. ruddi* cremefarben), übrige braun. Als spezielles Merkmal wird auch die dunkelbraune Längsstreifung auf den Mittleren und Kleinen Flügeldecken angegeben. Flanken und Unterflügel sind blaß fuchsrötlich (bei *M. r. ruddi* ockerfarben, bei *M. r. archeri* graugelb). Der weißliche Mittelstreifen von der Stirn über den Scheitel ist wie bei *M. ruddi*; die Kehle weiß, Brust weiß mit grauen Sprenkeln, die aber weniger prägnant und ausgedehnt scheinen als bei *M. ruddi*.

Verbreitung und Biotop: Afrikanische Subregion: S Äthiopien (Sidamo). Grassteppe mit Akazien in 1.450 m üNN. ERARD vermutet, daß *M. sidamoensis* die lichte Savanne vorzieht, während *archeri* und *ruddi* mehr in den gleichförmigen offenen Graslandschaften siedeln.

Fortpflanzung: Brutkondition im Mai, sonst keine Angaben.

Stimme: Keine Angaben.

Verhalten, Nahrung, Status: Scheuer, schwer zu beobachtender Vogel (im Stadium der Brutkondition festgestellt). Über Nahrung keine Angaben. Höchstwahrscheinlich Standvogel.

Unterarten: Keine.

2.1.25 *Mirafra gilletti* SHARPE, 1985 — Ogadenlerche

E: Gillett's Bush Lark, Gillett's Lark.

Synonyme: *Sabota gilletti* (SHARPE, 1895).

Habitus: Ähnlich Feldlerche, aber dickschnäbeliger und ca. 15 % kleiner.

Biometrische Daten (mm, g): Länge 140 – 167, Flügel 80 – 90, Schwanz 55 – 71, Schnabel 13 – 15, Lauf 19 – 23, Masse 20 – 24.

Merkmale: Keine ins Auge fallenden Kennzeichen im Felde. Geschlechter gleich. Oberseits zimtbraun mit schwarzbrauner Strichelung, Nacken mit grauem Anflug, Bürzel und obere Schwanzdecken aschgrau überhaucht. Breiter Überaugenstreif, ein Strich unterhalb von Zügel und Auge sowie vordere Wangen sind weiß, letztere mit schwarzgrauer Sprenkelung; hintere Ohrdecken rötlichbraun mit feinen weißlichen Stricheln. Kinn, Kehle und Kropf weiß, letzterer dunkelbraun gefleckt; übrige Unterseite weiß, bisweilen mit rötlichem Anflug. Flügeldecken und Schwingen dunkelbraun mit bräunlich weißlichen Säumen; Unterflügeldecken graubraun. Schwanzfedern dunkelbraun mit blaßbraunen, bisweilen rostbraunen

75

Säumen. Oberschnabel braun, Unterschnabel viel heller. Füße hellbraun, Iris hell haselnußfarben.

Verbreitung und Biotop: Afrikanische Subregion: E und SE Äthiopien (Ogaden), Somalia. — In offenen Savannen, auf harten und steinigen Böden in 1.000 – 1.500 m üNN, im südlichen Somaliland in üppigen, licht bewaldeten Steppengebieten, die dürre Akaziensteppe liebt sie nicht.

Fortpflanzung: Apr. und Mai (Gelegefunde). Nest tiefnapfig, aus Grashalmen (Quecken) und feinen Würzelchen, ERLANGER fand ein Nest, dessen Material an der Hinterseite hoch– und vorgezogen war, so daß es zur Hälfte als überwölbt erschien. Meist 3 Eier; 19,5 x 15,0 mm (6), Frischvollgewicht 2,26 g, sie erinnern

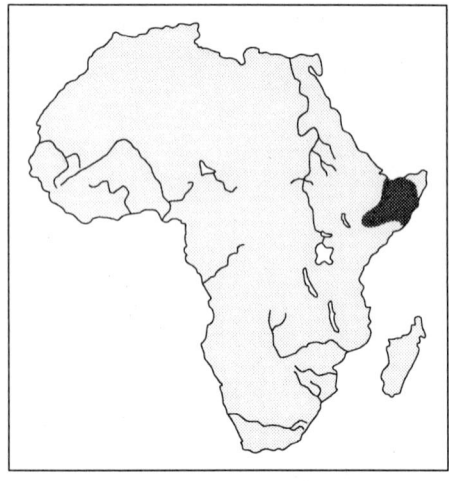

Abb. 56: Verbreitung der Ogadenlerche.

sehr an Heidelercheneier, sind auf trübweißem Grund reichlich olivfarben, dazwischen aber spärlich rotbräunlich gefleckt, bisweilen am stumpfen Ende einen Kranz bildend.

Stimme: Gesang nicht sehr laut, gewöhnlich vom Strauch oder Baum vorgetragen. ERLANGER beschreibt ihn mit »Zizizi de tieo« kaum kräftiger als bei unserem Fitislaubsänger (*Phylloscopus trochilus*) dem er ähnelt. Auch ein »da di da di da di da« wurde notiert. Seltener werden Strophen im Singflug vernommen. Beim Aufsteigen registrierte ERLANGER nur einen langgezogenen feinen Pfiff.

Verhalten, Nahrung, Status: Erinnert in der Lebensweise an die Pieper (*Anthus*), beim Singen von der Baumspitze an die Heidelerche. Steigt zum Singflug steil und sehr hoch auf. Nährt sich vermutlich von Arthropoden und Sämereien. — Gemeiner Standvogel.

Unterarten: Keine (nach HOWARD & MOORE 1984).

Anmerkung: ERARD (1975) stellt im besonderen aufgrund größerer Abmessungen die Populationen im nördlichen Somalia in eine eigene Unterart *M. g. arorihensis* ssp. nov., die auch WOLTERS (1982) akzeptiert. Desweiteren beschreibt ERARD (1985) eine äthiopische Zwillingsart zu *M. gilletti*, für die er den Namen *Mirafra degodiensis* (Degodilerche) vorschlägt. Diese ist deutlich kleiner als die Ogadenlerche, hat insbesondere einen relativ kürzeren Schwanz und auch kürzere Armschwingen. Die Färbung erinnert an die »Nominatform« von *M. gilletti*, ist aber heller und mehr fahlrot. Die Strichelung auf der Oberseite ist schmaler und weniger dicht. Die Flecken auf Kropf und Brust sind gelbbräunlich bzw. chamois (nicht dunkelbraun) auf grauweißem Untergrund. Auch in der Wahl der Habitate gibt es Unterschiede. Ein ♂ wurde am 24. 11. 1971 11 km südöstlich Bogol Manyo (Äthiopien) in Richtung Dolo (Dreiländereck Äthiopien – Kenia – Somalia) gesammelt (ERARD 1975) und diese Art (?) auch später in der gleichen Umgebung beobachtet (ASH & GULLICK 1990). Über Lebensweise scheint nichts Näheres bekannt.

2.1.26 *Mirafra poecilosterna* (REICHENOW, 1879) — Fahlbrustlerche

E : Pink–breasted Lark.

Synonyme: *Alauda poecilosterna* RCHW., 1870; *Megalophonus massaicus* FSCHR. RCHW., 1884; *Megalophonus poecilosterna* FSCHR., 1884.

Habitus: Knapp feldlerchengroß, aber schlanker und mit relativ längerem Schwanz, pieperähnlich.

Biometrische Daten (mm, g): Länge 160 – 170, Flügel 83 – 94, Schwanz 60 – 70, Schnabel 13 – 15, Lauf 22 – 23, Masse 24 – 26.

Merkmale: ♂ und ♀: Durch das fast einförmig rötlich–orangefarbene Gesicht (ohne auffällige Zeichnung), die ebenso gefärbte (nicht gestreifte) Brust und Flanken sowie den fast schwarzen Schnabel gut von anderen Lerchen zu unterscheiden. Scheitel bräunlich–grau, Rücken hellbraun mit verwaschenen dunkelbraunen Federzentren, Oberschwanzdecken graubraun mit weißlichen Säumen. Sehr schwacher orangebrauner Überaugenstreif. Kinn weiß, Kehle und Brust weißlich mit orangebraunen Federmitten, Bauch weiß, übergehend zu orangebraunen Flanken. Schwingen und Schwanz aschbraun mit sehr schmalen gelblich–braunen Säumen (kein Weiß im Schwanz). Jungvögel auf der Oberseite dunkel und sandfarben gesprenkelt; Kehle und Brust ziemlich rostfarben mit schwärzlichen Tupfen an Unterkehle und Oberbrust. — Schnabel braunschwarz, nur Wurzel des Unterschnabels blasser. Füße fleischfarben bis hellbraun, Iris braun bis rotbraun.

Verbreitung und Biotop: Afrikanische Subregion: SE Sudan, SW Äthiopien, S Somalia, Kenia, NE Uganda, NE Tansania. — In Dornsteppen und Akazienhainen, besonders auf sandigen Böden mit wenig Gras; fehlt in völlig buschfreien Arealen, desgleichen in Habitaten mit dichtem Buschbestand und wenig offener Bodenfläche.

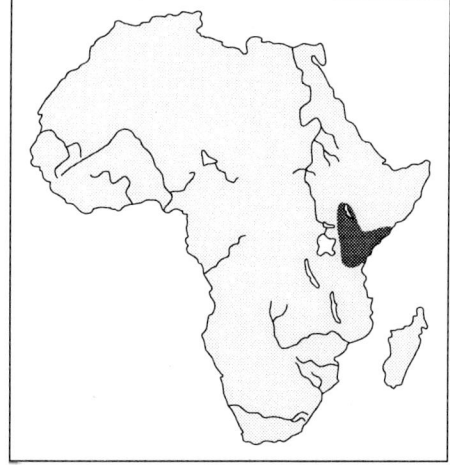

Abb. 57: Verbreitung der Fahlbrustlerche.

77

Fortpflanzung: In Kenia wurden Altvögel mit Nistmaterial im Apr., Dez. und Jan. beobachtet, mit Futter im Dez., Gelege in Sudan im Mai. Offensichtlich ist die Brutzeit vom Regenfall abhängig. Das Nest ist ein wenig ordentlich gebauter Napf aus trockenem Gras; es steht in flacher Mulde unter kleinen Büschen oder an Baumstämmen. Gelege enthält 2 Eier mit heller oder gräulicher Grundfarbe, kräftig schokoladenfarben gefrickelt und gefleckt, besonders am stumpfen Ende. Keine weiteren Informationen.

Stimme: Als Ruf vernimmt man ein dünnes heuschreckenähnliches »twiiet«, meist mehrere Male hintereinander ausgestoßen. Der Gesang, fast immer vom höchsten Zweig eines Baumes oder Busches vorgetragen, ist ein quietschendes, wenig musikalisches Trillern, das mit 3 bis 4 relativ langsamen und danach mit etwa ebenso vielen ziemlich schnellen Tönen eingeleitet wird.

Verhalten, Nahrung, Status: Gewöhnlich einzeln oder in Paaren anzutreffen, laufend oder rennend zwischen Grasbüscheln und Steinen. Der Vogel ist weniger scheu als *M. rufocinnamomea* und sitzt noch häufiger auf Büschen und Bäumen, auch beim Gesang. Bemerkenswert ist, daß nur eine Beobachtung des Singfluges vorliegt, was sicherlich auch zum Erkennen der Art im Felde beiträgt. — Nahrung besteht aus Insekten (47 % unter 60 Analysen), anderen Arthropoden und Samen. — Gemeiner Standvogel in vielen Gebieten.

Unterarten und ihre Brutgebiete: *M. p. australoabyssinica*, Sudan, Äthiopien; *M. p. poecilosterna*, N und E Kenia; *M. p. massaica*, NE Uganda, Kenia, N Tansania.

2.1.27 *Mirafra sabota* SMITH, 1836; — Sabotalerche

E: Sabota Lark.

Synonyme: *Megalophonus sabota* LAY., 1867; *Megalophonus naevius* AYRES, 1871; *Alauda naevia* SHARPE, 1871; *Mirafra naevia* SHELL., 1882.

Habitus: Kleine bis mittelgroße Lerche vom Heidelerchentyp, ca. 20 % kleiner als Feldlerche.

Biometrische Daten (mm, g): Länge 140 – 150, Flügel 76 – 90, Schwanz 46 – 57, Schnabel 12,2 – 15,8, Lauf 19 – 22, Masse 22,6 – 26,7.

Merkmale: ♂ und ♀: Sehr ähnlich *M. africanoides* durch die auffälligen bis zum Nacken reichenden hellen Überaugenstreifen, die dem Scheitel einen kappenartigen Effekt verleihen; jedoch fehlen *M. sabota* die

Abb. 58: Sabotalerche. Verändert nach MACLEAN (1985). Zeichnung: PÄTZOLD.

roten Säume auf den Schwingen, die beim Flug sichtbar werden. Eine dunkle Linie, vom Oberschnabel zum Auge reichend, ist beiden Arten eigen, aber nur *M. sabota* zeigt einen schwarzbraunen, etwa schnabellangen Bartstrich, der vom Unterschnabel zur Kehle reicht und mit einem vom Vorderrand des Auges hinabführenden dunklen Strich zusammenlaufend ein V bildet, das ein weißes Dreieck einschließt. Schließlich ist auch der gelbbraune Außenrand von ST 6 (nicht weiß wie bei *M. africanoides*) ein gutes Unterscheidungsmerkmal. Die Oberseitenfärbung ist dem Areal angepaßt, rötlich bis weißlich grau (bei *M. s. waibeli*). Kinn und Kehle sind weiß, Kropf und Brust auf rötlich braunem bis graubraunem Grund dunkelbraun bis schwarzbraun gestreift, übrige Unterseite weiß bis rahmfarben. Schwingen dunkelbraun mit gelblichen (nicht rotbraunen) Säumen. Schwanz dunkelbraun mit gelbbraunem Außensaum von ST 6. Jungvögel oberseits gelbbraun gepunktet, Brust mehr getüpfelt als gestreift. — Schnabel in der Form etwas variabel, aber meist kräftiger als bei *M. africanoides*, hornbraun mit rötlicher Basis; Füße fleischfarben bis braun (dunkler als *M. africanoides*); Iris braun.

Verbreitung und Biotop: Afrikanische Subregion: Küstengebiet SW Zaire, Küstengebiet W Angola, NE Namibia, N Botswana, Simbabwe (außer N und NE), NE Südafrika (Transvaal), extremes S Mocambique. — Bewohnt feuchte bis halbtrockene Savannen mit Lehm– und Sandboden, steinige Hänge mit Büschen und Bäumen, dichte mit Dornenbüschen bestandene Uferflächen.

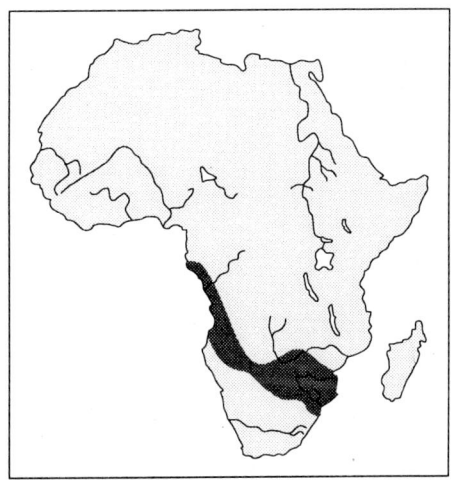

Abb. 59: Verbreitung der Sabotalerche.

Fortpflanzung: Brutzeit in Simbabwe Okt. bis Febr., Namibia Dez. bis Mai, Mocambique Sept., Südafrika Sept. bis Febr. Nest ist ein Napf aus trockenem Gras, ausgelegt mit feinerem Material und Wurzeln, steht an Grasbüscheln oder unter kleinen Sträuchern, auch unter dem Blattwerk von Aloe; bisweilen von Gräsern überwölbt, besonders wenn der Standort wenig von anderer Vegetation überschattet. 2 bis 4 Eier, 20,6 x 14,8 mm (49) (MACLEAN), Frischvollgewicht 2,47 g; weiße Grundfarbe, gelbbraun und grau gesprenkelt, Sperlingseiern ähnlich. Beim Brüten aufgestöberte Vögel fliegen nicht selten auf die Spitze eines Baumes oder Strauches und stoßen lange Serien von Alarmrufen, auch solche anderer Arten, aus. Beide Altvögel füttern die Jungen.

Stimme: Alarmruf ein dünnes »si si si« oder imitierte Alarmlaute anderer Vögel. Gesang meist von Gehölzen, bisweilen im Fluge, es sind schwer zu beschreibende schrille, aber auch angenehm melodiöse und kanarienähnliche Töne; typisch sind die Imitationen vieler Vogelarten (über 60 notiert!).

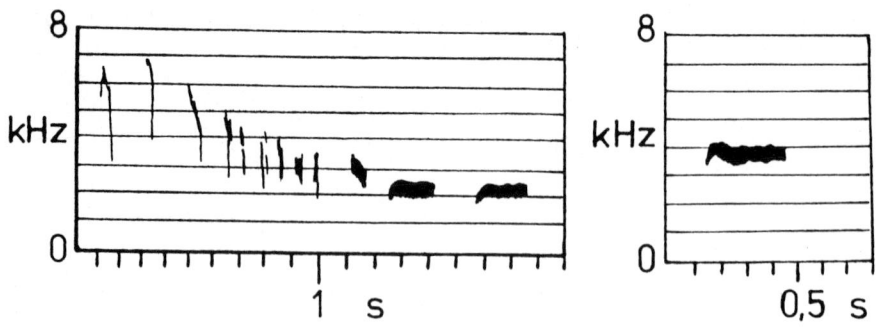

1 s **0,5 s**

Abb. 60: Ausschnitt aus dem Gesang (links) und der Alarmruf (rechts) der Sabotalerche. Nach
MacLean (1985).

Verhalten, Nahrung, Status: Außerhalb der Brutzeit einzeln oder paarweise, auch auf ungedeckten Flächen, dort in fast kriechender Haltung. Auf Gehölzen steht diese Lerche in nahezu horizontaler Position, auch singend. Im Singflug
schwebt sie oft nur wenige Meter über dem Boden, manchmal aber 30 bis 50 m
hoch. Wellenförmiger Flug beim Aufsteigen zum Sitzplatz in Gehölzen. Der Vogel
ist ein Musterbeispiel in der Anpassung der Gefiedertönung an die Bodenfarbe. Wo
schachbrettartig dunklere und hellere Bodenfarben wechseln, läßt er sich, auch
wenn getrieben, nur dort nieder, wo Harmonie zwischen Gefieder– und Bodenfarbe besteht. Wurde noch nicht an Tränken beobachtet, obwohl die Nahrungsanalysen bei 3 untersuchten Vögeln 60 % Samen und 40 % Insekten auswiesen, vermutlich wird der Wasserbedarf mit Tautropfen gedeckt. — Gemeiner Standvogel in
fast allen Gebieten, jedoch seltener in S Mocambique, Simbabwe und NW Kapprovinz.

Unterarten und ihre Brutgebiete: *M. s. plebeja*, SW Zaire, NW Angola;
M. s. ansorgei, W Angola; *M. s. waibeli*, NE Namibia, N Botswana; *M. s. sabota*, C
Simbabwe, S Mocambique, Südafrika (Transvaal, Natal außer NE); *M. s. sabotoides*,
Botswana (außer N); *M. s. suffusca*, SE Simbabwe, Südafrika (NE Natal), Swasiland.

Anmerkung: Diese Art wird von einigen Autoren mit der folgenden *M. naevia*
vereinigt, wobei letztere als Unterart *M. s. naevia* geführt und mit *M. s. bradfieldi*
und *M. s. herero* in eine »*naevia*–Gruppe« gestellt wird.

2.1.28 *Mirafra naevia* (Strickland, 1852) — Großschnäblige Sabota-
lerche

E: Large–billed Sabota Lark.

Synonyme: *Alauda naevia* Strickland, 1852; *Mirafra sabota naevia* (Strickland,
1852); *Alauda sabota* Sharpe, 1871/72; *Megalophonus sabota* Gurn. Anderss. Damara,
1872; *Mirafra plebeia* Shelley, 1896.

Habitus: Kleine bis mittelgroße Lerche vom Heidelerchentyp, ca. 15 % kleiner
als Feldlerche, aber mit kräftigerem Schnabel.

Biometrische Daten (mm): Länge 150 – 160, Flügel 83 – 90, Schwanz 54 – 58, Schnabel 15 – 16, Lauf 23 – 24.

Merkmale: ♂ und ♀: Sehr ähnlich *M. sabota*, aber heller und mit etwas größerem Schnabel. Oberseite sandfarben, die Federmitten schwarzbraun gestreift, auf Nakken und Bürzel blasser. Überaugenstreif weiß, Zügelstrich schwarzbraun; Ohrgegend und Wangen hellbraun mit dunkleren Tüpfeln. Unterseite weiß, nur Kropf auf hell gelbbraunem Grund schwarzbraun gesprenkelt; Flanken verwaschen gelbbräunlich. Schwingen, Flügeldecken und Schwanzfedern schwarzbraun mit sandfarbenen oder weißlichen Säumen. Jungvögel wie *M. sabota*. — Schnabel dunkel hornfarben, Unterschnabel an der Basis heller. Füße fleischfarben, Iris braun.

Verbreitung und Biotop: Afrikanische Subregion: Namibia (außer NE und Küstenstreifen), SW Botswana, Südafrika (außer SW und SE Kapprovinz), fehlend in Lesotho. — Biotop wie *M. sabota*, einzige Lerche in Namibia, die auch im dichtesten Buschland und an Geröllhängen der Berge vorkommt, meist über 800 m üNN.

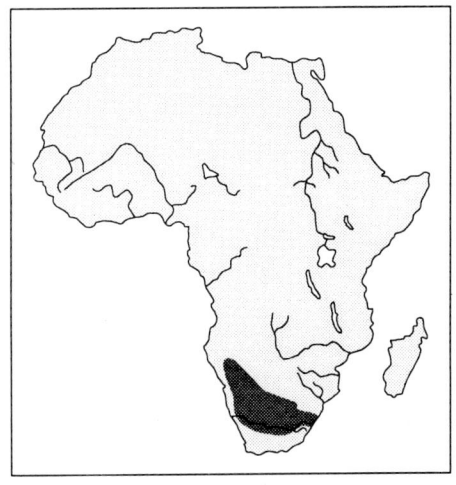

Fortpflanzung: Wenig bekannt, vermutlich wie *M. sabota*. ANDERSSON fand am 25. April 1872 ein Nest zwischen zwei Stauden, aus feinem Gras bestehend, es hatte rundliche Form und war nach Süden weit geöffnet. Das Gelege bestand aus 3 Eiern von sehr schlanker Form. Die Maße betragen nach SCHÖNWETTER, der sie unter *M. sabota naevia* führt, 20,5 x 15,3 mm (6), bei Frischvollgewicht von 2,47 g; sie sind glanzlos und auf blaßgrauer oder weißer Grundfarbe sepiabraun oder rotbraun getüpfelt, ähneln wie *M. sabota* bisweilen den Eiern des Feldsperlings.

Abb. 61: Verbreitung der Großschnäbligen Sabotalerche.

Stimme: Nichts Näheres bekannt, vermutlich ähnlich *M. sabota*.

Verhalten, Nahrung, Status: Wahrscheinlich noch wenig beobachtet bzw. oft mit *M. sabota* verwechselt, so daß Verhaltensweisen schwerlich sicher von *M. sabota* zu differenzieren sind. ANDERSSON schreibt: »Wenn diese Lerche singend in der Luft steht, öffnet und schließt sie abwechselnd die Flügel und schlägt diese bisweilen über dem Rücken zusammen, so daß es aussieht, als hinge sie einen Augenblick in der Luft.« — Nährt sich von Samen und Insekten. Gemeiner Standvogel.

Unterarten und ihre Brutgebiete: *M. n. naevia*, NW Namibia; *M. n. herero*, C und S Namibia; *M. n. bradfieldi*, Südafrika: C, E und N Kapprovinz.

2.1.29 *Mirafra erythroptera* BLYTH, 1845 — Rotflügellerche

E: Red–winged Bush Lark.

Trivialnamen: Ågiyâ âgan (Gujarati); Åggiâ (Hindi); Jhijhira (Saugor); Chinna eeli jitta (Telugu).

Habitus: Viel kleiner als Feldlerche, aber mit ähnlichen Flügel–Schwanz–Proportionen und relativ etwas längerem Schnabel.

Biometrische Daten (mm, g): Länge ca. 140, Flügel 73 – 84, Schwanz 46 – 56, Schnabel (bis Schädel) 13 – 15, Lauf 21 – 23, Masse (13 ♂ ♀) 21,3 (17 – 27).

Merkmale: Auffallend die leuchtend rotbraunen Schwingen, besonders im Fluge. Von der Bengalenlerche im Felde kaum zu unterscheiden, in der Hand jedoch dadurch, daß das Rotbraun an den Säumen der Handschwingen ohne scharfe Abgrenzung in das Braun ihrer Mitten fließt. Geschlechter gleich. Oberseite gelbbraun bis graubraun (Bengalenlerche aschbraun oder rötlicher) mit schwärzlicher Strichelung der Federmitten. Kinn und Kehle weißlich, übrige Unterseite hell gelbbraun, wobei die Brust schwärzlich gesprenkelt ist. Schwingen dunkelbraun mit breiten rostroten Säumen (s. oben); Schwanz schwarzbraun mit weißlichen oder weißlich–rötlichen Außenfahnen an ST 6. Schnabel hornbraun, an der Wurzel des Unterschnabels heller, Rachen rosa; Lauf und Zehen fleischfarben, Krallen dunkler.

Verbreitung und Biotop: Orientalische Region: Von W Pakistan (Baluchistan, Sindh, Punjab) über N Indien (westliches Rajastan südwärts bis Gujarat und Maharashtra) ostwärts bis W Bengal, südwärts über Orissa, Pradesh, Mysore bis Tamil Nadu. In Kerala nicht nachgewiesen. Steinige Halbwüsten mit spärlichem Strauchwerk, brachliegende Felder, Weideland mit *Euphorbia*–Büschen, am Rande von Mooren, besonders wenn Bodenfarbe mit Gefieder übereinstimmt, sympatrisch mit *M. assamica*.

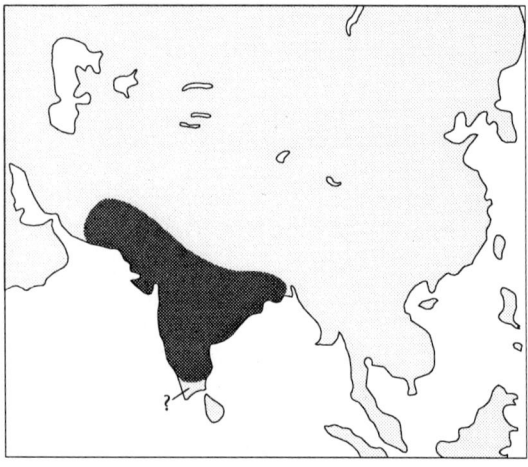

Abb. 62: Verbreitung der Rotflügellerche.

Fortpflanzung: Nördliche Populationen Apr. bis Sept. (in Kutch meist Juni/Juli), im Süden März bis Okt. Nest in flacher Mulde, mehr oder weniger überwölbt von lebenden Gräsern, im Schutz eines Grashorstes oder Dornenstrauches, ausgelegt mit feinerem Grasmaterial. 2 bis 4 Eier, 19,5 x 14,5 mm (50); in Farbe und Zeichnung kaum unterschieden von anderen *Mirafra* — Arten. Brutbeobach-

tungen sind unklar, da offensichtlich zahlreiche Verwechslungen mit der Bengalenlerche vorliegen.

Stimme, Verhalten, Nahrung, Status: Nach ALI & RIPLEY (1972) fast
identisch mit der Bengalenlerche. — Gemeiner Standvogel.

Unterarten und ihre Brutgebiete: *M. e. sindiana*, NW Indien; *M. e. furva*,
Kathiawar (NW Indien); *M. e. erythroptera*, S u. C Indien.

2.2 Gattung *Pinarocorys* SHELLEY, 1902

Mittelgroße bis große Lerchen mit deutlichem Kopfmuster. Schnabel mittellang
und kräftig, erreicht nicht die Länge von Mittelzehe mit Kralle. Nasenlöcher unbedeckt. Flügel lang und zugespitzt. HS 10 reduziert aber deutlich sichtbar, länger als
die Handdecken. Zum Unterschied von *Mirafra* ist die Längendifferenz zwischen
AS 1 und Flügelspitze größer als die Lauflänge. Flug wellenförmig. Hinterkralle
nur wenig gebogen, etwa so lang wie Hinterzehe. Streicht und zieht innerhalb
Afrikas. 2 Arten in Form einer Superspezies.

2.2.1 *Pinarocorys nigricans* (SUNDEVALL, 1850) — Drossellerche

E: Dusky Lark, Dusky Bush Lark.

Synonyme: *Alauda nigricans* SUNDEVALL, 1850.

Abb. 63: Drossellerche. Verändert nach MACLEAN (1985).
Zeichnung: PÄTZOLD.

Habitus: Reichlich feldlerchengroß, in Proportionen und Färbung der Singdrossel (*Turdus philomelos*) ähnlich.

83

Biometrische Daten (mm, g): Länge 180 – 190, Flügel 115 – 118, Schwanz 76, Schnabel 15 – 15,5, Lauf 26 – 27,5, Hinterkralle 7 – 8, Masse 30 – 46.

Merkmale: Ad. ♂: Durch das kontrastreiche Gesichtsmuster mit keiner anderen Lerche im gleichen Areal zu verwechseln (die in der Kopfzeichnung sehr ähnliche *P. erythropygia* ist allopatrisch). Augenstreif, Zügel, Wangen, Ohrdecken und Bartstreif sind schwarzbraun; Überaugenstreif, Streif unter dem Auge und großer heller halbmondförmiger Fleck in Mitte der Ohrdecken sind gelblichweiß, desgleichen ein deutlicher Ring um die Wangen und Ohrdecken. Scheitel und übrige Oberseite schwarzbraun (kein rotbrauner Bürzel wie bei *P. erythropygia*). Kinn und Kehle weiß, Kropf und Brust auf weißem bis rahmfarbenem Grund schwarzbraun drosselähnlich gefleckt, übrige Unterseite weiß (bei *P. erythropygia* Flanken und Unterschwanzdecken gelblichrötlich). Schwingen und Deckfedern schwarzbraun mit helleren bis rostbräunlichen Säumen, Unterflügeldecken weiß mit wenigen schwarzbraunen Sprenkeln. Schwanzfedern schwarzbraun, weißlich oder rostbräunlich gesäumt. Ad. ♀: Ähnlich ♂, aber oberseits lichter braun und Gesichtsmuster weniger deutlich; Streifen auf der Brust bräunlicher. — Junge auf Oberseite heller braun, Federspitzen zimtfarben; Brust licht gelbbraun mit hell brauner Streifung. — Der kräftige Schnabel ist oben dunkel hornbraun, an Basis und Unterschnabel gelblich. Füße gelblichweiß, Iris braun.

Verbreitung und Biotop: Afrikanische Subregion: C Angola, W und S Zaire, N Sambia und W Tansania. Als Nichtbrüter außerhalb der Brutsaison unregelm. vorkommend etwa südlich des 15° s. Br. in S Angola, N Namibia, S Sambia, NE Botswana, Simbabwe, Mocambique und NE Südafrika. Eine Aufzeichnung liegt in SE Malawi vor. — Offene Miombo–Waldländer, Uapaca-Savanne, abgebrannte Flächen, Dornsteppen.

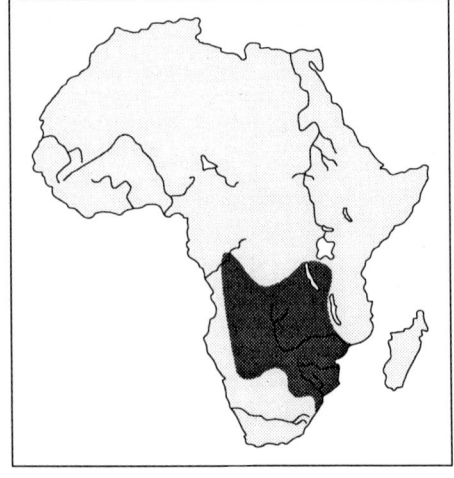

Fortpflanzung: In Angola August bis Sept., Sambia Aug. bis Okt. Nest in Bodenmulde, möglicherweise vom Vogel selbst gescharrt an Grasbüscheln oder Erdklumpen, nur teilweise überwölbt. Mulde ca. 100 mm Durchmesser, ausgelegt mit groben Grasstengeln und feinerem Material. 2 gefundene Nester mit Eingang nach Süden. Von den 2 bekannten Nestern enthielt eines 2 Eier, das andere 2 Junge. Eimaß 28,8 x 17,1 mm (1); mattweiße Grundfarbe mit dunkelbraunen und sepiafarbenen Flecken und Frickeln besonders am stumpfen Ende. Keine weiteren Informationen.

Abb. 64: Verbreitung der Drossellerche.

Stimme: Im Flug und beim Futtersuchen ein weiches »wek–wek–wek« drei– bis sechsmal wiederholt, möglicherweise ein Kontaktruf; aufgestöbert ein weiches »chrrp chrrp«, im Singflug ein wiederholtes »zhriie« oder »drriiup«.

Verhalten, Nahrung, Status: Teilt viele Eigenschaften mit *P. erythropygia*, sitzt häufig auf Bäumen und Sträuchern, fliegt wellenförmig und streicht außerhalb der Brutzeit weit umher. Gewöhnlich in kleinen Trupps, bisweilen in Flügen von 100 und mehr Exemplaren. Hält beim Laufen oft unvermittelt an, schlägt mit den Flügeln und setzt den Lauf fort. Zum Schau- und Singflug steigt das ♂ in langsamen Spiralen bis ca. 30 m hoch, kreist etwa 2 min und gleitet flatternd und flügelklatschend herab auf Busch oder Baum, immer dabei sein »zhriie« erklingen lassend. — Nährt sich von Arthropoden, vornehmlich Insekten, auch Sämereien. — Stand-, Strich- und Zugvogel. Zieht aus den Brutgebieten mehr oder weniger herumstreifend bis ins südliche Mocambique, Transvaal, nördliches Natal (Zululand), Simbabwe und Botswana, wo er von Okt. bis Mai oder Juni angetroffen wird.

Unterarten und ihre Brutgebiete: *P. n. nigricans*, Zaire, N Sambia, W Tansania; *P. n. occidentis*, Angola, SW Zaire (Occidental, Kasai).

2.2.2 *Pinarocorys erythropygia* (STRICKLAND, 1852) — Rotbürzellerche

E: Red-rumped Lark; Rufous-Rumped Lark; Red-Tailed-Lark.

Synonyme: *Alauda erythropygia* STRICKL., 1852; *Melanocorypha infuscata* HEUGL., 1864; *Alauda infuscata* HEUGL., 1871; *Mirafra erythropygia* REICHENOW, 1891.

Abb. 65: Rotbürzellerche. Verändert nach BANNERMAN (1955). Zeichnung: PÄTZOLD.

Habitus: Etwa feldlerchengroß mit relativ langem Schwanz und etwas kräftigerem Schnabel, an kleine Drossel erinnernd.

Biometrische Daten (mm, g): Länge 170 – 190, Flügel 99 – 116, Schwanz 65 – 78, Schnabel 17 – 20, Lauf 24 – 26, Masse 30,1 (1 ♂).

Merkmale: Ad. ♂: Durch das auffällige schwarzweiße Gesichtsmuster mit keiner anderen Lerche in ihrem Areal zu verwechseln. Von der im Gesicht sehr ähnlichen (Superspezies), aber allopatrischen Drossellerche *P. nigricans* durch rotbraunen Bürzel, rotbraune Oberschwanzdecken und Schwanzfedern zu unterscheiden. Gesicht s. *P. nigricans*. Oberseite (außer Bürzel) schwarzbraun. Kinn und Kehle weiß oder schmutzig weiß, begrenzt von schwarzbraunen Bartstreifen. Kropf und Brust auf hellbräunlichem Grund stark schwarzbraun gesprenkelt und gestreift. Bauch weißlich, Flanken und Unterschwanzdecken gelblichrötlich (bei *P. nigricans* weiß). Schwingen und Flügeldecken schwarzbraun mit blaß rostbräunlichen Säumen; innere Handschwingen und der größte Teil der Armschwingen haben blaß rostfarbene Spitzen. Unterflügeldecken schwarzbraun. ST 1 dunkelbraun mit rotbrauner Wurzel, bei ST 2 bis ST 6 nimmt der rotbraune Teil zu, so daß ST 6 nur noch über einen dreieckigen schwärzlichbraunen Abschnitt am Spitzenteil der Innenfahne verfügt. Jungvögel auf der Oberseite heller braun mit lichten Federspitzen. Brust gelbbraun mit brauner Sprenkelung. — Schnabel oben hornbraun, unten heller. Füße gräulichweiß, Iris gelbbraun.

Verbreitung und Biotop: Afrikanische Subregion: Von den Küsten Senegals, Gambias, Guineas ostwärts bis Sudan und NW Uganda; etwa zwischen 5° und 15° N und zwischen 15° W und 35° E. — Beschränkt auf trockene Gürtel im Buschgelände der Savannen; auch auf verbrannten Flächen und Rinderweiden.

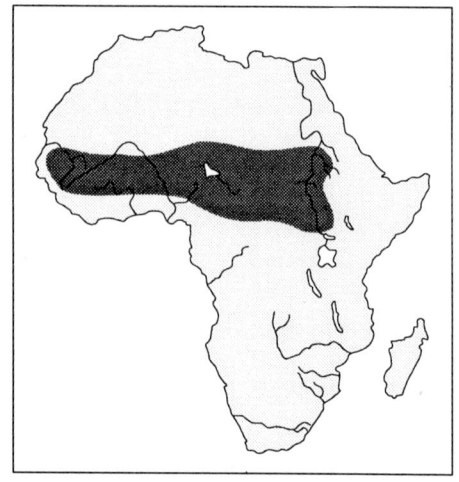

Fortpflanzung: Niger im März (Brutkondition), Nigeria Jan. bis März, Sudan (Bahr al Ghazal) Febr. und März, SE Sudan Jan., Uganda Febr. Nest (nur 1 untersucht) in natürlicher Höhlung auf erst kürzlich verbranntem Boden, ausgelegt mit Grasstengeln und Pflanzenfasern. 2 Eier in

Abb. 66: Verbreitung der Rotbürzellerche.

diesem Nest, 23,6 x 16,7 mm (SERLE 1957), glatt und glänzend, steingrau, am dicken Ende mit aschgrauen und olivbraunen Frickeln und Punkten. Keine weiteren Informationen.

Stimme: Der laute und melodische Fluggesang besteht aus Serien von Pfeiftönen und summenden Trillern. Auch meisenähnliche (*Parus*) Doppelrufe werden vernommen.

Verhalten, Nahrung, Status: Ein scheuer Vogel, der bei Störungen sich am Boden hoch aufrichtet und rasant über freie Flächen rennt. Flug wellenförmig und breitflügelig tragend. Häufig auf Bäumen und Büschen. In der Brutzeit steigt das ♂ kreisend und singend in beträchtliche Höhen für 1 bis 2 Minuten, danach auf Büschen oder Bäumen landend. Nach einem Grasbrand sammeln sich die Vögel gelegentlich in größerer Anzahl auf den verbrannten Flächen zur Nahrungssuche. — Die Nahrung besteht aus Heuschrecken und anderen Wirbellosen. — Stand–, Strich– und bisweilen Zugvogel, der außerhalb der Brutzeit in nördlicheren Regionen im zentralen Niger und NW Sudan angetroffen wurde; nicht selten.

Unterarten: Keine.

2.3 Gattung *Certhilauda* SWAINSON, 1827

Synonyme: *Toxocorys* SUNDEVALL 1872; *Heterocorys* SHARPE, 1874.

Mittelgroße bis große Lerchen der offenen Savannen und Buschländer. Oberseite rötlichbraun bis schwärzlichbraun, Unterseite weißlich und gestrichelt. Schnabel dünn und lang, länger als Mittelzehe mit Kralle. Nasenlöcher frei. HS 10 gut sichtbar, länger als die Handdecken. Zum Unterschied von anderen Lerchengattungen 11 Armschwingen (AS 10 und AS 11 unter dem Deckgefieder verborgen); Kralle der Hinterzehe gestreckt oder nur schwach gebogen. Nester meist überwölbt (außer *C. albofasciata*). 3 Arten.

Anmerkung: Einige Autoren stellen die Art *Certhilauda albofasciata* (weiße Schwanzbinde, spärliche Kropffleckung) in eine eigene Gattung Chersomanes Cabanis.

2.3.1 *Certhilauda curvirostris* (HERMANN, 1783) — Langschnabellerche

E: Long-billed Lark.

Abb. 67: Langschnabellerche (*C. c. curvirostris*). Verändert nach MACLEAN (1985). Zeichnung: PÄTZOLD.

Synonyme: *Alauda curvirostris* Hermann, 1783; *Certhilauda capensis* BODD., 1783, L., 1766; *Mirafra curvirostris* (HERM., 1783); *Alauda capensis* BODD., 1783.

Habitus: Große (größer als Feldlerche), drosselähnliche Lerche mit langem, etwas gebogenem Schnabel.

Biometrische Daten (mm): Länge ♂ 190 – 200, ♀ 160 – 170, Flügel ♂ 104 – 113, ♀ 90 – 97, Schwanz ♂ 73 – 82, Schnabel ♂ 29,5 – 33, Lauf ♂ 27,5 – 30, Hinterkralle ♂ 11 – 15,2.

Merkmale: Von der ähnlichen Zirplerche durch relativ längeren Schwanz (ohne weiße Spitzen), helle drosselähnlich gefleckte Brust und weißen Überaugenstreif (bei *C. albofasciata* hell rostbraun) zu unterscheiden. Geschlechter gleich. Oberseite sehr variabel an Bodenfarbe angepaßt: braun, rotbraun oder gräulich braun mit dunkelbraunen Längsstricheln; in der südlichsten und westlichsten Kapprovinz (Nominatform) am dunkelsten, in Namibia (*damarensis* und *kaokoensis*) am hellsten und rötlichsten, Unterseite weißlich bis rahmfarben. Brust mehr oder weniger getupft bzw. gestreift. Schwingen und Schwanz braun mit hellrötlichen Säumen. Junge auf Oberseite stärker hell gelbbraun gefleckt und auf Unterseite kontrastreicher getupft. — Schnabel schwärzlich hornfarben, an der Basis rötlich. Füße rötlich–braun bis fleischfarben, Iris braun.

Verbreitung und Biotop: Afrikanische Subregion: SW Angola (bis Benguela, das gesamte W Namibia und Südafrika mit Ausnahme des extremen NE und eines Streifens entlang der südafrikanischen Ostküste, Lesotho, nicht in Swasiland. — Gebirgige und trockene Gebiete in offenen kurzen Grassteppen und Wüsten. In Natal meist über 1.200 m üNN.

Fortpflanzung: Aug. bis April, meist Sept. bis Dez., in trockenen Regionen in Anpassung an Regenzeit. Nest überwölbt im Schutz von Grasbüscheln oder Steinen. 2 bis 3 Eier (meist 3), 23,3 x 16,7 mm (16); (MAC-LEAN), 22,8 x 17,0 mm (10) (SCHÖN-WETTER) bei Frischvollgewicht von 3,38 g; Grundfarbe matt weiß bis lehmgelb, darüber gelblichbraune Fleckung, Frickelung oder Wölkung.

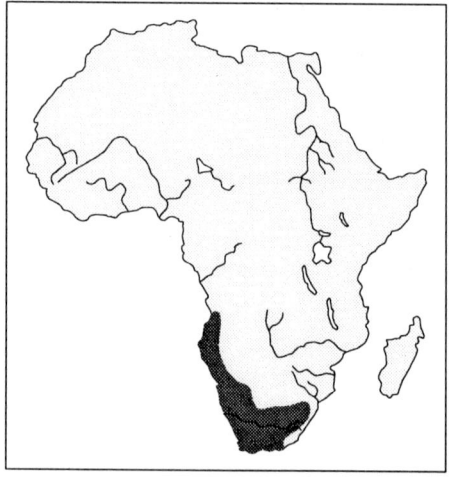

Abb. 68: Verbreitung der Langschnabellerche.

Stimme: Klare Pfeiftöne im Fluggesang oder von der Erde, die wie »piiiuu« klingen. Beim Bodengesang hören sich diese Elemente bauchrednerisch hoch und hart an. Auch schwätzende Rufe wurden notiert, wie »churr–wii wurr« oder »piie hii–hii« (MACLEAN 1985).

Verhalten, Nahrung, Status: Gewöhnlich einzeln oder in Paaren. Im Gegensatz zur ähnlichen Zirplerche bewegen sich diese Vögel mehr kriechend und

Abb. 69: Pfeifender Klageruf der Langschnabellerche. Nach MAC-LEAN (1985).

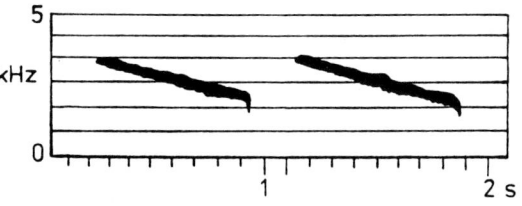

mit gebeugten Läufen (Zirplerche aufrecht gehend) auf dem Erdboden und nehmen dabei Nahrung auf. Typisch der Balzflug, bei dem der Vogel vom Boden oder vom Zweig aus beinah vertikal aufsteigt bis ca. 30 m Höhe, hier kurz im Rüttelflug verharrt und in steilem Sturzflug wieder zur Erde fällt; erst kurz vor der Erdberührung öffnen sich die Schwingen. Bei Beunruhigung sieht man den Vogel häufiger auf den Spitzen von Steinen oder Hügeln, weniger auf Büschen. Nährt sich von Arthropoden, vornehmlich Insekten; auch Samen und Früchte von *Lycium*. — Gemeiner Standvogel; ungewöhnlich aber nach BERRUTI & SINCLAIR (1983) in südwestlicher und östlicher Kapprovinz sowie in Transvaal. Im Tiefland von Lesotho ziemlich selten.

Unterarten und ihre Brutgebiete: *C. c. damarensis*, WC Namibia; *C. c. bradshawi*, S Namibia, N Kapprovinz; *C. c. subcoronata*, E Kapprovinz; *C. c. curvirostris*, S & W Kapprovinz; *C. c. semitorquata*, S Transvaal, Natal, E Kapprovinz; *C. c. benguelensis*, W Angola; *C. c. falcirostris*, NW Kapprovinz; *C. c. kaokoensis*, W Namibia; *C. c. algida*, E Kapprovinz.

2.3.2 *Certhilauda albescens* (LAFRESNAYE, 1839) — Karrulerche

E: Karroo Lark.

Abb. 70: Karrulerche. Verändert nach MACLEAN (1985). Zeichnung: PÄTZOLD.

Synonyme: *Alauda albescens* Lafresnaye, 1839; *Calendulauda albescens* (LAFR., 1839); *Mirafra albescens* (LAFR., 1839); Einige Autoren (z. B. MACLEAN und SINCLAIR)

89

erheben die Unterart *erythrochlamys* in den Status einer eigenen Art *Mirafra erythrochlamys* bzw. *Certhilauda erythrochlamys*, die ausschließlich die Namibische Wüste besiedelt.

H a b i t u s : Feldlerchengroß, aber mit längerem Schnabel.

B i o m e t r i s c h e   D a t e n   (m m, g): Länge ca. 170, Flügel 83 – 89, Schwanz 52 – 56, Schnabel 13 – 15, Lauf 24 – 26, Masse ♂ 26,3 – 33,1 (8), ♀ 24,8 – 28,9.

M e r k m a l e : Keine auffälligen Gefiederkennzeichen. Gegenüber der ähnlichen Oranjelerche ist ihr Schnabel weniger kräftig und nicht kegelförmig, auch ist der Schwanz relativ kürzer. Geschlechter gleich. Oberseite je nach Unterart rotbraun, grau oder blaßrötlich (in Namibia am hellsten, in Kapprovinz dunkler) mit dunklen Längsstrichen (bei *erythrochlamys* fast ungestreift). Vom Schnabelwinkel zu den Ohrdecken zieht sich eine dunkle Linie (fehlt bei der Fuchslerche). Überaugenstreif und ein Streif unter dem Auge weiß, desgleichen die Unterseite, wobei die Brust mehr oder weniger stark gestrichelt ist. Schwingen und Schwanz braun, letzterer mittig nicht ausgeschnitten. Junge auf Oberseite mehr gefleckt als gestreift. — Schnabel dunkel hornfarben, an Basis heller. Füße graubraun, bei *erythrochlamys* rötlichbraun.

V e r b r e i t u n g   u n d   B i o t o p : Afrikanische Subregion: Namibische Wüste von Walvis Bay südwärts bis Südafrika (Namaqualand, westliche und innere Kapprovinz). — Wüsten und Halbwüsten mit niedrigen Büschen auf steinigen oder sandigen Böden; Küstendünen mit derben Gräsern (*Stipagrostis sabulicola, S. lutescens*), auch auf Weizenfeldern.

F o r t p f l a n z u n g : Aug. bis März (Kapprovinz), meist Aug. bis Nov.; in Namibia Okt. bis Mai, in Anpassung an den Regenfall. Nest dachförmig überwölbt; 2 bis 3 Eier; 22,0 x 15,1 mm (17), Frischvollgewicht 2,58.

S t i m m e : Klischeehafte Phrase von 2

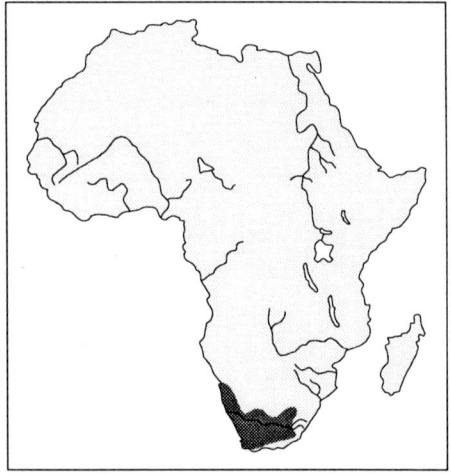

Abb. 71: Verbreitung der Karrulerche.

– 5 abgehackten Elementen im Balzflug oder vom Zweig vorgetragen. Sie beginnt in hoher Tonlage mit summendem Element und endet mit tieferem blubberndem Triller »tip–tip–tip–zrie–trrr«. Die namibische Unterart *erythrochlamys* soll längere Phrasen hervorbringen, die MACLEAN mit »tip–tip–tip–tip–tip–zrie–trrr« umschreibt. Bei Revierstreitigkeiten wird mit summendem Ton gedroht.

V e r h a l t e n , N a h r u n g , S t a t u s : Einzeln und in Trupps von 4 bis 8 Exemplaren anzutreffen; aktiv ab 20 min nach Sonnenaufgang. Nahrungsaufnahme bei auffällig gekrümmter Haltung; sie rennen von Grasbüschel zu Grasbüschel und picken einzelne Insekten von den Pflanzen ab. In der Mittagshitze suchen sie Schutz unter grasigen Erdklumpen und verharren bis zu 3 Stunden. Gesang wird von Erdhügeln, Grasstengeln oder im Balzflug vorgetragen; bei letzterem erhebt sich der Vogel mit langsamen weitausholenden Flügelschlägen 3 bis 20 m hoch, rüttelt über einer Stelle und gibt herabschwebend aus ca. 3 m Höhe die blubbernden Triller von sich. Nährt sich von Arthropoden, Samen und Beeren. Bei *C. a. erythrochlamys* wurden 68 % Insekten (meist Ameisen) und 32 % Samen (meist Grassamen) festgestellt. — Gemeiner Standvogel, in einigen südlichen Gebieten ungewöhnlicher oder seltener Standvogel.

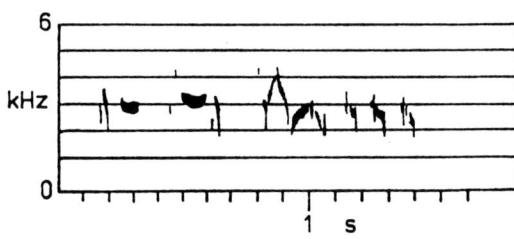

Abb. 72: Sprudelnder Schlußtriller der Karrulerche. Nach MacLEAN (1985).

Unterarten und ihre Brutgebiete: *C. a. erythrochlamys*, W Namibia; *C. a. barlowi*, S Namibia; *C. a. cavei*, S Namibia; *C. a. patae*, NW Kapprovinz; *C. a. saldanhae*, W Kapprovinz; *C. a. albescens*, SW Kapprovinz; *C. a. guttata*, C u. W Kapprovinz.

2.3.3 *Certhilauda albofasciata* (LAFRESNAYE, 1836) — Zirplerche

E: Spike–heeled Lark.

Synonyme: *Chersomanes albofasciata* (LAFRESNAYE, 1836).

Abb. 73: Kopfpartie der Zirplerche. Nach einem Foto von MacLEAN. Zeichnung: PÄTZOLD.

Habitus: 15 bis 20 % kleiner als Feldlerche, hochbeiniger, mit langem etwas gebogenem Schnabel, kurzem Schwanz und langgestreckter Hinterkralle.

Biometrische Daten (mm, g): Länge ♂ 150, ♀ 130, Flügel ♂ 89 – 95, ♀ 80 – 83, Schwanz ♂ 50 – 59, ♀ 43 – 49, Schnabel 19,5 – 21,5, Lauf ♂ 27 – 31, ♀ 25 – 28, Hinterkralle 15, Masse ♂ 22,5 – 30, ♀ 19,5 – 23.

Merkmale: ♂ und ♀: Im Felde leicht durch o. a. Habitussymptome kenntlich, dazu kommen die weißspitzigen Schwanzfedern, die besonders im Fluge auffallen. Die Oberseite ist rotbraun mit kräftigen schwärzlichen Streifen, nur der Bürzel ist verwaschen gestreift und die Oberschwanzdecken sind nahezu einfarbig. Der Überaugenstreif ist weißlich bis gelbbraun, die Ohrdecken rostbraun; Kinn und Kehle weiß, übrige Unterseite zimtfarben bis hell rostbraun mit sehr verwaschener bis fehlender Strichelung auf der Brust. Schwingen braun mit schmalen gelbbraunen Säumen an der Außenfahne. Schwanzfedern dunkelbraun mit scharf abgesetzter weißer Spitze (mit Ausnahme der rotbraunen ST 1). Jungvögel sind auf der Oberseite stärker braun mit weißlichen Federspitzen, die Unterseite ist braun gescheckt und weiß gesprenkelt. — Schnabel schwärzlich hornfarben, an der Basis heller. Füße rötlich braun, Iris braun.

Verbreitung und Biotop: Afrikanische Subregion: Inselartiges Vorkommen in N Tansania (nördl. Arusha) und NE Südafrika (Nähe Pietersburg). Geschlossenes Areal: C und SW Angola, Namibia (außer extremen NE), C und SW Botswana, Südafrika (außer NE und CE). Fehlend in Swasiland und größtem Teil von Lesotho. — Baumfreie, buscharme Grassteppen, überweidete Areale, dünn bebuschte Halbwüsten und Wüstenränder.

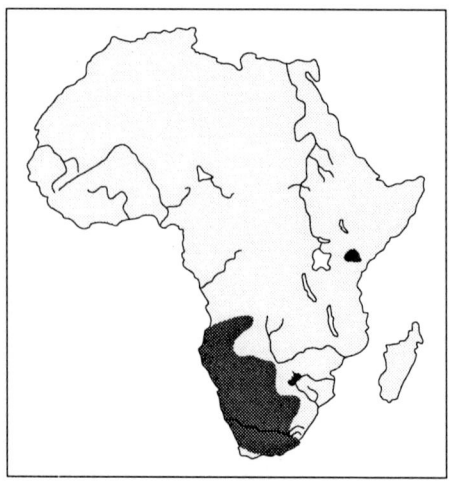

Fortpflanzung: In Angola im Dezember; in Namibia Febr. bis Apr. und Aug. bis Okt.; Botswana (Kalahari) mit Beginn des Regenfalls; in Südafrika hauptsächlich Aug. bis

Abb. 74: Verbreitung der Zirplerche.

Dez., jedoch in trockenen Regionen auch in anderen Monaten bei Beginn des Regenfalls möglich; in der Tansania–Population Gelegebeginn im März, Apr. und Nov. registriert. Das Nest ist nicht überdacht, besteht aus trockenen Gräsern und Wurzeln und liegt im Schutz eines Steines, Erdwalles oder Grasbüschels. Der Nestrand liegt gewöhnlich über dem natürlichen Erdniveau. Der innere Durchmesser von 27 Nestern betrug im Mittel 64 mm, die Tiefe 32 mm. Die 2 bis 3 Eier messen 20,9 x 14,8 mm (MACLEAN 1985 bei n = 136), das Frischvollgewicht beträgt nach SCHÖNWETTER 2,35 g; Grundfarbe weiß bis gräulichweiß, darüber bräunliche, gelbliche und rötliche Flecken und Frickel, besonders konzentriert am stumpfen Ende.

Brutdauer ca. 12 Tage; die Jungen werden von beiden Elternteilen gefüttert und verlassen das Nest noch flugunfähig im Alter von 10 Tagen.

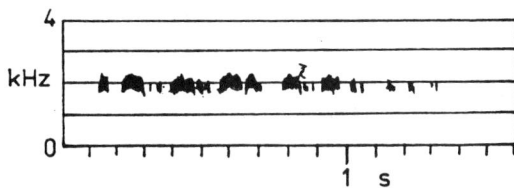

Abb. 75: Gesangsphrase der Zirplerche. Nach MacLean (1985).

Stimme: Beim Auffliegen erklingt ein charakteristischer scharfer Zirpton wie »pirii–pirii–pirii«, der einige Male wiederholt wird. Auch der Gesang fügt sich aus solchen ähnlichen, etwas höheren Rufen zu einem schwätzenden Triller, der vom Erdboden, vom Zweig eines niedrigen Busches oder im niedrigen Balzflug vorgetragen wird. Der Alarmruf ist ein hartes »chiii« (MacLean 1985).

Verhalten, Nahrung, Status: In Paaren oder in Gruppen bis zu 10 Vögeln anzutreffen. Sie rennen auch während der Nahrungsaufnahme und wühlen mit dem Schnabel in weicher Erde am Fuße von Pflanzen. Die Haltung beim Laufen ist ziemlich aufrecht (auch Erkennungsmerkmal), der Flug leicht wellenförmig und von Zirprufen begleitet, auch von einem charakteristischen Schwanzfächern. Aufgestöbert flüchtet der Vogel unter einen Busch, oder er fliegt eine kurze Strecke, um bald wieder auf dem Erdboden zu landen. Im Balzflug steigt er nur bis ca. 2 m hoch und läßt sich danach mit steil gestellten Flügeln schwebend und rufend zu Boden gleiten. — Nahrungsuntersuchungen an Vögeln in Namibia ergaben im Laufe eines Jahres 84 % Arthropoden und 16 % Sämereien, vereinzelt auch grünes Blattmaterial; vom Trinkwasser anscheinend nicht abhängig. — Gemeiner Standvogel, etwas umherstreifend.

Unterarten und ihre Brutgebiete: C. a. beesleyi, N Tansania; C. a. obscurata, C Angola; C. a. longispina, W Huila, Angola; C. a. erikssoni, N Namibia; C. a. kalahariae, S Botswana; C. a. boweni, W Namibia; C. a. arenaria, C Namibia; C. a. bathoeni, SE Botswana; C. a. subpallida, NE Transvaal; C. a. robertsi, SC Transvaal; C. a. alticola, N Oranje Freistaat, S Transvaal; C. a. baddeleyi, S Oranje Freistaat, N Kapprovinz; C. a. albofasciata, Natal, S Oranje Freistaat, C und E Kapprovinz; C. a. meinertzhageni, NW Kapprovinz; C. a. bradfieldi, N Kapprovinz; C. a. garrula, W Kapprovinz; C. a. macdonaldi, S Karroo, Kapprovinz; C. a. latimerae, Transkei.

2.4   Gattung *Eremopterix* KAUP, 1836

Synonyme: *Megalotis* Swainson, 1827; *Pyrrhulauda* Smith, 1837; *Coraphites* Cabanis, 1847; *Pyrgilauda* Bonaparte, 1850.

Kleine sperlingsähnliche Lerchen mit kurzen, dicken, konischen, hellen Schnäbeln, mit denen sie nach Finkenart Sämereien (besonders Hirse) enthülsen. Nasenlöcher mit Borsten bedeckt. HS 10 klein, aber erkennbar, länger oder wenig kürzer als die

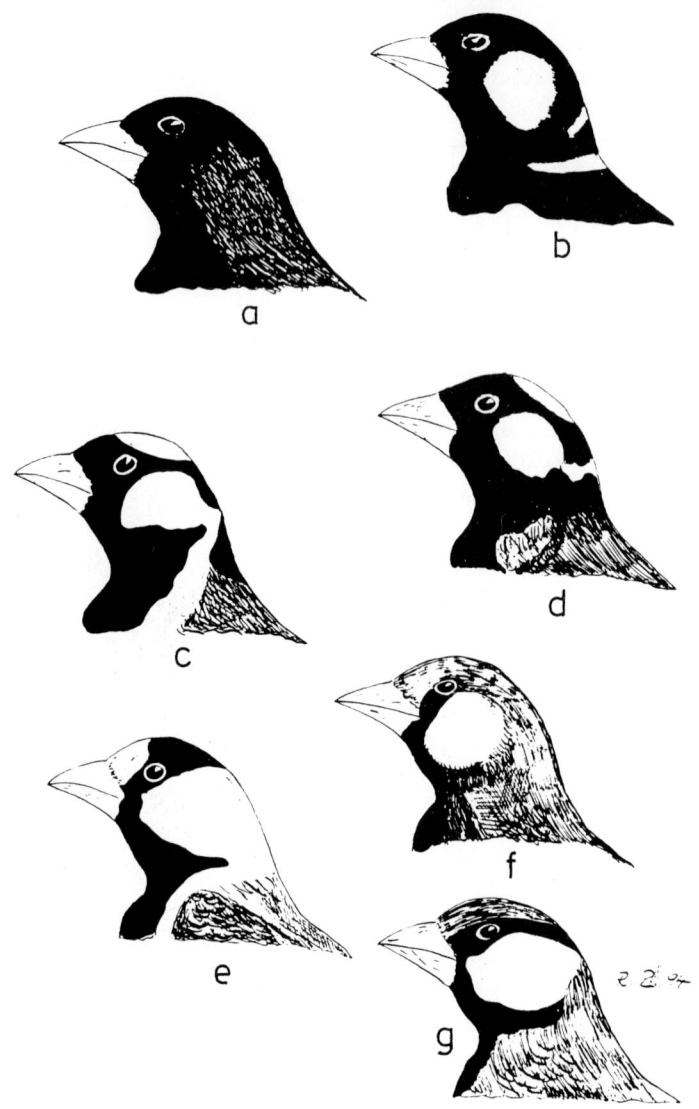

Abb. 76: Kopfzeichnung der Männchen der *Eremopterix*–Arten. a) *E. australis* b) *E. leucotis* c) *E. signata* d) *E. verticalis* e) *E. nigriceps* f) *E. grisea* g) *E. leucopareia*. Zeichnung: PÄTZOLD.

Handdecken. HS 9, HS 8 und HS 7 etwa gleichlang und die Flügelspitze bildend. Der Abstand der kürzesten Arm– und längsten Handschwingen ist größer als die Lauflänge. Die inneren Unterflügeldecken sind schwarz. Deutlicher Geschlechtsdimorphismus. Die ♂ aller Arten sind an dem schwarzen bzw. schwarzweißen Kopfmuster gut zu unterscheiden (siehe Abb. 76). Hinterkralle relativ kurz und gebogen. Beide Geschlechter brüten. Nester nicht überwölbt. Arten dieser Gattung sind in der Pflege des Menschen bemerkenswert weniger scheu als andere Lerchen. 7 Arten.

2.4.1 *Eremopterix australis* (SMITH, 1836) — Schwarzwangenlerche

E: Black–eared Finch–Lark, Black–eared Sparrow–Lark.

S y n o n y m e : *Megalotis australis* A. SMITH, 1836.

Abb. 77: Schwarzwangenlerche.
Foto: MACLEAN.

H a b i t u s : Kleine schwarzbraune finkenähnliche Lerche, 25 – 30 % kleiner als Feldlerche.

B i o m e t r i s c h e   D a t e n   (m m ,   g) : Länge ca. 130, Flügel ♂ 79 – 80, ♀ 73 – 78, Schwanz 43 – 48, Schnabel 9,5 – 10,5, Lauf 15,5 – 17, Masse 12 – 15,5.

M e r k m a l e : ♂: Kennzeichnend ist der völlig schwarze Kopf und Nacken sowie die schwarze Unterseite einschließlich der unteren Schwanzdecken. Die Oberseite ist matt kastanienbraun, Schwingen und Schwanz braunschwarz, ST 1 braun mit helleren Rändern. Im Fluge fallen die breiten schwarzen Schwingen auf. Das ♀ ist ohne Schwarz an Kopf, Ober– und Unterseite. Überaugenstreif und Augenring sind gelblichweiß, Scheitel und übrige Oberseite hell kastanienbraun, aber dunkler als ♂ von *E. verticalis*. Kinn und Kehle weißlich, Brust cremeweißlich mit dunkelbrauner Strichelung, Bauch und Unterschwanzdecken gelblichweiß (bei ♀ von *E.*

leucotis und *E. verticalis* braunschwarz bis schwarz). Schwingen und Schwanz dunkelbraun, ST 6 an Außenfahne gelbbraun. — Die Jungen gleichen dem ♀, aber Oberseite gelbbraun und schwärzlich quergestreift, Unterseite dunkel gesprenkelt. — Schnabel bläulich weiß, Füße bleifarben bis hell bräunlich, Iris rotbraun bis orange.

Verbreitung und Biotop: Afrikanische Subregion: S Namibia, S Botswana (S und SW Kalahari), Südafrika (C und N Kapprovinz, verstreut in W und S Oranje Freistaat). — Bewohnt sandiges Grasland (Kalahari sandveld) und Halbwüsten mit Gebüschen, Besonders Galenia und Rhigozum; meist auf Ebenen mit rotem Sandstein und rotem Kalahari–Sand, auch in kultiviertem Gelände mit Niederschlägen von 120 bis 250 mm.

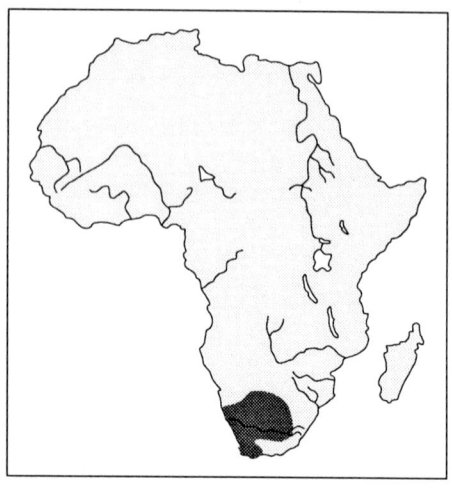

Abb. 78: Verbreitung der Schwarzwangenlerche.

Fortpflanzung: Brutsaison Juli bis Nov., in der Kalahari auch im Febr., meist nach der Regenperiode, so daß auch in anderen Monaten gebrütet werden kann. Typisches Lerchennest in Bodenmulde, von einer Seite geschützt; Eingang in der Kalahari meist nach Osten. Innendurchmesser 52 mm, Tiefe 33 mm (n = 50, MACLEAN 1985). MACLEAN (1970) fand 50 von 58 Nestern im Bereich des roten Sandes, 74 % standen an der Basis von *Rhigozum trichotomum*–Büschen, die restlichen an anderen Stauden und Graskaupen. Das grasige Nistmaterial ist vermischt mit Spinnweben und Sand, es wird vom ♀ gebaut. Gewöhnlich 2 (3) Eier 18,3 x 13,4 mm (103) (MACLEAN 1985), Frischvollgewicht 1,58. Farbe weiß mit grünlichem Anflug, dicht mit feinen sepiabraunen und olivbraunen Tüpfeln und Punkten besetzt. Beide Geschlechter brüten, im Mittel 12 Tage. Die Jungen verlassen nach 7 bis 10 Tagen das Nest, werden von beiden Elternteilen versorgt.

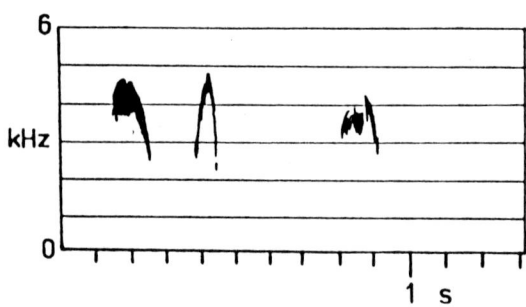

Abb. 79: Alarmruf der Schwarzwangenlerche. Nach MACLEAN (1985).

Stimme: Flugruf ein kurzes »priep« oder »chip–chip«, Alarmruf »dzie«, Warnruf (♀) »chir–chie–chie«, (♂) ein sanftes »tik–tik–tik«. Fluggesang unterschiedlich, ein schwer zu definierendes Stimmengewirr; auch kanarienähnlicher Gesang vom Erdboden aus.

Verhalten, Nahrung, Status: Sing– und Schauflug des ♂ schmetterlingsartig in großen Kreisen mit betonten Flügelschlägen. Im Gegensatz zu *E. verticalis* werden dabei die Füße meist angezogen. Brüten erfolgt gesellig, gewöhnlich in 5 bis 10 Paaren. Bei Gefahr treibt das ♂ das ♀ durch auffallende Flugmanöver (Aufsteigen und Abstürzen) vom Nest. Nach der Brutsaison in Schwärmen von 50 bis 100 Vögeln, die auf offenen Stellen zwischen Büschen und Steinen Nahrung suchen und bei Störungen mit eigentümlichem Schwirren hochstieben. — Nahrung besteht aus Insekten und Sämereien, auch Früchte von *Lycium*. An Tränken nicht beobachtet, scheint abhängig vom Wasserhaushalt des Stoffwechsels zu sein. — Meist Standvogel, örtlich gemein, zeitweise häufig; streift außerhalb der Brutzeit umher.

Unterarten: Keine.

2.4.2 *Eremopterix leucotis* (STANLEY, 1814) — Weißwangenlerche

E: Chestnut–backed Finchlark, Chestnut–backed Sparrow–Lark.

Synonyme: *Loxia leucotis* STANLEY, 1814.

Abb. 80: Weißwangenlerche. Foto: RUDLOFF.

Habitus: Kleine oberseits kastanienbraune finkenähnliche Lerche, ca. 25 bis 30 % kleiner als Feldlerche.

Biometrische Daten (mm, g): Länge 120 – 130, Flügel 78 – 86, Schwanz 43 – 49, Schnabel 10 – 13, Lauf 14 – 18, Masse 12 – 14.

Merkmale: ♂: Das Fehlen des weißen Scheitelfleckes unterscheidet es vom ♂ der *E. verticalis* und der weiße Ohrfleck vom ♂ der *E. australis*. Übrige Kopfpartien und Unterseite schwarz, nur ein schmaler Nackenring, ein Streif über dem Flügelbug, Unterbauch und Unterschenkel sind weiß. Oberseite kastanienbraun mit Ausnahme der Partien über dem Schultergefieder, die schwarz sind wie auch die Unterschwanzdecken. Flügel und Schwanz schwärzlich, ST 1 mit rötlichen Rändern, ST 6 an Außenfahne rahmweiß bis sandfarben. ♀: Kein reines Schwarz im Gefieder, nur die Mitte des Bauches schwärzlich–dunkelbraun (bei ♀ von *E. australis* gelblich–weiß). Im ganzen dunkler und kontrastreicher als die übrigen ♀ der Gattung *Eremophila*. Oberseite bräunlich mit nur leichtem kastanienfarbenem Anflug. Der weiße Ohrfleck des ♂ ist hier graubraun und nur verschwommen erkennbar. Kinn, Kehle und Brust sind sehr hell gelbbraun, die Brust dunkelbraun gesprenkelt, Unterbauch und Unterschwanzdecken rahmweiß, Flügel und Schwanz wie ♂. — Jugendkleid fast wie ♀, aber Oberseite weißlich und rahmfarben getüpfelt, Unterseite ohne schwärzlichen Bauchfleck. — Schnabel weißlich hornfarben mit bläulichem Anflug; Füße hellgrau, Iris braun.

Verbreitung und Biotop: Afrikanische Subregion in zwei isolierten Arealen: 1) Von Senegal, Gambia und S Mauretanien nach Osten über Mali, Niger, N Nigeria, C Tschad, Sudan, Äthiopien, NW und S Somalia, N und E Kenia, C und S Tansania. 2) Extremes S Angola, N und C Namibia, S Sambia, Botswana (außer extremen SW), Simbabwe, C und S Mocambique, NE Südafrika. — Offene Flächen mit steinigen und sandigen Böden und nur vereinzelten Büschen und Bäumen, besonders auch auf abgebrannten Flächen, grasigen Savannen, Flughäfen und Brachländern; spärlich in Dornsteppen und auf lichtem waldigen Gelände. Die nördlichen Populationen siedeln bis zu 1.800, die südlichen bis 1.200 m üNN.

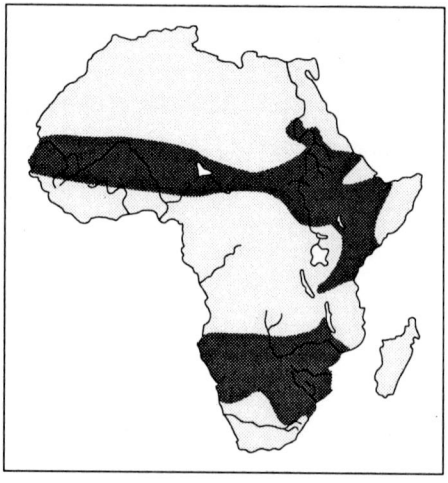

Abb. 81: Verbreitung der Weißwangenlerche.

Fortpflanzung: Im nördlichen und tropischen Areal von Okt. bis März (Äthiopien, Kenia und Tansania auch im Mai); im südlichen Verbreitungsgebiet sehr unregelmäßige Brutsaison, nach Regenperioden in jedem Monat möglich, in E Transvaal vorwiegend Febr. bis Juli. Typisches Lerchennest, von einer Seite geschützt, aber nicht überwölbt. Innerer Napfdurchmesser 50 mm, Tiefe 30 mm. Nistmaterial trockenes Gras und Wurzeln, ausgelegt mit feinerem Pflanzenmaterial. 2 Eier, selten 1; 18,9 x 13,5 mm (16) (MACLEAN 1985), Frischvollgewicht 1,86 (SCHÖNWETTER); Grundfarbe grünlichweiß, dicht bedeckt mit braunen und bläulichen Tupfen und Frickeln, besonders am stumpfen Ende. Beide Geschlechter brüten, aber nachts nur das ♀ bis etwa eine Stunde nach der Morgendämmerung. Brutdauer ca. 11 Tage, möglicherweise 2 Bruten in einer Saison.

Stimme: Gesang des ♂ abwechslungsreich und schwätzend, doch mit angenehmen musikalischen Akzenten, gewöhnlich im Flatterflug vorgetragen. Eine Strophe dauert gewöhnlich nicht länger als 10 Sekunden. Schwärme im Flug rufen ein kurzes »chip–chwep« (MACLEAN 1985).

Verhalten, Nahrung, Status: In der Brutzeit in Paaren, sonst gesellig anzutreffen, gewöhnlich bis zu 50 Vögel, seltener bis 100. Schwärme sind nicht selten vermischt mit anderen Gattungsverwandten, besonders mit *E. signata*. Nahrungssuche oft mit aufrechter Körperhaltung und rennend am Boden. Der Flug ist gewandt und leicht, meist nur in geringer Höhe. Diese Lerche läßt sich nur selten auf Bäumen oder Sträuchern nieder. Bei Brutstörungen führt das ♂, ähnlich wie seine Gattungsverwandten, Sturzflüge über dem Nest aus, um das ♀ zu warnen. Zum Singflug zieht das ♂ in etwa 10 m Höhe Kreise. R. NEUNZIG (1929) berichtet von einem brutlustigen Paar in der Gefangenschaft (Voliere):»Das ♂ umtanzte mit ausgebreiteten Flügeln und gesenktem Kopf das ♀. Dabei ließ ersteres kaum vernehmbare Töne hören«. — Die Nahrung besteht aus Samen (besonders Grassamen) und Insekten (vorwiegend in der Brutzeit). — Gemeiner Stand– und Strichvogel, doch in stark schwankender Zahl vorkommend.

Unterarten und ihre Brutgebiete: *E. l. melanocephala*, Senegal bis Sudan (Nil); *E. l. leucotis*, E und S Sudan bis Äthiopien; *E. l. madaraszi*, NE Uganda, Kenia, N Tansania; *E. l. smithi*, S Malawi, S Sambia, Simbabwe; S und SE Südafrika; *E. l. hoeschi*, N Namibia, S Angola, N und NE Botswana östlich bis Simbabwe.

2.4.3 *Eremopterix signata* (OUSTALET, 1886) — Harlekinlerche

E: Chestnut–headed Finch Lark, Ilembi Finch Lark, Chestnut–headed Sparrow–Lark.

Synonyme: *Pyrrhulauda signata* OUSTALET, 1886; *Pyrrhulauda harrisoni* GRANT, 1901.

Habitus: Sehr kleine finkenähnliche Lerche mit dickem, kurzem Schnabel, ca. 35 % kleiner als Feldlerche.

Biometrische Daten (mm, g): Länge 115 – 1 20, Flügel 74 – 81, Schwanz 42 – 45, Schnabel 11 – 12, Lauf 16 – 17, Masse 15 – 16.

Merkmale: ♂: Es ist im Verbreitungsgebiet durch den großen weißen Fleck in Scheitelmitte mit keiner anderen Art zu verwechseln (nur das ♂ von *E. verticalis* hat ähnlichen Scheitelfleck, kommt aber im Areal von *E. signata* nicht vor). Kopf, Kinn und Kehle kastanienbraun mit Ausnahme der großen weißen Flecken auf den Ohrdecken und in Scheitelmitte. Nackenring, Brustseiten und Flanken weiß. Oberseite fahlbraun, bisweilen sandfarben überflogen. Mitte der Unterseite einschließlich der Unterschwanzdecken schwarz. Schwingen dunkelbraun mit helleren Säumen und Spitzen; Schwanz braun, ST 1 heller mit breitem rötlich–braunem Rand in der proximalen Hälfte, ST 6 an Außenfahne und distaler Innenfahne schmutzig weiß. ♀: Ähnlich dem ♀ des Haussperlings, ohne reines Schwarz, im ganzen heller als andere ♀ der Gattung. Unterseite hellbraun, nur im Zentrum des Bauches und an den Unterschwanzdecken verwaschene schwärzliche Streifen. Flügel und Schwanz wie ♂. Jungvögel ähneln dem ♀, sind aber auf der Unterseite noch heller. — Schnabel gräulich weiß, Füße rötlich fleischfarben, Iris braun.

99

Verbreitung und Biotop: Afrikanische Subregion: SE Sudan; S und SE Äthiopien, in C Äthiopien isolierte Population, Somalia (außer extremen N), Kenia (außer SW). — Steinige mit Büschen bestandene Wüsten und kurzgrasige Halbwüsten, selten in Höhen über 2.000 m.

Fortpflanzung: Brutkondition in S Äthiopien im März. Legedaten: Somalia Mitte Juni; Sudan Mai/Juni; Kenia (futtertragende Altvögel) Juni/Juli. Typisches Lerchennest neben Grasbüscheln oder Steinen, nicht überwölbt. 3 bis 5 Eier, meist 4; 18,6 x 12,5 mm (3); Grundfarbe weiß bis hellgelblich, gänzlich bräunlich gesprenkelt und gefleckt. Keine weiteren Informationen.

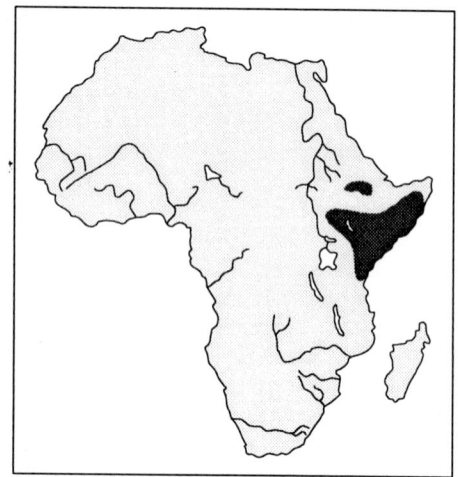

Abb. 82: Verbreitung der Harlekinlerche.

Stimme: Ein einfaches Gezwitscher als Gesang des ♂, gewöhnlich vom Boden, aber auch im Flug vorgetragen. Der Ruf (nach TOMLINSON) ist ein hartes »chip–up«. Fluggesang flatternd in ca. 6 m Höhe.

Verhalten, Nahrung, Status: Gewohnheiten wenig bekannt. Die Art wurde einzeln, in kleinen Trupps, aber auch in Flügen bis zu 50 Exemplaren besonders an Wasserstellen beobachtet; sitzt auf Steinen und niedrigen Büschen. Nach der Brutzeit nicht selten in Gemeinschaft von *E. leucotis* und *E. nigriceps*. — Nährt sich vorwiegend von Sämereien. — Lokal, besonders in N Kenia, gemeiner Stand– und Strichvogel.

Unterarten und ihre Brutgebiete: *E. s. harrisoni*, SE Sudan, NW Kenia; *E. s. signata*, Äthiopien, Somalia, Kenia.

2.4.4 *Eremopterix verticalis* (SMITH, 1836) — Nonnenlerche

E: Grey–backed Finch–Lark; Grey–backed Sparrow–Lark.

Synonyme: *Megalotis verticalis* SMITH, 1836; *Pyrrhulauda verticalis* SMITH, 1839.

Habitus: Sehr kleine schwarzgraue finkenähnliche Lerche, 25 bis 30 % kleiner als Feldlerche.

Biometrische Daten (mm, g): Länge 120 – 140, Flügel ♂ 80 – 85,5, ♀ 76,5 – 82, Schwanz 40 – 54, Schnabel 9,5 – 12, Lauf 15 – 17,5, Masse ca. 17.

Merkmale: ♂: Ähnelt im Kopfmuster am meisten *E. signata*, jedoch sind die dunklen Zeichnungen schwarz statt kastanienbraun; im Felde nicht zu verwech-

Abb. 83: Männchen der Nonnenlerche. Foto MACLEAN.

seln, da nicht sympatrisch. Von der sympatrischen *E. leucotis* durch einen pfennig-
großen weißen Fleck auf dem Hinterscheitel unterschieden. Kopf schwarz mit
großem weißen Wangen– und Ohrfleck, auch Nackenband und Fleck über dem
Flügelbug weiß. Rücken und übrige Oberseite grau bis dunkelgrau. Unterseite
schwarz mit Ausnahme der gräulichen Flanken, Unterschenkel weiß. Schwingen
graubraun mit weißlichen Rändern, Unterflügel rußschwarz. Schwanzfedern
dunkel graubraun bis schwärzlich, ST 1 graubraun mit helleren Rändern, ST 6 mit
cremeweißer Außenfahne, Innenfahne lichtbraun. ♀: Ähnlich dem ♂ des Haussperlings, ohne reinem Schwarz; im ganzen heller als ♀ von *E. australis* und *E. leucotis*,
aber dunkler als *E. signata* und grauer als *E. leucopareia*. Kopf und Oberseite bräunlich–grau. Im Gegensatz zum ♀ der viel dunkleren *E. leucotis* besitzt *E. verticalis*
einen erkennbaren weißlichen Überaugenstreifen. Wangen und Ohrdecken graubraun mit schwärzlichen Sprenkeln. Kinn und Kehle weißlich mit dunklen Sprenkeln. Brust hell gelbbraun mit braunen Streifen, Bauch schwarzbraun, Unterschwanzdecken weißlich. Flügel und Schwanz ähnlich ♂. — Jugendkleid gleicht
sehr dem ♀ aber oberseits rahmfarben gesprenkelt. — Schnabel hellgrau bis perl-
mutterfarben mit bläulichem Anflug, Füße hell fleischfarben, Iris braun.

Fortpflanzung: In allen Monaten möglich, konzentriert nach den Regenperioden. Registrierte Legedaten: Namibia, März bis Juni und August; Sambia im Februar; Südafrika: August, Dezember (Transvaal); Juli bis Oktober (N Kapprovinz);
September bis Oktober und März bis April (E Kapprovinz); Juli bis Februar und
Mai (Karroo). Typisches Lerchennest, nicht überwölbt, nur vom ♀ in 4 bis 5 Tagen
gebaut aus Gräsern und Wurzeln, innen mit wolligen Samen ausgelegt, bisweilen
auch Schlammkügelchen im Nistmaterial. Innendurchmesser 54 mm, Tiefe 30 mm

(139 Nester). Von 194 Nestern in der Kalahari standen 153 auf Kalkflächen, 33 im Dünengelände, 8 in ausgetrockneten Flußbetten; 25 von 89 Nestern waren ohne Schutzposition (MACLEAN 1970). Gelege enthält 2 bis 3 Eier; 19,3 x 13,9 mm (314) (MACLEAN 1985); Frischvollgewicht 2,0 (SCHÖNWETTER). Grundfarbe matt weiß, bräunlich und gelblich getüpfelt, besonders am stumpfen Ende. Brutdauer 12 Tage; beide Geschlechter brüten. Junge verlassen nach 7 bis 10 Tagen das Nest, geführt vom ♀.

Verbreitung und Biotop: Afrikanische Subregion: Küstenstreifen von Angola, ganz Namibia, Sambia (extremer SW), W Simbabwe, Südafrika (außer E), fehlend in Lesotho und Swasiland. — Halbtrockene oder trockene kurzgrasige Flächen im Kalahari–Sand, kiesige Böden mit Grasland und verstreuten Büschen, Lehmböden in trockenen Becken, auch auf verbrannten Grasflächen.

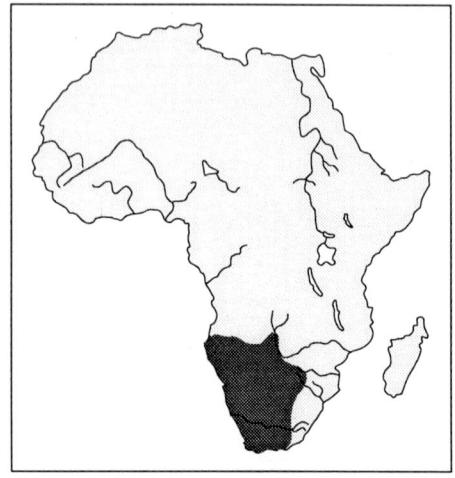

Stimme: Im Flug und beim Aufsteigen ein schrilles »chiep«, beim Füttern der Jungen ein sanftes »chirp« (PROZESKY 1980); Flugruf ein scharfes »chruk chruk chruk« (SINCLAIR 1984). Der Fluggesang ist nach MACLEAN ein scharfes Geklingel wie »twip twip chik«, der Alarmruf ein scharfes »pruk«.

Abb. 84: Verbreitung der Nonnenlerche.

Verhalten, Nahrung, Status: Lebt gesellig, auch in der Brutzeit. Körperhaltung im Gehen und Rennen oft betont aufrecht. Schwarmbildung von 10 bis 100 Vögeln. Beim Singflug werden Kreise von 15 bis 30 m Durchmesser nur wenige Meter über dem Erdboden gezogen, sehr oft mit herabhängenden Füßen! Bei Störungen des Brutgeschäftes führt ♂ Flugsprünge über dem Nest aus, um das ♀ zu warnen. In Gefangenschaft (Voliere) dreht der Vogel tiefe Schlafmulden. Die Nahrungssuche erfolgt in lockeren Trupps, die regellos und ruckweise umherfliegen. — Nahrungsanalysen ergaben 91 % Sämereien, 8 % Insekten, 1 % grünes Pflanzenmaterial. Regelmäßig und häufig beim Trinken beobachtet, besonders bei heißem Wetter. — Gemeiner Stand– und Strichvogel, dessen Trupp– und Schwarmstärken beträchtlichen Schwankungen unterworfen sind.

Unterarten und ihre Brutgebiete: *E. v. verticalis*, Botswana, W Simbabwe, Südafrika (Transvaal, W Kapprovinz, Oranje Freistaat); *E. v. damarensis*, Angola, Namibia, NW Botswana, Südafrika (NW Kapprovinz); *E. v. khama*, NE Botswana, Simbabwe, Sambia.

2.4.5 *Eremopterix nigriceps* (GOULD, 1841) — Weißstirnlerche

E: Black crowned Finch Lark; Pallid Finch Lark; Black crowned Sparrow–Lark.

Synonyme: *Pyrrhulauda nigriceps* GOULD, 1841; *Pyrrhulauda frontalis* BP., 1850; *Coraphites albifrons* SUNDEV., 1850; *Pyrrhulauda affinis* BLYTH, 1867; *Coraphites nigriceps* HEUGL., 1868; *Coraphites frontalis* QUST., 1882; *Pyrrhulauda melanauchen* SHARPE, 1890.

Habitus: Kleine sperlingsähnliche Lerche mit Finkenschnabel, ca. 35 % kleiner als Feldlerche.

Biometrische Daten (mm, g): Länge 100 – 120, Flügel 72 – 83, Spannweite 200 – 220, Schwanz 39 – 51, Schnabel (vom Schädel) 11 – 14, Lauf 14 – 17, Hinterkralle 5 – 6, Masse ♂ 14 – 16, ♀ ca. 12.

Flügelbau: Relativ kurz und breit mit gerundeter Spitze. HS 8 (längste) bildet mit den etwa gleich langen HS 7 und HS 9 die Spitze; HS 10 ist 38 – 46, HS 6 1 – 5, HS 5 6 – 10 und HS 1 18 – 20 mm kürzer. HS 10 ist 0 – 4 mm länger als die Handdecken bei Alt– und Jungvögeln. Die Außenfahnen von HS 6 – HS 8 und die Innenfahnen von HS 8 – HS 9 (bisweilen auch HS 7) sind spitzenwärts eingeschnürt.

Merkmale: Ad. ♂: Stirn und Vorderscheitel weiß und im Felde kennzeichnend, Scheitel und Hinterkopf schwarz. Ein breites weißes Band im Nacken vereint sich mit dem Weiß der Wangen und Ohrdecken. Rücken und Bürzel sandbraun mit schwärzlichen Strichen in den Federmitten, Oberschwanzdecken graubraun. Unterseite schwarz, nur an den Kropfseiten zieht sich ein schmaler weißer Streifen vom Oberrücken bis über den Flügelbug, Unterschenkelbefiederung weiß. Schwingen schwarzbraun mit sandfarbenen bis weißlichen Säumen, Unterflügel schwarzgrau. Schwanzfedern braunschwarz, nur ST 1 graubraun, ähnlich der Oberseite und ST 6 an Außenfahne weiß bis sandfarben. Das ♀ ist ohne Schwarz mit Ausnahme der Schwanzfedern, die dem ♂ ähneln. Im übrigen viel Ähnlichkeit mit dem ♀ des Haussperlings; Oberseite heller sandfarben als ♀ von *E. grisea*, Unterseite schmutzig weiß mit mehr oder weniger bräunlich verwaschenen Tupfen und Streifen, Schwingen dunkelbraun. Jungvögel sind auf der Oberseite heller als die von *E. grisea*, Scheitel– und Rückenfedern mit gelbbraunen Spitzen. — Schnabel hell hornbraun, Füße blaß fleischfarben, Iris braun.

Verbreitung und Biotop: Afrikanische, Paläarktische und Vorderindische Subregion: Kapverden, Mauretanien, Mali, Niger, Südrand der Sahara bis Äthiopien (Eritrea), Somalia, Insel Sokotra, Jemen, Oman, Saudi–Arabien, S Irak, S Iran, Pakistan, NW Indien. — Halbwüsten, Savannen, Steppen; liebt besonders Habitate mit Gräsern wie *Panicum, Ari-*

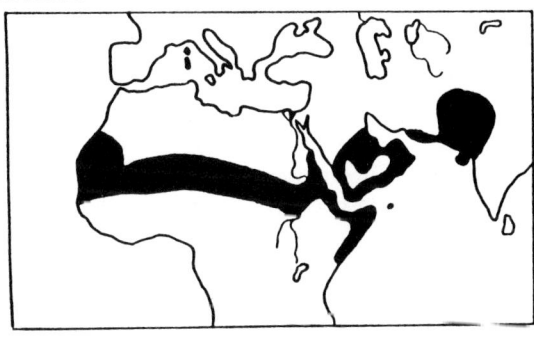

Abb. 85: Verbreitung der Weißstirnlerche.

stida und *Lasiurus* sowie Fettpflanzen (*Aizoon*), gelegentlich auch mit Akazienbäumen.

Fortpflanzung: Brutsaison wenig regelmäßig. Auf den Kapverden fand man Eier von Sept. bis Januar oder Febr., im südlichen Marokko im späten April, in Mali Sept. und Okt., Sudan Dez. bis März, Somalia im April, an der Küste des Roten Meeres und auf der Insel Sokotra im Febr., im östlichen Arabien nördlich des 25. Breitengrades Ende Apr., südlich davon im März. In Nord Jemen und Oman fand man Jungvögel im Okt. Typisches Lerchennest im Schutz eines Grasbüschels oder Steines, ausgelegt mit Gras, Haaren oder Federn, Grundlage aus feinen Zweigen. Der Eingang ist bisweilen mit kleinen Kieseln umrandet. Es baut nur das ♀. Eiablage zwei Tage nach Fertigstellung des Nestes. 2 Eier, selten 3; 19,2 x 13,8 mm (30 Eier aus Pakistan und Indien), Ost Arabien (7) 18,4 x 14,2 mm, Frischvollgewicht 1,88. Farbe und Struktur wie *E. grisea*, aber (nach BAKER 1930) »kühner gefleckt« und auch häufiger mit Fleckenkranz. Überwiegend brütet das ♀. In Ost–Arabien nördlich des 25. Breitengrades nur eine Brut (G. BUNDY). Junge verlassen gewöhnlich nach 8 Tagen das Nest.

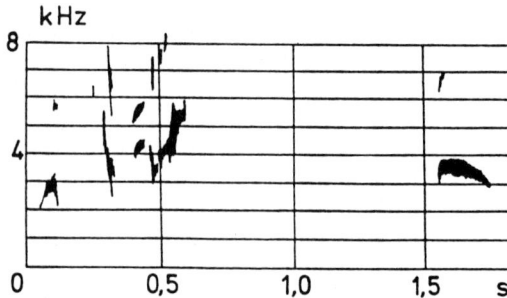

Abb. 86: Phrase aus dem Gesang der Weißstirnlerche. Nach CRAMP (1988).

Stimme: Der Ruf ist ein perlendes Zwitschern. Das ♂ trägt im Fluge einen kurzen pieperähnlichen Gesang vor, aus klirrenden Pfeiftönen bestehend. Singflugdauer in der Regel ca. 1 Minute; in 3 Flügen wurden bei verschiedenen Vögeln 11 Singphrasen in 50 Sekunden festgestellt.

Verhalten, Nahrung, Status: Erinnert in Gewohnheiten sehr an E. leucotis, mit der sie oft gemeinsam vorkommt, ist jedoch meist viel scheuer. Hält sich am Tage nach Möglichkeit im Schatten von Gebüschen auf. Das ♂ zeigt einen bemerkenswerten Singflug: Einem kurzen Aufsteigen (etwa 45° bis ca. 6 – 10 m Höhe) folgt nach einer kleinen Schleife ein fallschirmartiges Herabschweben, unterbrochen von schmetterlingsähnlichem Flattern bei über den Rücken gehaltenen Flügeln. Seltener zeigt auch das ♀ einen Singflug. — Nährt sich von Sämereien und Insekten, die sie vom Boden oder direkt von der Vegetation aufpickt. Magenuntersuchungen zeigten neben diversen Samen, Spinnen (Araneae), Heuschrecken (Orthoptera), Käfer (Coleoptera), Schmetterlingsraupen (Lepidoptera), Wanzen (Reduviidae), verschiedenen Insektenresten auch sandiges und kiesiges Material. — Stand– und Strichvogel; außerhalb der Brutzeit oft beträchtliche Ortsbewegungen, die ihm fast Zugvogeleigenschaften verleihen. Gewöhnlich in kleinen Trupps, aber auch einmal bis zu 60 Individuen beobachtet (RIPLEY & BOND 1966). Als Irrgast in Israel und Algerien nachgewiesen.

Unterarten und ihre Brutgebiete: *E. n. nigriceps*, Kapverdische Inseln; *E. n. albifrons*, Mauretanien bis zum Niltal; *E. n. melanauchen*, Ägypten, Äthiopien, Sudan, Sokotra Insel, Arabien, Irak, Iran; *E. n. affinis*, Pakistan, NW Indien.

2.4.6 *Eremopterix grisea* (SCOPOLI, 1786) — Grauscheitellerche

E: Ashi–crowned Finch Lark.

Synonyme: *Alauda grisea* SCOP., 1786; *Alauda gingica* GMELIN 1789; *Fringilla cruciger* TEMM. & LAUG. 1824; *Pyrrhulauda grisea* TICEHURST 1925.

Habitus: Kleine kompakte finkenähnliche Lerche ohne Haube und mit kurzem Schwanz.

Biometrische Daten (mm, g): Länge ca. 130, Flügel ♂ 74 – 80, ♀ 72 – 79, Schwanz ♂ 40 - 46, ♀ 37 - 44, Schnabel (bis Schädel) 11 - 13, Lauf 15 - 17, Masse 14 - 18.

Merkmale: Gegenüber der sehr ähnlichen Weißstirnlerche sind bei beiden Geschlechtern Stirn und Scheitel hell aschbraun bis weißlich braun. Ad. ♂: Oberseite sandbraun. Ein schwarzes Band läuft vom Auge zum Kinn. Ohrdecken weißlich grau. Gesamte Unterseite schwarz mit bräunlichem Anflug; Schwingen und Schwanz schwarzbraun. Ad. ♀: Sperlingsähnlich, die sandfarbene Oberseite dunkler und bräunlicher überflogen als die vom ♀ der Weißstirnlerche. Kopf sandfarben, Ohrdecken bräunlich, Kehle weiß, übrige Unterseite isabellfarben, wobei Brustpartien dunkelbräunliche Flecke aufweisen. Schwingen und Schwanz wie ♂. Junge dem ♀ ähnlich, aber auf Federn der Oberseite breite hell rotbraune Säume. — Schnabel hell horngrau; Füße und Krallen bräunlich–fleischfarben, Iris gelblich-braun, rötlich–braun oder braun. Nestlinge haben leuchtend orangefarbenen Rachen und 3 Zungenpunkte.

Verbreitung und Biotop: Orientalische Region: Vorderindische Subregion (möglicherweise die Grenze zur paläarktischen Subregion etwas überschreitend) Pakistan über Nepal bis Bangladesch (Chittagong). Ganz Indien vom Fuß des Himalaja ostwärts bis Assam, sowie C und S Indien in Höhen bis 1000 m; auf Sri Lanka in niederen Regionen. Bevor-

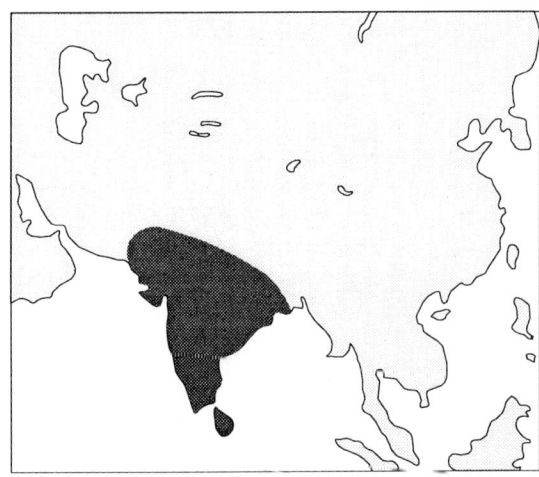

Abb. 87: Verbreitung der Grauscheitellerche.

zugt steiniges mit spärlichem Gestrüpp und dürrem Gras bestandenes Brachland; auch auf Reisstoppelfeldern und ausgetrockneten Flußbetten.

Fortpflanzung: Kann je nach geographischer Lage in jeden Monat fallen: Vorderindien vorwiegend Febr. bis Sept., auf Sri Lanka Mai und Juni. Typisches Lerchennest in Erdmulde aus Gräsern, innen mit feineren Gräsern, Haaren oder Federn ausgelegt; oberer Rand häufig mit kiesigem Material bedeckt. Innendurchmesser ca. 50 mm. Bisweilen Nestabstand nur wenige Meter. 2 bis 3 Eier, 19,0 x 13,7 mm (100), Frischvollgewicht 1,83 g; auf trübweißem oder hell gelblichem Grund braun und lavendelfarben gesprenkelt, bisweilen an *Alauda* und *Galerida* erinnernd.

Stimme: Gesang, im Steig– und Schwebeflug vorgetragen, besteht aus temperamentvollen Trillern, an Feldlerche erinnernd. Oft wird das Trillern von einem langgezogenen klaren Pfeifton unterbrochen.

Verhalten, Nahrung, Status: In Paaren oder kleinen Trupps anzutreffen, im Winter auch in größeren Flügen. Laufen in geduckter Haltung mit ruckartigen Zickzackbewegungen. Flug wellenförmig. Auffälliger Schauflug des ♂ vom Stein oder Erdhügel aus bis ca. 30 m fast senkrecht aufsteigend, nach Feldlerchenart singend rüttelnd und Kreise ziehend und fast senkrecht abstürzend, ohne unmittelbar zu landen. Typisch ist dann ein sehr auffallender Kunstflug vor der Landung, wobei wiederholte Luftsprünge gezeigt werden; einmal wurden über 40 Sprünge auf einer Strecke von ca. 100 m gezählt. Die Landung erfolgt mit geöffneten Schwingen auf einem Stein oder Erdklumpen. Der gesamte Balzflug dauert 3 bis 5 Minuten und zieht sich in kurzen Intervallen über den ganzen Tag. — Die Nahrung besteht aus Sämereien, Ameisen, Rüsselkäfern und anderen Insekten. — Gemeiner Standvogel, der sich saisonbedingt und lokal zurückzieht in Gebiete der Monsun–Regenfälle.

Unterarten: Keine.

2.4.7 *Eremopterix leucopareia* (FISCHER & REICHENOW, 1884) — Braunscheitellerche

E: Fischer's Finch Lark, Fischer's Sparrow–Lark.

Synonyme: *Coraphaites leucopareia* FISCHER & REICHENOW, 1884; *Pyrrhulauda leucopareia* REICHENOW, 1891; *Pyrrhulauda leucopareia* (FISCHER & REICHENOW, 1884).

Habitus: Sehr kleine finken– bzw. sperlingsähnliche Lerche, ca. 35 % kleiner als Feldlerche.

Biometrische Daten (mm): Länge 103 – 120, Flügel 71 – 80, Schwanz 38 – 45, Schnabel 10 – 11, Lauf 16 – 18.

Merkmale: ♂: Sehr ähnlich *E. signata*, aber ohne weißen Scheitelfleck und Nakkenring. Scheitel und Nacken kastanienbraun oder graubraun, Scheitel mit schwärzlichen Federzentren. Übrige Oberseite graubraun. Gesichtspartien rund um

das Auge schwarz, großer weißer Ohrdecken– und Wangenfleck. Kinn, Kehle und ein ca. 1 cm breiter zentraler Längsstreifen auf der Unterseite einschließlich der Unterschwanzdecken schwarzbraun. Seitliche Partien von Brust und Bauch sowie die Flanken sind gelblichweiß. Schwingen dunkelbraun oder graubraun mit helleren rötlichen Säumen; Schwanz dunkelbraun, ST 1 rötlich–sandfarben gesäumt, ST 6 auf Außenfahne und distaler Hälfte der Innenfahne rötlichweiß bis sandfarben, Wurzel der Innenfahne schwarzbraun. ♀: Ohne tiefe schwarzbraune Zeichnung. Kopf und Oberseite ähnlich ♀ von E. *signata*, aber etwas dunkler graubraun. Stirn, Überaugenstreif und Nacken rostbräunlich, Wangen und Ohrdecken hell bräunlich, Kinn weiß, Kehle und Brust hell gelbbraun bis rostbräunlich, Bauch und Flanken weißlich. In Bauchmitte ein verwaschener dunkelbrauner Längsstreifen. Schwingen und Schwanz wie ♂. — Jungvögel haben weißliche Spitzen an den Federn der Oberseite, sonst wie ♀. Bei manchen jungen ♂ ist die Kopfzeichnung der ad. ♂ angedeutet. — Schnabel bräunlichweiß mit dunkler Spitze, Füße hellbraun bis fleischfarben, Iris braun.

Verbreitung und Biotop: Afrikanische Subregion: Extremer NE von Uganda, W Kenia, Tansania (außer E und SW), extremes N Sambia, Rwanda, N Malawi. — Kurzgrasige Savannen mit kahlen sandigen Flecken. Sehr gemein nordöstlich des Victoria–Sees bis in Höhen von 1800 m; in Malawi meist unterhalb 900 m, dort auch in Gärten und Feldern und an Straßen.

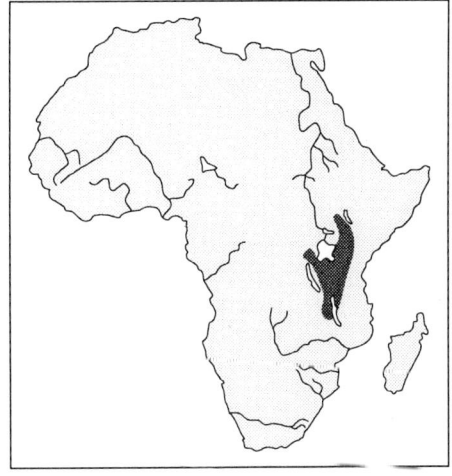

Abb. 89: Verbreitung der Braunscheitellerche.

Fortpflanzung: Legedaten: Kenia April bis Juli und Dez.; Tansania März, Mai und Juni; Malawi möglicherweise April bis Mai. Brütet in den Trockenzeiten in Arealen mit hohen Niederschlägen. Typisches Lerchennest in selbst gescharrter Mulde, nicht überwölbt. 2 bis 3 Eier, 16,5 x 12,9 mm (3) bei Frischvollgewicht von 1,42. FISCHER fand ein Nest mit 2 Eiern von blaß grauer bis gelblich weißer Grundfarbe mit zahlreichen violettgrauen und gelbbraunen Tüpfeln, besonders dicht am stumpfen Ende.

Stimme: Ein leises »twiezie« als vermutlicher Kontaktruf und ein weiches Zwitschern vom Erdboden aus wird als Gesang vorgetragen. NAKONZER (1987) schreibt von einem »kleinen Gesang« aus »gepreßten Tönen« bei der Bodenbalz und einem Warnruf des ♂ an das ♀ mit »schrieht« (Gefangenschaftsbeobachtung), auch berichtet er von einem leisen Gesang, der von erhöhter Stelle vorgetragen wird.

Verhalten, Nahrung, Status: Wird oft gesehen an Straßen in kleinen Trupps von 5 bis 8 Exemplaren, aber auch in der Brutzeit in kleinen Gesellschaften. Im folgenden einige Beobachtungen von NAKONZER in der Voliere: ♂ sitzen oft auf Feldsteinen, die als Singwarte dienen und auch als Ausgangspunkt für kurze Balzflüge! »Nach Regenfällen konnte ich beobachten, wie sie sich mit sichtlichem Wohlbehagen den von Zweigen oder vom Maschendraht abtropfenden Wasser aussetzten. Die Balz fand meist am Boden, gelegentlich aber auch auf dem dicken Ast statt. Das ♂ wendet sich dem ♀ zu. Aufgeregt trippelt es auf der Stelle, streckt den Kopf gerade nach vorn — es sieht aus, als ob er sich vor ihr verbeugt — und läßt dabei einen kleinen Gesang hören. Das wiederholt sich mehrmals am gleichen Ort, oder er rennt ein Stück um sie herum, um dann die gleiche Vorstellung erneut zu geben.« Die Vögel waren sehr verträglich zu anderen Arten. Geschlafen wurde am Boden. — Nahrung in der Natur nicht bekannt. Gemeiner Stand– und Strichvogel.

Unterarten: Keine; doch sind manche südliche Populationen dunkler als die des Nordens.

2.5 Gattung Ammomanes CABANIS, 1851

Synonyme: *Ammomanoides* BIANCHI, 1904.

Kleine bis mittelgroße Lerchen mit mittellangem, aber relativ dickem, oben etwas gekrümmtem Schnabel. Nasenlöcher bedeckt. Flügel lang, spitz und breit. HS 10 immer auffällig sichtbar, meist länger als Handdecken, bis 1/3 der Länge von HS 9. HS 8 bis HS 6 etwa gleichlang und die Flügelspitze bildend; Abstand der kürzesten Armschwinge bis Flügelspitze ist etwa gleich der Lauflänge. Gefieder außerordentlich weich, Oberseite ungefleckt; auch die Jungen in der Regel oberseits einfarbig (bei *A. dunni* sollen diese jedoch nach MACKWORTH–PRAED oben weiß getupft sein). Hinterkralle etwa so lang wie Hinterzehe und wenig gebogen. 6 Arten.

2.5.1 *Ammomanes cincturus* (GOULD, 1841) — Sandlerche, Bindensandlerche, Schwarzschwanzsandlerche

E : Bar–tailed Desert Lark, Sandy Lark.

S y n o n y m e : *Melanocorypha cinctura* GOULD, 1841; *Alauda cinctura* DOHRN, 1871.

Abb. 90: Sandlerche. Zeichnung: PÄT-ZOLD, nach eigenem Foto.

H a b i t u s : 20 % kleiner als Feldlerche und auch noch 5 bis 10 % kleiner und leichter als die ähnliche Steinlerche (*A. deserti*).

B i o m e t r i s c h e   D a t e n   (m m ,   g): Länge 130 – 160, Flügel 82 – 102, Spannweite 250 – 290, Schwanz 50 – 64, Schnabel 9 – 11 (vom Schädel 14 – 16), Lauf 19 – 23, Masse 15 – 18.

F l ü g e l b a u : Ziemlich lang und breit, die Spitze gerundet. HS 8 (längste) bildet mit HS 7 (0 – 1 mm kürzer), HS 9 (2 – 5 mm kürzer) und HS 6 (2 – 9 mm kürzer) die Spitze. HS 5 ist 9 – 17, HS 1 23 – 27 (♂) 20 – 26 (♀) und HS 10 46 – 56 mm kürzer. HS 10 ist 1 mm kürzer und bis 5 mm länger als große obere Handdecken, im Durchschnitt 1,7 mm länger (n = 12). Bei Jungvögeln ist HS 10 6 – 9 mm länger als große Handdecken (n = 3). Die Außenfahnen von HS 6 (HS 5) – HS 8 und die Innenfahnen von HS 8 (HS 7) und HS 9 sind eingeschnürt. Die längsten Schirmfedern erreichen bei geschlossenem Flügel die Spitzen von HS 4 (oder HS 5).

M e r k m a l e : ♂ und ♀: Die schwarze Endbinde des Schwanzes, die deutlich verlängerten inneren Armschwingen sowie die scharf abgesetzten schwarzen Spitzen der Handschwingen (bei *A. deserti* verwaschen dunkelbraun) differenzieren diese Art von der sehr ähnlichen Steinlerche (*A. deserti*). Oberseite blaß zimtfarben, Oberschwanzdecken bisweilen rötlicher. Nominatform hat die dunkelste Oberseite. Augenring und Zügel weißlich. Unterseite weiß, nur Kropf und Kehle verwaschen bräunlich–gelb. Schwingen rotbraun mit sandfarbenen Säumen, ebenso die Flügel-

decken. Steuerfedern blaß gelbbraun, ST 2 – ST 6 mit scharf abgesetztem ca. 10 mm langem schwarzem Spitzenfleck, der sich in Richtung ST 6 verkleinert und dort manchmal nur durch einen unscharfen Streifen auf der Innenfahne sichtbar ist. Junge wie adult, aber Neigung zur Fleckenbildung auf der Brust und an den Kropfseiten. — Schnabel hellgrau bis blaß rötlich-braun, Füße blaß aschfarben, Iris braun.

Verbreitung und Biotop: Paläarktische Subregion, teilweise im Grenzgebiet von Afrikanischer und Vorderindischer Subregion; im Detail noch unzureichend bekannt. Südliche Grenze etwa 15° n. Br., nördlich etwa 35° n. Br. Von Kapverden (Sal, Boa Vista, Maio) ostwärts über Senegal, Mauretanien, Westsahara, Marokko, Mali, Algerien, Südtunesien, Libyen, Ägypten, Sudan bis zum Roten Meer, Arabien, Irak (nur ein Brutnachweis), Iran, Afghanistan und NW Indien.

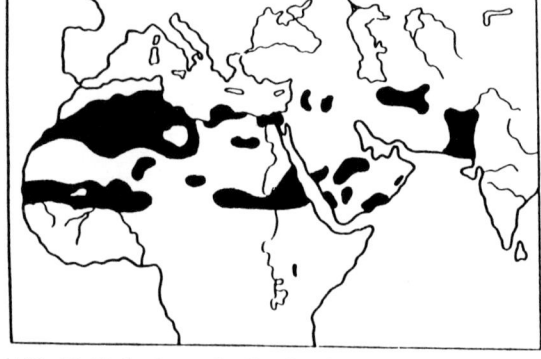

Abb. 92: Verbreitung der Sandlerche.

— Steinige und sandige Wüsten, Buschsteppen, unfruchtbare Brachländer, meidet kultivierte Landschaften. In Südtunesien nicht selten, in geeigneten Habitaten bezeichneten wir sie als »mäßig häufig«. Verfasser et al. trafen sie im April 1991 sowohl im steinigen Gebirge des Dahar als auch am SE Ufer des Salzsees Sebkhet el Melan an, G. LEITHAUS und J. SCHIMKAT auch auf steinigen Sandflächen um den Chott el Jerid im gleichen Habitat mit den Hornlerchen (*Eremophila bilopha*).

Fortpflanzung: Auf den Kapverden Sept. bis Apr., Tunesien bis Sudan im Febr. bis Apr. Verfasser fand im Dahar–Gebirge (Südtunesien) am 2. Apr. ein flüg-

Abb. 93: Gelege der Sandlerche in Süd–Tunesien. Foto: PÄTZOLD.

ges, nicht mehr fangbares Junges und am 5. Apr. ein schwach bebrütetes Gelege mit 3 Eiern, was auf eine 2. Brut schließen läßt. In Indien werden Brutdaten von Febr. bis Mai genannt. Der Nestbau konnte erstmalig von PÄTZOLD und SCHIMKAT am 14. Apr. 1991 beobachtet werden (s. PÄTZOLD & SCHIMKAT 1992). Gemeinsam erschien das Paar im Umkreis von 10 m am Neststandort, sammelte halmförmiges Nistmaterial und vor allem kleine, an den Stengeln von diversen Rutensträuchern haftende Pappuskügelchen der Composite *Szorzonera* sp., mit denen die Halme im Nest verfilzt wurden. Beide Vögel schlüpften abwechselnd ins Nest und verfestigten mit dem Schnabel und unter Drehung des Körpers den oberen Nestring. Es wurde vor– und nachmittags gebaut. Die Eingangsseite zeigte nach SSE und war bereits im Stadium des halbfertigen Nestes mit Lehmkügelchen umgeben. Das o. g. Nest mit dem dreier Gelege war mit ca. 50 Kalksteinchen von durchschnittlich 17 mm Dicke umlegt. Der obere Durchmesser der Mulde betrug 85 mm, Muldentiefe 47 mm; oberer innerer Nestdurchmesser 59,5 mm, Tiefe 37 mm. Nest auch in Steinspalten, auf offenen Flächen im Schutz von Pflanzen. 2 bis 4 (5) Eier, 21,5 x 15,3 mm (60) bei Frischvollgewicht von 2,59. Das vom Verfasser gefundene südtunesische Gelege maß 21,5 x 15,1, 21,8 x 15,1 und 21,5 x 15,2 mm. Grundfarbe weißlich mit blaugrünlichem Hauch, darüber dünne schwarze, blaß violette und graubraune Punkte, am stumpfen Ende oft verdichtet, aber kaum Kranzbildung.

S t i m m e : Die Art verfügt über ein relativ reiches Stimmrepertoire, das recht unterschiedlich beschrieben wird und auf das im Detail hier nicht eingegangen werden kann. Manche Rufe erinnern an die Töne einer Kindertrompete, andere auch an sperlingsähnliches Schilpen; auch sehr weiche Rufe, die dem Locken des Dompfaffen nahekommen, werden vernommen. Der Gesang des ♂ im Singflug kann in zwei verschiedenen Variationen vorgetragen werden. Die erste besteht aus einem dorngrasmückenähnlichen abgehackten Gezwitscher von ca. 0,4 s Phrasenlängen in Höhenlagen von 2 bis 4 kHz. Die zweite aus angenehm flötenden, leicht ansteigenden Einzelelementen von ca. 0,5 s Länge in Höhenlagen von 3 bis 4 kHz. SCHIMKAT (1992) notierte auch zweisilbige Gesänge »zie–zrü«, die er mit dem rhythmischen

Quietschen einer Schaukel verglich, er differenzierte diesen Gesang deutlich von den einsilbigen Liedern der Steinlerche (*A. deserti*). MEINERTZHAGEN bezeichnete den Gesang bei *A. c. arenicolor* als »weak but excellent quality«, der einer kleinen Flöte ähnelt.

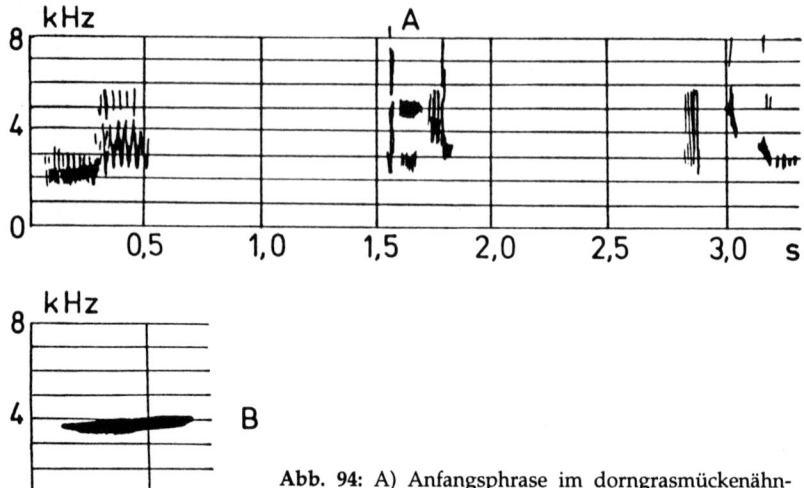

Abb. 94: A) Anfangsphrase im dorngrasmückenähnlichen Fluggesang. B) Element aus flötenartigem Fluggesang, das in Intervallen von ca. 1 s bis zu 8mal wiederholt wird. Nach CRAMP (1988).

V e r h a l t e n , N a h r u n g , S t a t u s : Nicht scheu, wir konnten uns aufrecht gehend mit der Kamera bis auf 5 m dem Paar nähern (einige Autoren urteilen: ziemlich scheu). Auch außerhalb der Brutzeit paarweise anzutreffen oder in kleinen Trupps von 3 – 7 Exemplaren; einmal wurde in der westlichen Sahara ein Schwarm von ca. 50 Vögeln registriert. Der Flug ist wellenförmig und ruckartig. Wir sahen die Art nie auf Büschen oder Bäumen, nur zweimal beobachtete Verfasser, wie ein Vogel nach dem Eintragen von Nistmaterial für Sekunden auf die das Nest schützende Staude sprang und abflog. Im Singflug steigt das ♂ vom Boden auf (bisweilen soll es auch von Büschen erfolgen!), beginnt in 3 – 6 m Höhe zu singen und steigt in schmetterlingsartigen auf- und abfallenden Kreisflügen 10 bis 30 m hoch. Die Landung erfolgt oft unter rhythmischen »wiie–wiie« Rufen in Intervallen von ca. 1 s. — Nährt sich von Samen, anderem Pflanzenmaterial und Insekten. Die untersuchten Mägen enthielten neben dieser Nahrung auch sandige und kiesige Bestandteile. — Gemeiner Standvogel, lokal verbreitet, teilweise nomadisierend. Irrgast in Kuwait, Syrien, Italien und auf Malta.

U n t e r a r t e n u n d i h r e B r u t g e b i e t e : *A. c. cincturus*, Kapverdische Inseln; *A. c. pallens*, Mali bis Sudan; *A. c. arenicolor*, N Afrika, Sinai, Arabien; *A. c. zarudnyi*, E Iran, Pakistan, NW Indien.

2.5.2 *Ammomanes phoenicurus* (FRANKLIN, 1831) — Rotschwanzlerche

E: Rufous–tailed Lark, Rufoustailed Finch–Lark.

Synonyme: *Mirafra phoenicura* FRANKLIN, 1831.

Habitus: Sperlingsgroße, ziemlich gedrungene Lerche ohne Federhaube.

Biometrische Daten (mm, g): Länge ca. 160, Flügel ♂ 100 – 110, ♀ 98 – 104, Schwanz ♂ 57 – 64, ♀ 52 – 63, Schnabel (bis Schädel) 15 – 17, Lauf 21 – 24, Masse 23 – 27.

Merkmale: ♂ und ♀: Rötlich braune Lerche mit kräftigem Schnabel und leuchtend rötlichem Schwanz, der, ähnlich wie bei *A. cincturus* in einem schwarzen Band endet, was besonders im Flug auffällt (*A. deserti* ohne tiefes Schwarz im Schwanz); auch sonst der Schwarzschwanzsandlerche bis auf das Rot im Schwanz sehr ähnlich, weshalb manche Autoren (z. B. ALI & RIPLEY 1972) diese zu *A. phoenicurus* stellen. Der kräftige Schnabel ist hornbraun, oben und an der Spitze dunkler. Die Mundhöhle ist matt orangefarben, Füße braun, Krallen dunkler, Iris hellbraun.

Verbreitung und Biotop: Vorderindische Subregion, außer Sri Lanka: Gesamtes zentrales und südliches Indien. Nordgrenze auf einer groben Linie von Kutch über Ajmer bis Delhi, Uttar; südlich des Ganges bis W Bengalen und SW Bangladesch; südlich bis zum Golf von Mannar. In Kerala noch nicht aufgezeichnet, doch in geeigneten Biotopen nicht auszuschließen. — Bevorzugt offene steinige Landschaften mit spärlichen Büschen, auch Brachländer in Nachbarschaft von gepflügten Feldern und in diesen selbst, auch wenn mit Telegraphenleitungen durchzogen.

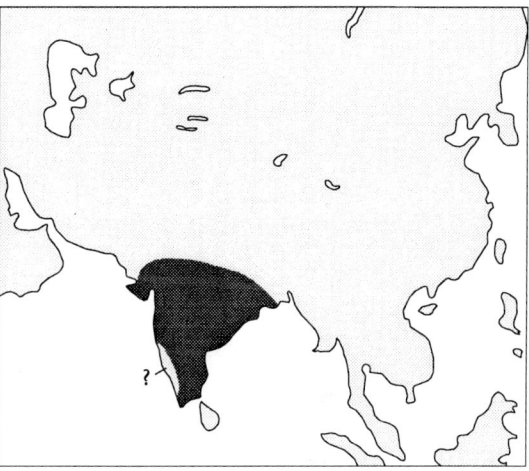

Abb. 95: Verbreitung der Rotschwanzlerche.

Fortpflanzung: Februar bis Mai, vornehmlich März und April. Typisches Lerchennest; Nestrand oft mit kleinen Steinchen oder Erdkrümchen belegt, auch mit zarten Zweigteilen oder Abfallen aus der Zivilisation. 2 bis 4 Eier, 21,2 x 15,7 mm (52), bei Frischvollgewicht von 2,70. Grundfarbe creme oder grünlichweiß, darauf zarte rötlichbraune oder umbrabraune Frickel und Flecke, oft am stumpfen Ende verdichtet. Beide Geschlechter tragen Nistmaterial zum Nest und beteiligen sich an der Brutpflege.

Stimme: Der angenehme Gesang wird im Fluge, aber auch von Erdhügeln oder Steinen vorgetragen. Er besteht aus einer Reihe drosselähnlicher Silben wie »tiie-hoo«; zwischen diesen Reihen erklingen auch leisere heisere Pfeiftöne sowie ein Zwitschern in niedriger Tonhöhe.

Verhalten, Nahrung, Status: Außerhalb der Brutzeit in Dreier–Gruppen oder Paaren, bisweilen auch Flüge von 50 und mehr Exemplaren. Sie laufen oder rennen futtersuchend in Zickzacklinien am Boden umher. Aufgestöbert fliegen sie mit seltsamen Flugwendungen hoch und lassen sich schnell wieder nieder. Häufig rennen sie schnellaufenden Insekten nach, wobei sie die Flügel schnippend öffnen und schließen. Beeindruckend der Balzflug: Die Lerche steigt dabei ca. 30 m oder mehr in die Luft, fliegt kreisend und singend für einige Minuten herum, wobei die tief ausholenden Flügelschläge auffallen. Das Abfallen erfolgt zunächst stufenweise und schaukelnd in Luftsprüngen, zuletzt stürzt sie kopfüber mit angezogenen Flügeln zu Boden. Das Balzflugmuster ähnelt dem von *Eremopterix grisea*. — Die Nahrung besteht aus Gras– und Unkrautsamen, Körnern von Reis und anderen Getreidearten, Gliederfüßern (vornehmlich Insekten). — Standvogel mit einigen lokalen saisonbedingten Bewegungen außerhalb der Brutzeit; besonders abhängig vom Monsun.

Unterarten und ihre Brutgebiete: *A. p. phoenicurus*, N Indien, südlich bis ca. 15° n. Br.; *A. p. testaceus*, C und S Indien, südlich des 15° n. Br.

2.5.3 *Ammomanes deserti* (Lichtenstein, 1823) — Steinlerche, Wüstenlerche, Sandlerche

E: Desert Lark.

Synonyme: *Alauda deserti* LICHTENSTEIN, 1823; *Mirafra phoenicuroides* BLYTH, 1853.

Abb. 96: Männchen der Steinlerche (Tamerza, Tunesien). Foto: PÄTZOLD.

114

Habitus: Ca. 15 % kleiner als Feldlerche, aber nicht schlanker, Proportionen zwischen Flügel und Schwanz ähnlich, Schnabel kräftiger.

Biometrische Daten (mm, g): Länge 150 – 170, Flügel ♂ 98 – 107, ♀ 92 – 101, Schwanz ♂ 60 – 70, ♀ 54 – 66, Schnabel (vom Schädel) 15 – 18, Lauf 21 – 24, Masse 22 – 29.

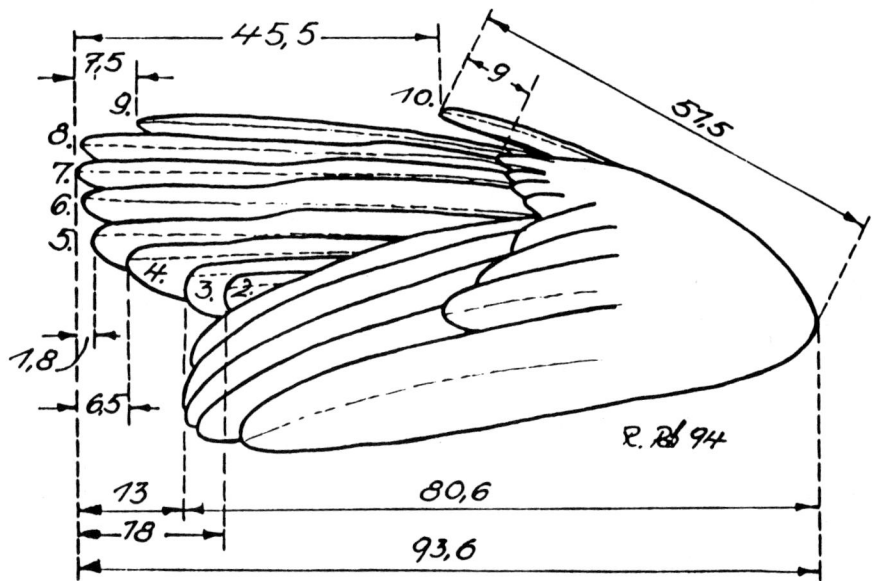

Abb. 97: Linker Flügel der Steinlerche. Maße in mm. Zeichnung: PÄTZOLD.

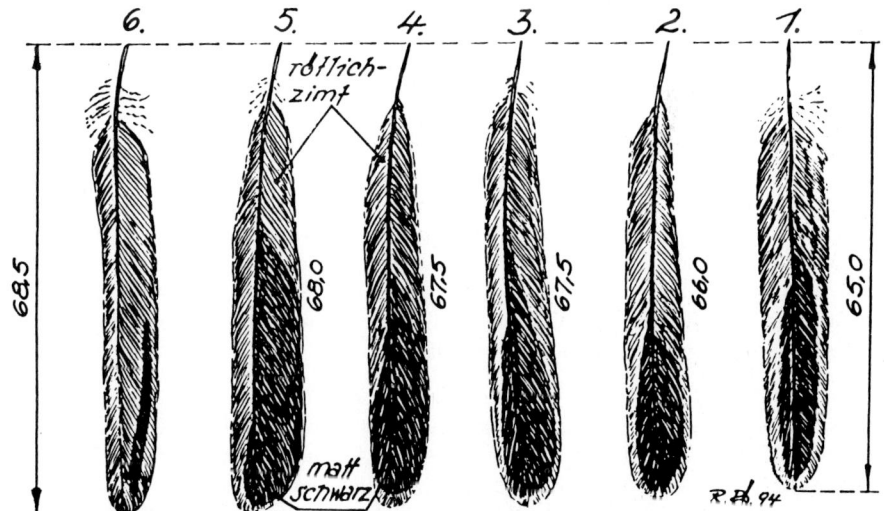

Abb. 98: Steuerfedern der Steinlerche. Maße in mm. Zeichnung: PÄTZOLD.

Flügelbau: Ziemlich lang und breit, an der Spitze gerundet. HS 7 (längste) bildet mit HS 8 (0 – 2 mm kürzer) und HS 6 (0 – 2 mm kürzer) die Flügelspitze. HS 9 ist 6 – 10, HS 5 1,5 – 4, HS 4 6 – 11, HS 1 20 – 26 (♂) oder 15 – 24 (♀), HS 10 47 – 55 (♂) oder 43 – 52 (♀) mm kürzer. HS 10 ist 4 – 15 mm länger als große obere Handdecken. Außenfahnen von HS 4 – HS 8 und Innenfahnen von HS 5 – HS 9 sind eingeschnürt. Schirmfedern kürzer als bei A. cincturus (kaum länger als die Armschwingen), sie erreichen bei geschlossenem Flügel nur HS 1 bis HS 3. Bei Jungvögeln sind HS 7 und HS 8 die längsten; HS 9 ist 3 – 8, HS 6 1 – 3, HS 5 2,5 – 5, HS 4 9 – 12, HS 1 18 – 23 (♂) oder 17 – 21 (♀), HS 10 36 – 47 (♂) oder 35 – 44 (♀) mm kürzer. HS 10 ist hier 11 – 18 mm länger als die großen oberen Handdecken. Bei Nestlingen, die mit ca. 52 mm Flügellänge das Nest verlassen, ist die Handflügelspitze gleich der Armflügelspitze (Schirmfedern).

Merkmale: ♂ und ♀: Im Felde ist diese Lerche von der sehr ähnlichen, oft im gleichen Gebiet vorkommenden Bindensandlerche (A. cincturus) durch den gelben bis orangefarbenen Unterschnabel zu unterscheiden; im Fluge fehlt die bei A. cincturus scharf abgesetzte rein schwarze Schwanzendbinde und das reine Schwarz an den Flügelspitzen. Von Stummellerche (Calandrella rufescens) und Kurzzehenlerche (C. cinerea) ist sie durch das Fehlen von Weiß im Schwanz leicht zu unterscheiden. Oberseite sandfarben mit rötlich–zimtfarbenem Anflug. Kinn und Kehle weiß, übrige Unterseite grau bis rötlich rahmfarben, Kropfgegend undeutlich und verwaschen braungrau längsgestrichelt. Schwingen olivbraun mit rötlich–zimtfarbenen Rändern, Spitzen der Handschwingen verwaschen dunkelbraun; Unterflügel hell zimtbraun. ST 1 matt schwarz mit breiten rötlich–zimtfarbenen Rändern, ST 2 bis ST 4 dunkelgrau bis matt schwarz mit schmalen rötlich–zimtfarbenen Säumen an den Spitzen und entlang der distalen Seiten der Außenfahnen. ST 5 und ST 6 wie vorige, jedoch mit gänzlich rost–isabellfarbenen Außenfahnen. Jungvögel mit rötlich gelbbraunem Bürzel (nicht so leuchtend weinrötlich wie bei Altvögeln), der helle Überaugenstreif ist kürzer als bei adulten. Verfasser erkannte selbständige Jungvögel stets an einer schmalen weißlichen Schwanzendbinde, die den Altvögeln fehlt. Die pulli haben orangegelbe Mundhöhlen mit den typischen 3 Zungenpunkten sowie je einen Schnabelpunkt an Ober– und Unterschnabel. Die gesamte Oberseite ist in ein außergewöhnlich dichtes, nahezu weißes Dunenkleid gehüllt. Nur durch kräftiges Blasen erkennt man den violettschwarzen Rücken. Die Unterseite ist blaß orangegelb, wobei Federfluren und –raine sich farblich kaum unterscheiden. Lauf und Zehen sind hell fleischfarben, die Laufunterseite hell gelblich, die Krallen weiß, dunkeln täglich nach. Schnabel hornbraun mit rötlichem Schimmer. — Schnabel (adult) oben dunkel hornbraun, unten und an der Wurzel deutlich gelblicher mit Anflug von Orange. Füße hell hornbraun bis gelblich, weniger fleischfarben als bei A. dunni. Iris haselnußbraun.

Verbreitung und Biotop: Sehr ähnlich wie A. cincturus, besiedelt aber das gesamte Küstengebiet um Arabien und erreicht im nordwestlichen Indien den 80. Grad östlicher Länge. Paläarktische Subregion, teilweise im Grenzgebiet von Afrikanischer und Vorderindischer Subregion. Südliche Grenze etwa 18° n. Br., nördliche etwa 35° n. Br. in Afrika und 42° n. Br. in Asien. Von Senegal ostwärts (fehlt im Gegensatz zu A. cincturus auf den Kapverden) über Mauretanien, Westsahara,

Marokko, Mali, Algerien, Südtunesien, Libyen (fehlt in der Kyenaika), Ägypten, Sudan bis zum Roten Meer, N Somalia, Arabien, Jordanien, Syrien, Irak, Iran, Turkmenien, Usbekistan, Afghanistan, Pakistan bis NW Indien. Vereinzelt in der Türkei festgestellt, wo diese Art höchstwahrscheinlich in kleiner Anzahl brütet; SCHIMKAT fand sie im Herbst 1991 am Fuß des Dogu–Toroslar–Gebirges (östl. Türkei) nicht selten und schließt aus dem Verhalten ebenfalls auf eine Ansässigkeit. — Sandwüsten mit Steinen und dürftigen Gräsern. In Tunesien fanden wir sie an

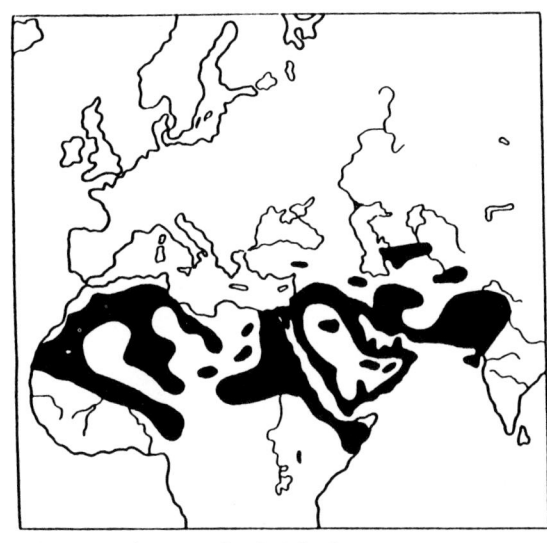

Abb. 99: Verbreitung der Steinlerche.

den steinigen Hängen des Dahar–Gebirges, und im Bergland von Tamerza war sie nahezu die einzige Lerchenart (*Galerida theklae* war äußerst selten). Am Fuß des Himalaja steigt sie in Höhen bis zu 2.000 m; auch im Brachland in bewässerten Wüsten zu finden.

Abb. 100: 8 Tage alte Steinlerche. Foto: PÄTZOLD.

Fortpflanzung : Brutzeit in der südlichen Sahara Jan. bis Mai, in Tunesien März bis Mai. Verfasser sah am 27. Apr. 1993 im Bergland von Tamerza bereits selbständige Jungvögel der ersten Brut. Die meisten Paare waren um diese Zeit mit dem Nestbau für die zweite Brut beschäftigt. Zwei der ersten Gelege der zweiten Brut fand ich dort am 27. Apr. und 2. Mai. Im östlichen Saudi–Arabien wurden ebenfalls flügge Junge im Apr. gesehen und Nestlinge Mitte Juni; in Pakistan und Indien werden Brutzeiten vorwiegend im Mai und Juni genannt. Das Nest steht im

Schutz von niedrigen Büscheln oder überhängenden Steinen. Die vom Verfasser und J. SCHIMKAT im Bergland von Tamerza gefundenen 3 Nester zeigten alle eine üppige »Pflasterung« aus flachen Steinen in einer Ausdehnung von 180 mm vor dem Nesteingang. Bei einem Nest (später ausgeraubt) wurden 116 Steine in drei Schichten mit einem Gesamtgewicht von 445 g vorgefunden. Nach Wegnahme der Steine stand der vordere Rand des Nestes 30 mm über dem ursprünglichen Bodenniveau. Auf diese Weise wurde dem Vogel ein tieferer beschwerlicher Aushub im harten steinigen Boden erspart, um die notwendige Nesttiefe zu erzielen. Das Nest ist wohlgefügt und auffällig stabiler und umfangreicher als das von *A. cincturus*; die Baustoffe bestehen äußerlich aus Pflanzenstengeln und Grashalmen, ausgepolstert mit Blütenrispen und Pflanzenwolle. Der Durchmesser der ausgehobenen Bodenmulde betrug 90 mm, die Tiefe 65 mm; der Nestinnendurchmesser 68 mm, die Tiefe 38 mm, Nestgewicht (trocken) 13,2 g. Die Nestausgänge wiesen alle nach Norden. Das Gelege enthält 1 bis 5 Eier, meist 3 bis 4. Maße von 5 Eiern in Tamerza (Verfasser): 21,4 x 16,0; 22,3 x 15,8; 22,2 x 15,9; 22,1 x 16,2 und 22,8 x 16,0 mm. 38 Eier aus Ägypten, Arabien, Israel und Syrien maßen im Durchschnitt 21,6 x 15,4 mm bei Frischvollgewicht von 2,63 g; 16 indische Eier zeigten Durchschnittsmaße von 22,1 x 16,4 mm. Die Grundfarbe ist milchweiß, darüber graue und olivbraune Punkte, im ganzen *Lullula arborea* ähnlich, aber heller. Die vom Verfasser in Tunesien gefundenen Eier zeigten alle mehr oder weniger Kranzbildung am stumpfen Ende. Nur das ♀ brütet, Inkubationsdauer nicht bekannt. Beide Elternpaare füttern und entsorgen die Jungen, sie zeigen am Nest wenig Scheu. Ein Altvogel fütterte nach meinen Beobachtungen bei einem Nestbesuch fast immer 1 bis 2 pulli, das dritte wurde dann unmittelbar danach vom 2. Altvogel versorgt. Die

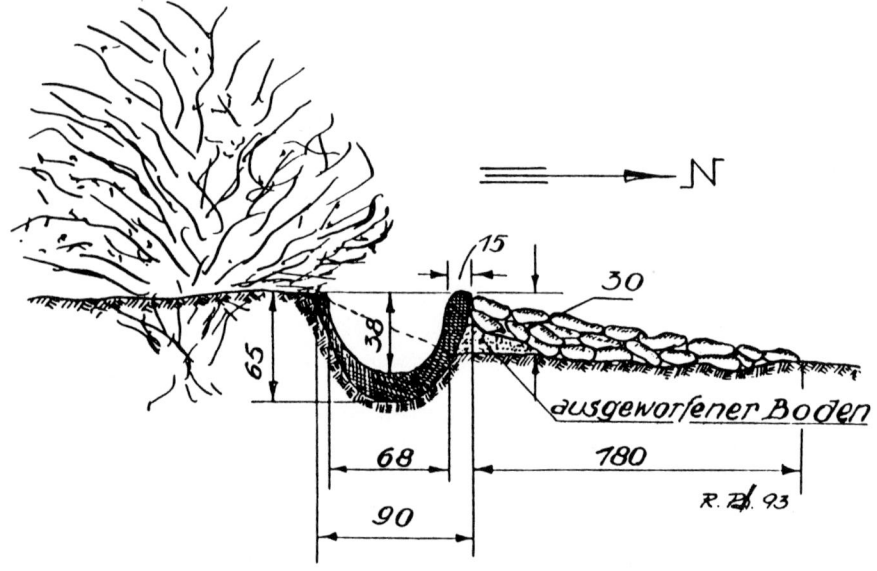

Abb. 101: Querschnitt durch die Nestanlage der Steinlerche. Maße in mm. Zeichn.: PÄTZOLD.

Jungen verlassen im Alter von 9 bis 10 Tagen, bzw. wenn sie eine Flügellänge von ca. 52 mm aufweisen und am Bauch nahezu befiedert sind, halb hüpfend, halb laufend das Nest.

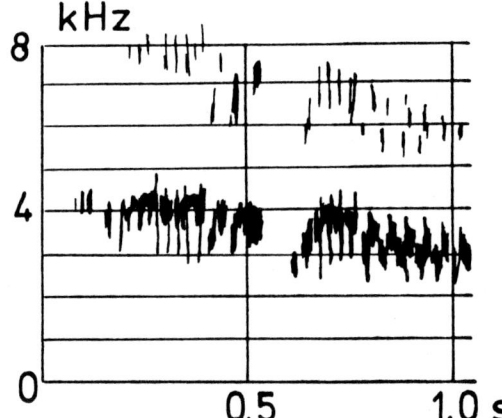

Abb. 102: Ausschnitt aus dem Bodengesang der Steinlerche. Nach CRAMP (1988).

S t i m m e : Die Rufe sind von großer Klangschönheit und oft in der Sahara zu hören, meist vernimmt man ein wiederholtes flötendes »piiöf–piiöf–piiöf«. Im Fluge wird als Kontaktruf ein mehrfaches kurzes »lü« oder »litschü« ausgestoßen. In Südtunesien notierte ich den Flugruf bei der Landung eines Paares im vermutlichen Brutrevier mit »shri–id–shri–id«. Als Fütterungslaut ertönt ein weiches »tü–uf«. Erregt reagiert der Vogel mit kräftigem Zwitschern oder mit lautstarken »wii–ü«–Rufen. Die Nestlinge werden mit weichem »piu« vor menschlichen Störungen gewarnt. Eben ausgeflogene Junge rufen »schirrp«. Den melodischen Gesang, im Singflug oder vom Boden vorgetragen, der aus wiederholten »kriökriö«–Rufen besteht, konnten BAUMGART & STEPHAN (1987) bereits am 20. März in Syrien verhören. Das gesamte Stimmrepertoire liegt im allgemeinen zwischen 2 und 4 kHz, und die Länge der Motive beträgt durchschnittlich 0,5 s.

V e r h a l t e n , N a h r u n g , S t a t u s : In der Brutzeit auffällig stark paargebunden, kleine Trupps bestehen dann in der Regel aus Jungvögeln der ersten Brut, erst nach der zweiten Brut trifft man Jung– und Altvögel gemeinsam in kleinen Flügen an. Zeigt wenig Scheu vor den Menschen. Verfasser konnte das fütternde Paar, das stets gemeinsam am Nest eintraf, nach gewisser Gewöhnung aus 4 m Entfernung ungetarnt beobachten; im Gegensatz zu anderen Alaudiden näherten sich die Vögel nach der Fütterung »neugierig« dem Beobachter bis auf 2 m. A. E. BREHM berichtet, daß sie »vertrauensvoll in das Zelt eines Wanderhirten kam …«. Hält sich gern in wasserlosen Furchen auf, wo sie auch bei Gefahren Zuflucht sucht; wurde auch an Tränken in der Wüste (Regenpfützen) beobachtet. Im klüftigen trockenen Bergland von Tamerza (Tunesien) jedoch, wo diese Art flächendeckend in Revieren von 300 bis 500 m Durchmesser brütet, wurden die wenigen Tränken ausschließlich von Wüstengimpeln (*Bucanetes githagineus*) und Hausammern (*Emberiza striolata*) besucht. Regen verträgt das weiche Gefieder dieser Lerchengattung nicht gut.

KÖNIG fand vom Regen überraschte Vögel in einem fast flugunfähigen Zustand und hielt sie für verloren. Doch verbergen sich die Vögel in der Regel bei Regenfällen (die in ihren Habitaten selten sind) unter dachförmigen Steinen und in Ritzen von Felswänden. Die größte Aktivität zeigen sie in den kühleren Morgen– und Abendstunden, was besonders bei der Fütterung der Nestlinge beobachtet werden kann. Der Singflug, steil aufsteigend, ist relativ kurz und wellenförmig (Amplituden bis ca. 2 m) und meist nur 6 bis 12 m hoch (ausnahmsweise 30 und 40 m), im Grundriß überwiegend geradlinig, bisweilen kreisförmig. Der Gesang kann unmittelbar nach dem Aufsteigen einsetzen oder auch erst nach Erreichen der maximalen Höhe. Bodengesang von einem erhöhten Punkte aus ist nichts außergewöhliches. — Die Nahrung besteht aus Samen diverser Wüstenpflanzen (*Setaria verticillata, Panium ramosum, Sorghum* sp. etc.) und Insekten (Formicidae, Coleoptera, Hemiptera, Larven von Lepidoptera etc.). Wir sahen die Vögel auch fliegenden Schmetterlingen hinterher jagen. Nestlinge werden ausschließlich animalisch ernährt, dominierend mit Heuschrecken und Schmetterlingslarven. — Stand– und Strichvogel; als Irrgast in Spanien, Libanon und auf Zypern nachgewiesen.

Unterarten und ihre Brutgebiete: *A. d. payni,* Marokko; *A. d. algeriensis,* Algerien, Tunesien; *A. d. whitakeri,* NW Libyen; *A. d. mya,* S Algerien, Niger; *A. d. janeti,* S Algerien; *A. d. geyri,* S Algerien, Mauretanien, N Nigeria; *A. d. monodi,* C Mauretanien; *A. d. mirei,* Tibesti Gebirge; *A. d. kollmanspergeri,* NE Tschad; *A. d. deserti,* E Libyen, Ägypten; *A. d. erythrochrous,* Sudan; *A. d. isabellinus,* Ägypten, Arabien, Israel, Syrien; *A. d. samharensis,* E Sudan, S Arabien; *A. d. taimuri,* Oman; *A. d. assabensis,* Eritrea, N Somalia; *A. d. akeleyi,* Somalia; *A. d. azizi,* EC Arabien; *A. d. saturatus,* S Arabien; *A. d. annae,* Transjordanien; *A. d. insularis,* Bahrain Insel; *A. d. cheesmani,* E Irak, W Iran; *A. d. parvirostris,* Transkaspien; *A. d. orientalis,* N Afghanistan; *A. d. iranicus,* S Iran, S Afghanistan; *A. d. phoenicuroides,* NW Indien.

Anmerkung des Verfassers: Obwohl A. E. BREHM die Sandlerche *Ammomanes cinctura* (von GOULD 1841 erstmalig beschrieben) in seiner zweiten Auflage von Brehms Tierleben (1882) von *A. deserti* (die er Wüstenlerche nennt) unterschied, wird dies in den meisten späteren Auflagen nach BREHMs Tod (1884) bedauerlicherweise nicht mehr erwähnt, so daß leicht der Eindruck entsteht, BREHM habe die sehr ähnliche *A. cincturus* gar nicht gekannt bzw. beide Arten in *A. deserti* vereinigt.

2.5.4 *Ammomanes dunni* (SHELLEY, 1904) — Einödlerche, Kleine Schwarzschwanzsandlerche

E: Dunn's Lark.

Synonyme: *Calendula dunni* SHELLEY, 1904; *Eremalauda dunni* (SHELL., 1904).

Habitus: Ca. 15 % kleiner als Feldlerche und 5 % kleiner als *A. cincturus.* Kurzschwänziger und kompakter als genannte *Ammomanes*–Arten, auch kräftigerer Schnabel und deutlichere Gesichtszeichnung.

Biometrische Daten (mm): Länge ca. 140, Flügel 74 – 97 (Nominatform die kleinsten Abmessungen), Spannweite 250 – 300, Schwanz 40 – 55, Schnabel 11 – 13, Lauf 22 – 24.

Abb. 103: Einödlerche. Verändert nach BANNERMAN (1953). Zeichnung: PÄTZOLD.

Abb. 104: Kopfpartie der Einöd-lerche. Verändert nach CAVE & MACDONALD (1955). Zeichnung: PÄTZOLD.

Flügelbau: Relativ kurz und breit mit gerundeter Spitze. HS 8 (längste) bildet mit HS 9 (1 – 4 mm kürzer), HS 7 (0 – 1 mm kürzer) und HS 6 (1 – 2 mm kürzer) die Spitze. HS 5 ist 3 – 6, HS 4 8 – 17, HS 1 16 – 26 und die reduzierte HS 10 44 – 60 mm kürzer als die Flügelspitze. HS 10 ist 0 – 4 mm kürzer als die längste Handdecke, bei Jungvögeln länger und mit mehr gerundeter Spitze. Die Außenfahnen von HS 6 – HS 8 und Innenfahnen von HS 6 – HS 9 sind eingeschnürt. Die Schirmfedern erreichen fast die Flügelspitze (bei *A. deserti* kürzer!).

Merkmale: ♂ und ♀: Diese Lerche hat zum Unterschied zur sehr ähnlichen Kordofanlerche, die im gleichen Gebiet vorkommt, kein Weiß im Schwanz. Von der Rostlerche unterschieden durch fast weiße Unterseite, die nur an den seitlichen Kropfpartien durch dunklere Strichelung oder verwaschene Fleckung unterbrochen wird. Oberseite rötlich–zimtfarben mit grau verwaschenen Federkanten, Scheitel schwärzlich längsgestrichelt. Schwingen leuchtend rötlich zimtbraun, die Spitzen

121

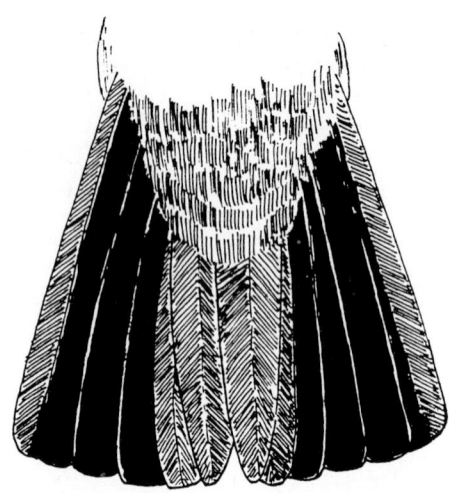

Abb. **105:** Schwanz der Einödlerche. Nach
ETCHÉCOPAR & HÜÉ (1967). Zeichnung:
PÄTZOLD

von HS 9 – HS 4 schwarz bzw. schwärzlich. ST 1 wie Rückenfarbe, ST 2 schwärzlich mit verwaschenen zimtfarbenen Partien. ST 3 bis ST 5 schwarz mit schmalen rötlich–gelben Säumen, ST 6 schwarz mit gelblich brauner Außenfahne. Jungvögel haben kleine weiße Tupfen auf der Oberseite (MACKWORTH-PRAED & GRANT 1955). — Schnabel hell grau bis hell rötlich–braun. Füße weißlich bis hell fleischfarben.

Fortpflanzung: In Mauretanien eine Brutaufzeichnung; im Raum Darfur (Sudan) Brutkondition im Febr. und März beobachtet und Jungvögel im Febr. gesichtet. Typisches Lerchennest im Schutz von Grasbüscheln oder Steinen. 2 bis 3 Eier (NAUROIS 1974), nicht näher beschrieben, sie sollen denen der *Mirafra*–Arten sehr ähneln und mit schwärzlichen und lavendelfarbigen Tupfen und Flecken gemustert sein.

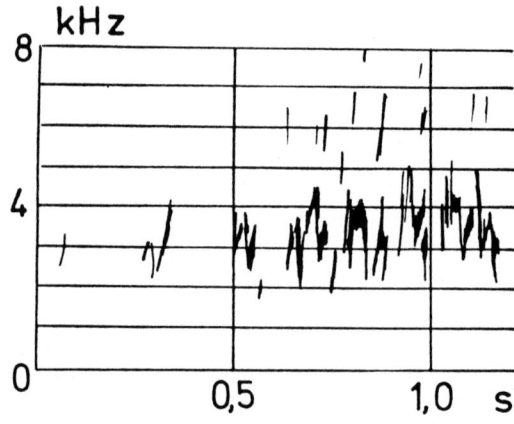

Abb. **106:** Ausschnitt aus dem Bodengesang der Einödlerche als kurze Zwitscherphrase, die oft wiederholt wird. Nach CRAMP (1988).

Stimme: Aufzeichnungen nur in der Brutsaison vorhanden. Das ♂ singt im Flug, von der Spitze eines kleinen Busches oder vom Erdboden. Gesang kaum zu beschreiben, da das Repertoire äußerst variabel, wenig spezifisch und nicht völlig klar ist. Er wird daher von verschiedenen Autoren recht unterschiedlich dargestellt. Vom kratzenden Trällern, vermischt mit melancholischem Pfeifen und glokkenähnlichen Lauten, die an die Klänge von Weißstirnlerche, Bindensandlerche, Haubenlerche, Feldlerche und sogar an die der Wüstenläuferlerche erinnern, scheinen alle Übergänge vorhanden zu sein. Es muß offen bleiben, ob es sich um Imitation oder Originallaute handelt. Vom Boden werden gewöhnlich kurze Zwitscherphrasen vernommen von jeweiliger Dauer von 2 – 4 Sekunden. Kontaktrufe werden mit wiederholtem »ziup« oder »chiup–chiup« (im Flug) wiedergegeben. Der Alarmruf ist ein lautes klirrendes »chiie–up« (ROUND & WALSH 1981 und BROWN in CRAMP et al. 1988).

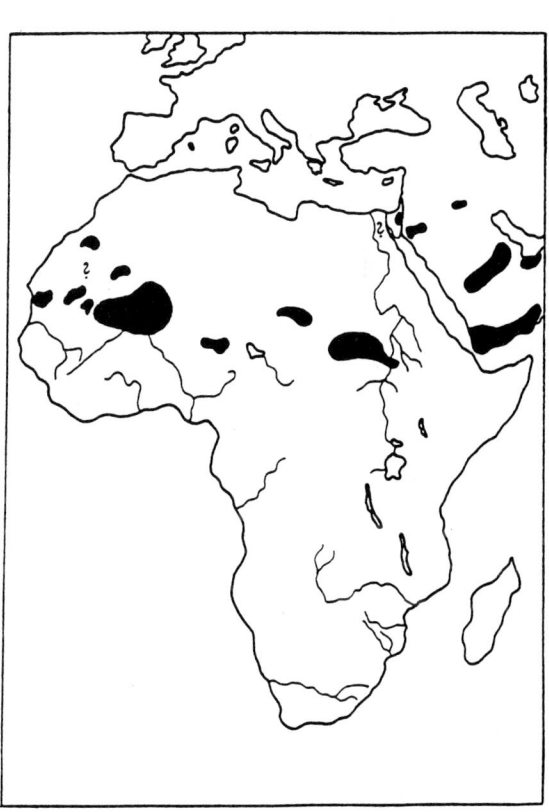

Verbreitung und Biotop: Paläarktische Subregion und im Grenzgebiet zur Afrikanischen Subregion: In Afrika und Arabien zwischen 15. und 20. nördlichen Breitengrad. Mauretanien, Mali, Niger, Tschad, Sudan, Jemen, Oman, Saudi–Arabien, Jordanien. — Ebene spärliche Graslandschaften am Rande unfruchtbarer Wüsten und in Wadis; in manchen Habitaten gemeinsam mit Haubenlerche, Wüstenläuferlerche, Stummellerche, Kordofanlerche und Rostlerche. In Mauretanien fand man die Art brütend auch in Steppen mit *Aristida plumosa* Gräsern. Gelegentlich auch in offenem Buschgelände; im allgemeinen in einem beschränkten Habitat.

Verhalten, Nahrung, Status: Sehr ähnliche Eigenschaften wie *A. cincturus*.

Abb. 107: Verbreitung der Einödlerche.

Außerhalb der Brutzeit meist in Trupps von 2 bis 3 Individuen anzutreffen (ausnahmsweise bis zu 20), bisweilen auch in Gesellschaft von *Eremopterix*–Arten. Auf dem Erdboden schwer zu entdecken und aufzustöbern; hält sich möglicherweise mehr in Gras– und Buschlandschaften auf als *A. cincturus*. Steigt zum Singflug ca. 6 bis 10 m gegen den Wind auf und landet nach ca. 2 Minuten. Auch Singflüge von 4 bis 5 Minuten Dauer in etwa 50 m Höhe wurden beobachtet. Siedlungsdichte: In Nord–Mauretanien fand man auf 25 ha 4 bis 5 Nester, also 1,8 Paare je 10 ha (NAUROIS 1974 in CRAMP 1988). — Magenuntersuchungen ergaben zum größten Teil Samen von Hirse (*Panicum turgidum*) neben kleineren Insekten. Die Jungen erhielten von beiden Elternteilen (in Saudi–Arabien) grüne Schmetterlingsraupen. — Im allgemeinen Standvogel, nicht selten. Gelegentlich verstreute kürzere Ortsbewegungen in Dürrezeiten und in Zusammenhang mit den Regenfällen. Als Irrgast in Libanon, Israel und Kuweit nachgewiesen.

Unterarten und ihre Brutgebiete: *A. d. dunni*, S Sahara, W Sudan; *A. d. eremodites*, Arabien.

2.5.5 *Ammomanes grayi* (WAHLBERG, 1855) — Namiblerche

E: Gray's Lark.

Synonym: *Alauda grayi* WAHLB., 1855.

Abb. 108: Namiblerche. Verändert nach MACLEAN (1985). Zeichnung: PÄTZOLD.

Habitus: Sehr kleine (20 bis 25 % kleiner als Feldlerche) kurzschwänzige Lerche.

Biometrische Daten (mm, g): Länge ca. 140, Flügel ♂ 82 – 85, ♀ 76,5, Schwanz 49 – 50, Schnabel 13 – 16, Lauf 20 – 23, Masse 17,5 – 26,5.

Merkmale: Sehr helle kleine Lerche, die in ihrem Verbreitungsgebiet infolge des Fehlens einer Brustzeichnung mit keiner anderen Lerche verwechselt werden kann. Geschlechter gleich. Oberseite rötlich isabell– bis sandfarben, dem Verwitterungsschutt in der Namibwüste angepaßt. Reinweiß ist der schmale Überaugenstreif und die Kopfseiten. Gesamte Unterseite und Unterflügeldecken nahezu weiß. Schwingen fahl graubraun bis hell rötlich mit sandfarbenen Säumen, nur äußerste Handschwingen weiß gesäumt und spitzenwärts dunkler gefärbt, Schirmfedern wie

Rücken. ST 1 an Wurzel rötlich–isabell, sonst graubraun mit sandfarbenen Säumen; ST 2 bis ST 5 schwarzbraun, an der Wurzel und weiter hinauf an der Außenfahne weiß; ST 6 auf Außenfahne bis fast zur Spitze weiß, bisweilen auch mit weißem Spitzenfleck oder Endsaum, Innenfahne schwarzbraun. Jugendkleid dunkler und gesprenkelt. — Schnabel grau mit schwarzer Spitze, Füße grau, Iris olivbraun.

Verbreitung und Biotop: Afrikanische Subregion: Von SW Angola in einem ca. 70 bis 90 km breiten Streifen südwärts durch die Namibwüste bis zur Linie Lüderitz–Aus. — Charaktervogel der Namib-wüste (Nebelzone) auf hell rötlichen steinigen, schotterigen und kiesigen Flächen mit spärlichem Grasbewuchs und niedrigen Sukkulenten–Sträuchern. In der Brutzeit Uferstreifen an Flüssen mit dichtem Bestand an Gräsern (Strandhafer) und an den Rändern von Süßwasserstellen. Die von HOESCH (1958) gesammelten Exemplare in der extrem ariden Steinwüste wiesen in den verschiedensten Jahreszeiten nur inaktive Gonaden auf.

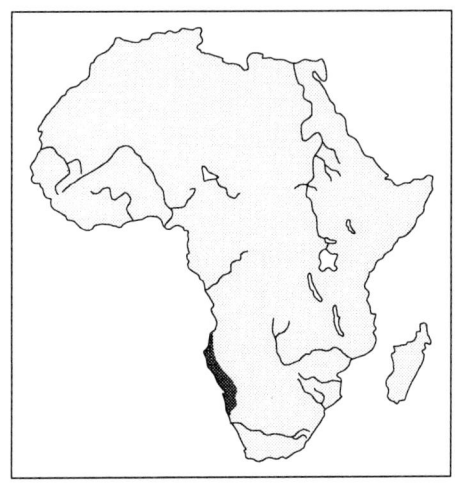

Abb. 109: Verbreitung der Namiblerche.

Fortpflanzung: Dominierend von März bis Mai; hat im Juli bei Swakomund gebrütet. HOESCH fand ein bebrütetes Gelege im Jan. Typisches Lerchennest, Innendurchmesser 57 mm, Tiefe 45 — 50 mm. Hoesch fand ein Nest verfilzt im Gewirr von Strandhafer und überwölbt mit einem dichten Dach ortsfremder Gräser. 2 bis 3 Eier; 21,7 x 15,1 mm (3) bei Frischvollgewicht von 2,55. Eier auf weißem Grund dicht violett oder rötlich–grau gefrickelt, besonders am stumpfen Ende.

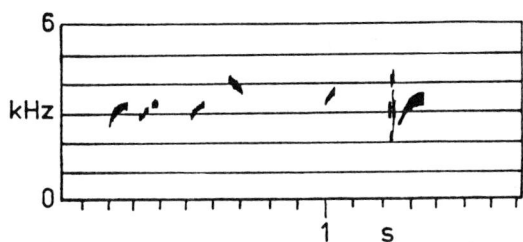

Abb. 110: Ausschnitt aus dem Gesang der Namiblerche. Nach MAC-LEAN (1985).

Stimme: Flugruf ist ein kurzes »triet« oder sanftes »tew–tew«, ausgestoßen zwischen Artgenossen innerhalb eines Trupps. Gesang vorwiegend nachts. Er ist ein Gemisch von hohen klirrenden Pfeiftönen, vom Boden oder in der Luft in schwirrendem Wellenflug vorgetragen.

Verhalten, Nahrung, Status: Außerhalb der Brutzeit in losen Trupps, infolge der Übereinstimmung von Boden– und Gefiederfarbe schwer zu entdecken.

Der Vogel ist vorsichtig und scheu, fliegt nur widerwillig auf und selten über größere Strecken. Am Tage sucht er oft Schutz vor Hitze in Nagetierbauen oder flüchtet an schattige Stellen zwischen Steinen oder herabhängenden Zweigen. — Die Nahrung besteht aus 60 % Sämereien und 36 % Arthropoden, der Rest aus grünen Pflanzenteilen. Die Nestlinge werden ausschließlich mit Insekten gefüttert. In extremer Namibwüste wird Wasserbedarf an Nebel– bzw. Tautropfen gedeckt, im »Feuchtgebiet« des Bruthabitates besteht Möglichkeit, Trinkwasser aufzunehmen. — Lokal ziemlich verbreiteter Standvogel, der aber zur Brutzeit in der Nähe der Flußufer nomadisiert.

Unterarten und ihre Brutgebiete: *A. g. grayi*, W und S Namibia; *A. g. hoeschi*, NW Namibia.

2.5.6 *Ammomanes burra* (BANGS, 1930) — Oranjelerche

E: Red Lark, Ferruginous Lark.

Synonyme: *Certhilauda burra* (BANGS, 1930); *Alauda ferruginea* A. SM., 1839, Lafr., 1839; *Ammomanes ferruginea* (A. SM., 1839); *Calendulauda burra* (BANGS, 1930); *Mirafra burra* (BANGS, 1930).

Abb. 111: Oranjelerche. Verändert nach MACLEAN (1985). Zeichnung: PÄTZOLD.

Habitus: Reichlich feldlerchengroße, kräftige Lerche mit kompaktem Schnabel und langem Schwanz.

Biometrische Daten (mm, g): Länge ca. 190, Flügel 95 – 112, Schwanz 72 – 83, Schnabel 11 – 13, Lauf 26 – 30, Masse 32 – 43.

Merkmale: ♂: Ähnelt der Karrulerche, *Certhilauda albescens*, aber Oberseite tiefer rotbraun leuchtend und fast ungestreift. Gesicht durch drei schwärzliche Streifen kontrastreich ausgezeichnet: Zügelstreif, Wangenstreif (vom Schnabelwinkel zum unteren Ohrdeckenrand), Kinnstreif (parallel unter dem Wangenstreif); letzterer fehlt bei der Karrulerche. Deutlicher weißer Überaugenstreif. Unterseite weiß, nur Kehle und Oberbrust stark dunkelbraun gestreift, bisweilen auch die Flanken dunkel überflogen. Schwingen und Schwanz dunkelbraun, erstere mit helleren Säumen, ST 1 rotbraun mit verwaschenem braunem Mittelstrich, ST 6 mit rotbräunlichem Außenrand. ♀ ähnlich ♂, aber auch feldornithologisch gut unterscheidbar durch hellere, mehr gräulich–rötliche Oberseite. Dieser Sexualdimorphismus ist offensichtlich erst in jüngster Zeit bekannt geworden und wohl auch Ursache, daß ♀ bisweilen als Kreuzungsprodukte mit der Karrulerche angesehen wurden. N. MYBURG (1989) konnte durch Farbaufnahmen am Nest die unterschiedlichen Gefiederfarben der Geschlechter belegen. — Die Jungen haben auf den leuchtend rotbraunen Federn von Scheitel und Rücken weißliche Spitzen, ST 1 ist einfarbig rötlich. — Schnabel kräftiger als Karrulerche, oben von schwärzlicher Hornfarbe, unten und an Basis heller. Füße gräulich braun, Iris braun.

Verbreitung und Biotop: Afrikanische Subregion: NW Kapprovinz vom Orangestrom südwärts bis Kenhardt und Carnarvon, westwärts bis fast zur Küste, ostwärts bis Prieska. S Namibia? — In der roten Kalahari Sandsteppe und auf Schieferböden mit Büschen von *Rhigozum trichotomum* und Gräsern (*Stipagrostis ciliata*).

Fortpflanzung: Im Jan., Aug. und Okt. beobachtet. MYBURG & STEYN (1989) fanden am 7. Okt. 1986 ein Nest mit zwei bedunten, wenige Tage alten Jungen. Es bestand aus Gräsern und war in dem nach der Regenperiode sehr wuchsfreudigen *Stipagrostis ciliata* eingebettet und halb überwölbt,

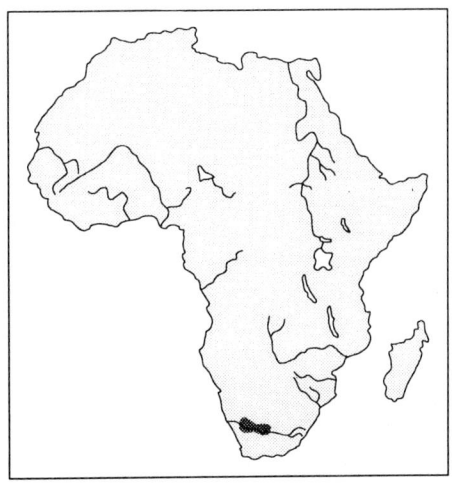

Abb. 112: Verbreitung der Oranjelerche.

innen mit dunigem Material ausgelegt; nur 200 m entfernt vom Nest einer Karrulerche. Eier 2 bis 3, 23,0 x 16,6 mm (3); auf weißer Grundfarbe braune, graue und sepiafarbene Sprenkel, die sich am stumpfen Ende verdichten. Beide Altvögel füttern die Jungen mit Heuschrecken und anderen Insekten. In 3 Stunden wurden 27 Fütterungen registriert.

Stimme: Etwas heisere, aber angenehme Pfeiftöne, die wie »toodly–woo–tu–wie« klingen, wobei die Betonung auf der ersten und letzten Silbe liegt (MACLEAN, 1985). Den Alarmruf am Nest notierten MYBURG & STEYN (1989) mit »chuck–chuck–chuck«.

Verhalten, Nahrung, Status: Gewohnheiten wenig bekannt, einzeln oder in Paaren anzutreffen. Aufgestöbert fliegt der Vogel zur nächsten roten Sandfläche in Strauchnähe; er läuft oder rennt und nimmt dabei Nahrung an der Basis von Pflanzenstengeln auf. In der Tageshitze sucht er Schutz im Schatten von Büschen und Bäumen. ♂ singt vom Sitzplatz und im Flug, wobei es 15 bis 20 m hochsteigt mit fächerförmig niedergedrücktem Schwanz. — Nährt sich von Wirbellosen und Grassamen. — Gemeiner, aber lokal seltener Stand- und Strichvogel.

Unterarten: Keine.

2.6 Gattung *Alaemon* KEYSERLING & BLASIUS, 1840

Synonyme: *Thinotretis* GLOGER, 1841; *Calendulauda* BLYTH, 1855.

Mit *Melanocorypha* die größte Lerchengattung, drosselgroß. Schnabel sehr lang, schlank und leicht gebogen (von allen Lerchen besitzt nur Langschnabellerche *Certhilauda conirostris* noch einen ähnlich langen und ähnlich geformten Schnabel), Nasenlöcher unbedeckt. Flügel lang, HS 10 deutlich sichtbar, 23 – 30 mm lang, die Handdecken überragend. HS 8, HS 7 und HS 6 etwa gleichlang und die Flügelspitze bildend, HS 9 mindestens 5 mm kürzer. Innere Armschwingen verlängert, aber nicht die Flügelspitze erreichend. Schwanzlänge etwa 2/3 der Flügellänge. Läufe kräftig und ca. schnabellang; Zehen und Krallen sehr kurz. Hinterkralle bei *A. alaudipes* kurz und gebogen, bei *A. hamertoni* kurz und gestreckt. Jugendmauser oft nur partiell. 2 Arten.

2.6.1 *Alaemon alaudipes* (DESFONTAINES, 1789) — Wüstenläuferlerche

E: Hoopoe Lark, Bifasciated Lark, Large Desert Lark.

Synonyme: *Upupa alaudipes* DESFONTAINES, 1789; *Certhilauda doriae* SALVADORI, 1868.

Abb. 113: Wüstenläuferlerche. Aus MEINERTZ-HAGEN (1930).

Abb. 114: Wüstenläuferlerche. Zeichnung: PÄTZOLD, nach eigenem Foto.

Habitus: Größte Lerchenart in Afrika (10 bis 30 % größer als Feldlerche) mit langem, gebogenem Schnabel und hohen Läufen, wirkt wiedehopfartig.

Biometrische Daten (mm, g): Länge 200 – 240, Flügel ♂ 123 – 137, ♀ 111 – 120, Spannweite 330 – 410, Schwanz ♂ 79 – 99, ♀ 72 – 80, Schnabel ♂ (vom Schädel)

30 – 35, ♀ (vom Schädel) 27 – 30, Lauf ♂ 32 – 37, ♀ 30 – 33, Kralle der Hinterzehe 7 – 8, Masse ♂ 39 – 47, ♀ 30 – 39.

Flügelbau: Flügel lang und breit, Spitzen gerundet. HS 8 (längste) bildet mit HS 7 (0 – 1 mm kürzer), HS 6 (1 – 2 mm kürzer), HS 5 (4 – 8 mm kürzer) und HS 9 (5 – 9 mm kürzer) die Flügelspitze. HS 4 ist 19 – 24, HS 1 34 – 39 (♂) oder 26 – 33 (♀) mm kürzer. HS 10 ist 64 – 70 (♂) oder 54 – 60 (♀) mm kürzer als die Flügelspitze und 1 – 9 mm länger als die großen oberen Handdecken. HS 5 – HS 8 sind an der Außenfahne und HS 6 – HS 9 an der Innenfahne eingeschnürt. Die längste Schirmfeder reicht bis zur Spitze von HS 4 – HS 5 bei geschlossenem Flügel. Bei Jungvögeln ist HS 10 58 – 63 (♂) oder 53 – 57 (♀) mm kürzer als die Flügelspitze und 4 – 11 mm länger als die großen oberen Handdecken.

Merkmale: Durch ihre Größe, den langen gebogenen Schnabel und das schwarz–weiße Flügelmuster mit keiner anderen Art im gleichen Verbreitungsgebiet zu verwechseln. Gefieder ♂: Oberseite sandfarben bis rötlich, Scheitel und Nacken mit grauem Anflug; Überaugenstreif weiß, Augenstreif und Zügel schwärzlich–braun. Unterseite weiß, nur Kropfgegend mit isabellfarbenem Anflug und kräftigen schwarzbraunen Längstupfen. Flügel schwarzbraun mit zwei breiten weißen Binden; Unterflügeldecken weiß. ST 1 rötlichbraun mit schwarzen Schaftstreifen, ST 2 bis ST 5 braunschwarz, ST 6 braunschwarz mit breitem weißem oder cremefarbenem Saum auf den Außenfahnen. Gefieder des ♀ ähnlich, aber oberseits gelblicher, Kropfgegend gelblicher und feiner gefleckt, auch deutlich kleiner als ♂. Gute Beobachter können die Geschlechter auch im Felde unterscheiden. Die Jungen sind oberseits schwärzlich–braun quergestreift, wobei jede Feder hell gesäumt ist. Die Kropffleckung ist sehr schwach oder fehlt gänzlich. Flügel und Schwanz gleichen den Altvögeln. Der Schnabel ist kaum gebogen. Die Nestlinge sind mit auffallend langen gelblich–beigen Dunen bedeckt. — Der Schnabel (Altvögel) ist schiefergrau bis schwärzlich, bisweilen mit gelbgrünlichem Anflug, oben dunkler, unten heller bis fleischfarben; die Füße grünlich–weiß, die Hinterkralle für eine Lerche auffällig kurz, stumpf und gebogen. Zum Unterschied von anderen Alaudiden unterziehen sich Wüstenläuferlerchen keiner oder nur teilweiser Jugendvollmauser.

Verbreitung und Biotop: Paläarktische, Afrikanische und Vorderindische Subregion: Von den Kapverden (Boavista und Maio) über Mauretanien, Westsahara, Marokko, Algerien, Tunesien, Libyen, Ägypten, Sudan, Äthiopien, Somalia, Israel, Jordanien, Arabien (südlich bis Aden), E Syrien, Irak, Iran, Afghanistan, Pakistan (Baluchistan, Sindh, Punjab), NW Indien (Große und Kleine

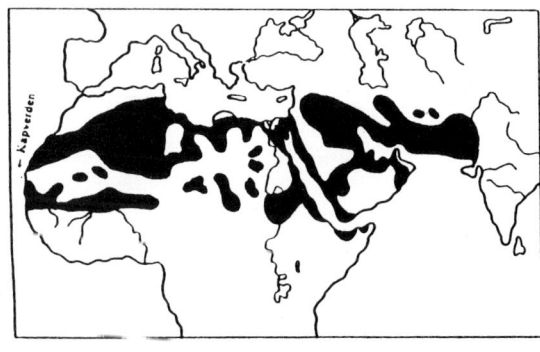

Abb. 115: Verbreitung der Wüstenläuferlerche.

Ranns von Kutch). — Wüsten mit spärlichem Strauchwerk; in Südtunesien beobachteten wir diese Art relativ häufig in Wüstensteppen mit bis zu 50 % niedriger Strauchbedeckung, aber auch auf größeren vegetationsarmen und salzüberkrusteten Flächen. In der unmittelbaren Umgebung des Salzsees Sebkhet el Melan (Südtunesien) fanden wir diese Lerche nicht selten im gleichen Habitat mit Stummellerche (*Calandrella rufescens*), Theklalerche (*Galerida theklae*) und Sandlerche (*Ammomanes cincturus*). BAUMGART & STEPHAN (1987) sahen diese Vögel in Syrien um den Salzsee südlich der Ruinensteppe Palmyra.

Fortpflanzung: In der Paläarktis März bis Juli, Nachbruten möglicherweise bis September. in Südtunesien fanden wir ab der letzten Märzwoche bis Mitte April 1991 unter den etwa 10 beobachteten Paaren keinen Vogel futtertragend und trotz eifriger Suche auch kein Gelege. Hier konnten erst im Mai 1992 Nester mit Gelegen und Jungen gefunden werden. Auf den Kapverdischen Inseln beginnt die Brutzeit nach BANNERMAN im Oktober und reicht möglicherweise bis Februar oder März. Das Nest ist napfförmig, groß und wenig sorgfältig in einer Vertiefung auf dem Erdboden unter kleinen Büschen, bisweilen aber auch bis zu 60 cm hoch im Strauchwerk angelegt. KÖNIG (in NEUNZIG 1925) fand ein Nest, dessen Rand mit Steinen umlegt war. LEITHAUS und SCHIMKAT fanden in Tunesien zwei Nester im Strauchwerk ein bis zwei Handbreit über dem Boden. Die Innenauskleidung besteht aus Wolle und weichem Pflanzenmaterial. Der innere Durchmesser mißt 72 mm, die Tiefe ca. 40 mm. Das Gelege enthält 2 bis 3 Eier (4); Abmessungen 24,3 x 17,1 mm (25) bei Frischvollgewicht von 3,65 (SCHÖNWETTER). Die Grundfarbe ist fast weiß mit rosa Anflug, darüber sehr locker übersät mit olivbraunen bis rötlich braunen Tupfen. Nur das ♀ brütet. Die Jungen bleiben 11 bis 13 Tage im Nest und können, obwohl flugunfähig, sehr schnell laufen. Sie verweilen noch etwa vier Wochen in elterlicher Gemeinschaft.

Stimme: Melodiöser Fluggesang mit klaren weichen Pfeiftönen und Endtrillern »dlü–dlü–dlü–dlü–dlü–dib–dib–dib–dib–dib–srrrrr« (BAUMGART & STEPHAN 1987), beim Niedergehen ein verlängertes »tie–hoö« (ALI & RIPLEY). HARTERT schildert den Gesang: »Der klangvolle, nach Lerchenart in langsam aufsteigendem Fluge ausgestoßene wehmütige Gesang hebt an mit einer aus 3 – 4 Tönen bestehenden aufwärtssteigenden Skala, an der sich ein lebhafter Triller anschließt.« Wir beobachteten den Balz– und Singflug in ganz anderer Form: Die Vögel flogen ausschließlich fast senkrecht auf und stürzten unmittelbar nach Erreichen des Höhepunktes in 7 bis 10 Meter wieder herab, so daß der Singflug weniger als eine Minute dauerte und so mit keiner anderen Lerchenart zu verwechseln war. Start und Landung erfolgten von niedrigen Büschen oder (seltener) vom Erdboden aus. Lock– und Alarmruf sind ein klagendes Pfeifen wie »toe«, erschreckt, ein Schnurrlaut aus dem letzten Teil des Gesanges.

Verhalten, Nahrung, Status: Nicht scheu, soll sogar zwischen Gebäuden laufen; wird einzeln oder in Paaren angetroffen, erinnert an Rennvogel; sitzt gern auf Stauden, aber auch auf höheren Büschen, dabei Falter aufscheuchend und im Fluge fangend. Der Flug ist leicht, schwebend und geradlinig, gewöhnlich niedrig über dem Boden, wobei die schwarzweißen Flügelbinden und das Weiß im

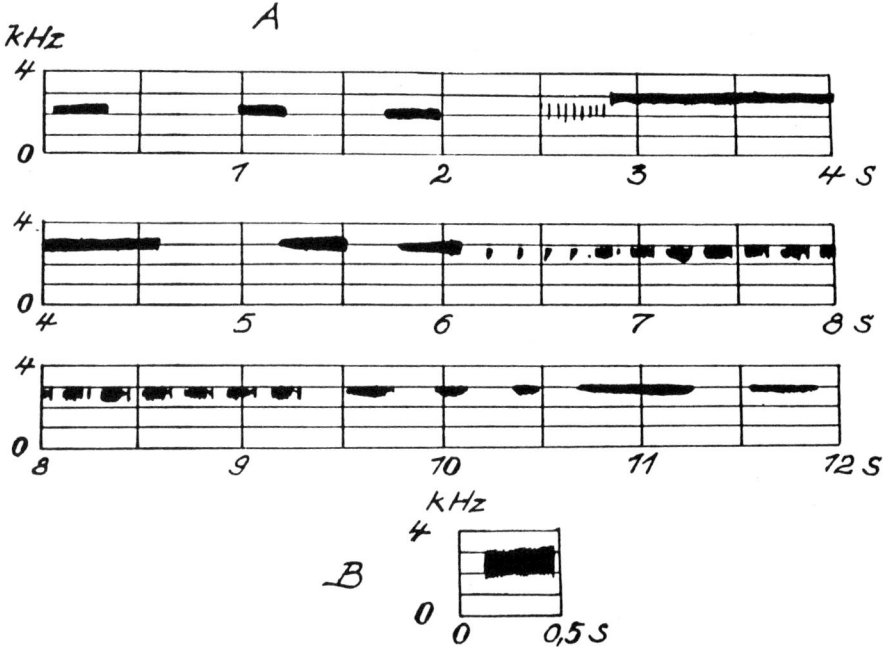

Abb. 116: A) Kontinuierlicher Gesang, B) Kontaktruf der Wüstenläuferlerche. Nach CRAMP (1988).

Schwanz aufleuchten, nicht unähnlich dem Wiedehopf. Die singenden ♂ verteidigen Reviere mit mindestens 500 m Durchmesser, wie Verfasser es mit Begleitern in Tunesien feststellen konnten. — Die Nahrung besteht vorwiegend aus Insekten, besonders Käfer, Schmetterlingen und deren Larven. Nach KÖNIG stellt sie der »auf dem Wüstenboden flügellos werdenden Gottesanbeterin (*Mantis religiosa*)« nach. Desweiteren sollen kleine Eidechsen gejagt werden, durch Aufschlagen getötet und zerkleinert. GALLAGHER & ROGERS (1978) beobachteten das Töten eines kleinen Geckos (*Stenodactylus khobarensis*). Daneben verzehrt diese Lerche auch Samen diverser Wüstenpflanzen (besonders *Suaeda*). — Stand– und Strichvogel; nicht ungemein, aber lokal recht dünn verstreut. Als Irrgast auf Malta, in Italien, Griechenland und Libanon nachgewiesen.

Unterarten und ihre Brutgebiete: *A. a. boavistae*, Kapverdische Inseln; *A. a. alaudipes*, N Afrika, Sahara; *A. a. doriae*, E Arabien, Irak bis NW Indien; *A. a. desertorum*, Rotes Meer südwärts bis Aden und NW Somalia.

2.6.2 *Alaemon hamertoni* WITHERBY, 1905 — Somaliläuferlerche

E: Lesser Hoopoe–Lark.

Habitus: Feldlerchengroße hochbeinige Lerche mit dünnem, langem Schnabel; äußerlich viel mehr einem Pieper gleichend als einem Alaudiden.

Biometrische Daten (mm): Länge 180 – 200, Flügel 91 – 108, Schwanz 71 – 76, Schnabel (vom Schädel) ♂ 19 – 21,5, ♀ 17 – 19, Lauf 30 – 33, Hinterzehe 8 – 9, Kralle der Hinterzehe 6 – 10, Masse unbekannt.

Merkmale: ♂ und ♀: Eine sehr pieperähnliche Lerche, deren Gefieder keine markanten Charakteristiken aufweist. Mit der verwandten *A. alaudipes*, deren Areal sich kaum mit dem von *A. hamertoni* berührt, ist sie nicht zu verwechseln durch ihre geringere Größe und das Fehlen von Weiß in den Schwingen. Die teilweise sympatrischen *Ammomanes deserti* und ♀ von *Eremopterix nigriceps* sind ähnlich im Gefieder, jedoch unschwer an ihren dickeren, kürzeren Schnäbeln zu unterscheiden. Bleibt noch der im NW Somalias an einigen Stellen sympatrische und gleichgroße Einfarbrücken–Pieper, *Anthus leucophrys*, dessen Unterscheidung im Felde an Gefiedermerkmalen und Habitus größere Schwierigkeiten bereiten dürfte. Die Oberseite ist bei beiden Arten gleichförmig graubraun; Kinn und Kehle sind aber bei *A. hamertoni* rein weiß (bei *Anthus leucophrys saphiroi* gelblichweiß), die übrige Unterseite cremeweiß und weniger gelbbraun als bei *A. l. saphiroi*. Vielleicht kann auch der bei Piepern stärker ausgeprägte helle Bogenrand der

Abb. 117: Somaliläuferlerche. Verändert nach MACKWORTH–PRAED & GRANT (1955). Zeichnung: PÄTZOLD.

mittleren Flügeldecken zur optischen Unterscheidung herangezogen werden, jedoch ist das gerade bei *A. l. saphiroi* nicht so eindeutig. Die bei beiden Arten mehr oder weniger zarte dunkle Bruststreifung ist kein Unterscheidungsmerkmal. — Die Handschwingen sind gräulich–braun mit gelbbraunen Rändern, Armschwingen dunkelbraun und rötlich gesäumt, untere Flügeldecken weiß. AS 7 erreicht fast die Flügelspitze. Schwanzfedern mittelbraun bis dunkelbraun mit gelbbraunen Säumen; ST 1 hellbraun mit grauem Anflug und dunklem Schaftstrich. Die Unterart *altera* ist oberseits wärmer sandbraun und weniger grau als die Nominatform, *A. h. tertia* weist eine Übergangsform auf. Jugendkleid nicht bekannt. Der Schnabel ist hornbraun, die Füße weißlich–grau, das Auge dunkelbraun.

Fortpflanzung: Über Brutsaison keine Information, wahrscheinlich wie andere Lerchen in diesem Areal: April bis Juni und September. Die 2 gefundenen Nester lagen in Erdmulden, eines etwas von Gräsern überdeckt, das andere auf offenem rotem Sandboden, entfernt von hohen Gräsern, aber am Fuß von einigen kurzen Stengeln. Ein Gelege enthielt 2, ein anderes 3 Eier von länglicher Form und elfenbeinweißer Grundfarbe; dicht bedeckt, besonders am stumpfen Ende, mit rötlichen erd– und sepiafarbenen Tupfen, Spritzern und Flecken (ARCHER & GODMAN 1961).

Verhalten, Nahrung, Status: Ein vorsichtiger, mißtrauischer Vogel, der einzeln oder in Paaren angetroffen wird, niemals in Trupps oder Schwärmen. Er rennt mit großer Geschwindigkeit auf kahlen Flecken zwischen den Grashorsten. Balzverhalten und Nahrung nicht bekannt. — Gemeiner, aber infolge seiner unauf-

fälligen Lebensweise wenig beobach-
teter Standvogel.

Verbreitung und Biotop:
Afrikanische Subregion: NE Somalia,
nördlich vom 6° n. Br. und zwei inselartige Populationen im Küstengebiet südlich bis 2° n. Br. — Bewohnt
offene Grasflächen mit Bevorzugung
der Grasbüschel–Habitate, oft entfernt
von verkümmerten Buschgruppen.

Unterarten und ihre Brut-
gebiete: *A. h. altera*, N C Somalia
(Sanaag); *A. h. tertia*, NW Somalia (Gal-
beed); *A. h. hamertoni*, NE Somalia (Mu-
dug, Küstengebiet).

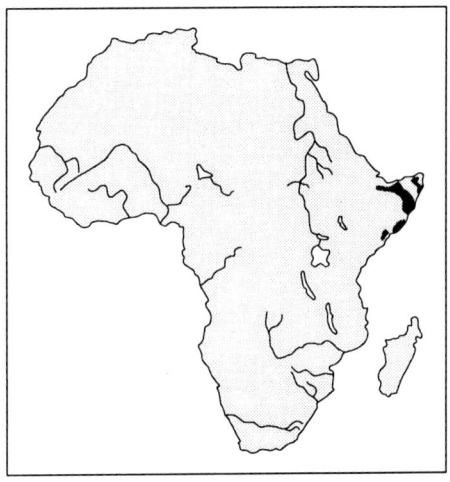

Abb. 118: Verbreitung der Somaliläuferlerche.

2.7   Gattung *Ramphocoris* BONAPARTE, 1850

Mittelgroße, sehr kräftige Lerchen mit sehr dickem kernbeißerähnlichem Schnabel,
der in der Schneidemitte des Unterschnabels eine zahnartige Einbuchtung aufweist. Nasenlöcher mit Borsten bedeckt. Flügel lang und breit mit ziemlich scharfer
Spitze, die fast das Schwanzende erreicht. HS 8 (längste) bildet mit HS 7 (1 – 3 mm
kürzer) und HS 9 (1 – 3 mm kürzer) die Flügelspitze. HS 6 ist 8 – 13, HS 5 18 – 27,
HS 4 26 – 38, HS 1 48 – 53 (♂) oder 42 – 47 (♀) mm kürzer. HS 10 ist spitz und
schmal, 79 – 85 (♂) oder 62 – 75 (♀) mm kürzer als Flügelspitze und 4 – 12 mm
kürzer als die längste Handdecke. Die Außenfahnen von HS 6 – HS 8 und Innenfahnen von HS 7 – HS 9 sind eingeschnürt. Bei Jungvögeln ist HS 10 1 mm kürzer
bis 2 mm länger als die großen Handdecken, im Durchschnitt gleichlang. Schwanz
kurz, etwa halb so lang wie die Flügel, kaum ausgeschnitten. Lauf und Zehen kurz
und kräftig. Nagel der Hinterzehe nur flach gebogen und knapp so lang wie diese.
Die Gattung steht der nächst aufgeführten, ebenfalls dickschnäbeligen *Melanocorypha* nahe, besonders durch das breite weiße Endband des Armflügels. 1 Art.

Ramphocoris clotbey (BONAPARTE, 1850) — Knackerlerche

E: Clotbey–Lark, Thick–billed Lark.

Synonyme: *Ramphocorys clotbekil*; *Ramphocorys cavaignacii*; *Melanocorypha clot–Bey*
BONAPARTE, 1850.

Abb. 119: Knackerlerche. Verändert nach ETCHÉCO-PAR & HÜÉ (1967). Zeichnung: PÄTZOLD.

Habitus: Sehr kräftige untersetzte Lerche von Feldlerchengröße mit dickstem Schnabel aller Alaudiden.

Biometrische Daten (mm, g): Länge 170 – 180, Flügel ♂ 125 – 134, ♀ 119 – 125, Spannweite 360 – 400, Schwanz ♂ 57 – 64, ♀ 53 – 58, Schnabel 18 – 22 lang, 13 – 15 hoch, Lauf 22 – 25, Masse ♂ 52 – 55, ♀ ca. 45.

Flügelbau: Siehe Gattung.

Merkmale: Mit keiner anderen Lerche zu verwechseln durch dicken Schnabel, schwarz–weiße Gesichtszeichnung und im Fluge durch den breiten weißen Hinterrand der Schwingen. Nur geringer Geschlechtsdimorphismus. ♂: Scheitel rötlich-sandfarben mit sehr feiner schwärzlicher Längsstrichelung, übrige Oberseite fast einfarbig rötlich–grau bis isabellfarben. Kopfseiten mit schwarzweißem Muster: Augeneinfassung und Zügel weiß, Ohrgegend schwarz mit auffällig weißem Fleck in der Mitte. Kinn weiß, Kehle, Kropf und Brust auf rahmweißlichem Grunde kräftig schwarz mit pfeilförmig abwärts gerichteten Spitzenflecken getupft; übrige Unterseite gelblich weiß bis weiß. Äußere Handschwingen (HS 6 – HS 9) dunkel graubraun, HS 1 – HS 5 schwarzbraun mit breiten weißen Spitzen (dominierend an den Innenfahnen). Armschwingen (außer den innersten AS 8 – AS 10) schwarzbraun mit ca. 20 mm langen weißen Spitzen (Flügelband). ST 1 hellbraun bis rötlich zimtfarben mit dunklerer Endhälfte. ST 2 – ST 5 rötlich zimtfarben, nach außen heller werdend bis rahmweiß und mit schwärzlichen Spitzenflecken (15 – 20 mm lang), die an Größe nach außen abnehmen. ST 6 größtenteils rahmweiß mit ovalem schwärzlich–braunem Fleck an der Endhälfte der Innenfahne. ♀: Kleiner und blasser gezeichnet an Kopf und Brust; Flecken auf Unterseite zarter und bräunlicher. — Jungvögel haben keine schwarz–weiße Kopfzeichnung; Brust ist blaß rötlich–braun gewölbt und kaum gefleckt, Bauch rahmweiß, Unterschwanzdecken weiß; zahnartige Einbuchtung auf Unterschnabel noch fehlend. — Schnabel hornfarben–gelblich, an Spitze dunkelbraun; Füße bläulich–grau, Iris braun.

Fortpflanzung: Mitte März bis Ende Mai (ausnahmsweise im Jan. und Febr. registriert). Typisches Lerchennest, Außenrand oft mit Steinchen umringt und bisweilen fest mit dem Erdreich verbunden. 3 bis 5 (2 – 6) zartschalige, mattglänzende Eier, 25,5 x 18,3 mm (40). Frischvollgewicht 4,36. Eier ausgezeichnet durch vorherrschend himbeerrot getönte Färbung auf weißlichem Grund, darüber graubraune bis rotbraune Punkte, dicht über die Oberfläche verteilt.

Verbreitung und Biotop: Paläarktische Subregion, nördliche Sahara: Von Westsahara (ab Zemmur) ostwärts durch Marokko, Algerien, C Tunesien, NW Libyen (Kyrenaika?). Spärlicher und vielleicht nur sporadisch brütend in Ägypten, Israel, Jordanien, E Syrien, SW Irak und Nordarabien (südlich bis etwa 28° n. Br.). —* Bewohnt Wüsten mit Verwitterungsschutt (Hamadas), Stein– und Kieswüsten; außerhalb der Brutzeit auch auf weniger wüstenhaften Habitaten.

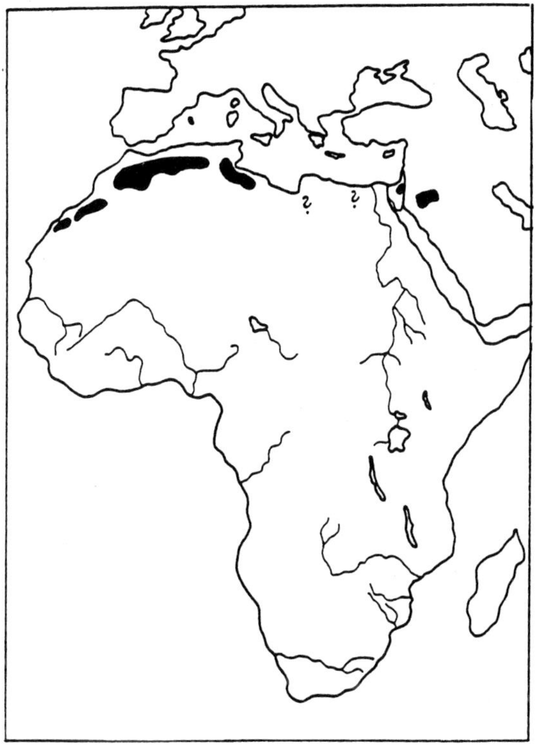

Stimme: Stimmfühlungslaut, meist vom Boden ertönend, ist ein sanftes weittragendes »cooiii« von etwa einer halben Sekunde Länge in einer Höhenlage zwischen 3 und 4 kHz. Im Flug hört man ein hartes »coep« und ein leiseres »sriie«. Der Gesang, im Fluge vorgetragen, wird

Abb. 120: Verbreitung der Knackerlerche.

verschieden geschildert. KÖNIG beschreibt ihn als »lerchenartiges Gezwitscher oder Gewisper, das annähernd pfiffartigem Tone gleichkam«, ABS (in GRZIMEK 1970) gibt ihn als »rauh und abgehackt klingend« wieder. Auch kalanderlerchenartige Phrasen in Höhenlagen von etwa 3 bis 4 kHz wurden aufgenommen.

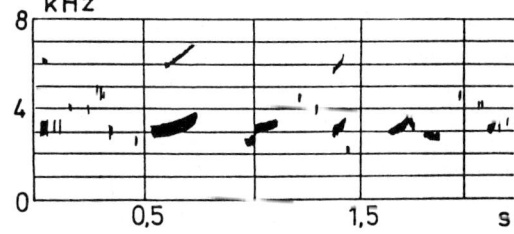

Abb. 121: Ausschnitt aus dem Fluggesang der Knackerlerche. Nach CRAMP (1988).

Verhalten, Nahrung, Status: Wird nicht leicht übersehen, fliegt gern und zeichnet sich am Boden durch besondere Beweglichkeit und aufrechte Körperhaltung aus. Wird von einigen Autoren als wenig scheu, von anderen als scheu und mißtrauisch bezeichnet. Außerhalb der Brutzeit wird die Art einzeln, in Paaren oder auch in kleinen Trupps von 6 bis 12 Exemplaren (ausnahmsweise bis 50 oder mehr) angetroffen. Angeschossene, geflügelte Vögel können sehr aggressiv sein und der Menschenhand tiefe Wunden zufügen. Der Singflug wurde im Detail kaum beschrieben, er ist ungewöhnlich kurz und nicht hoch. Höhenflüge scheinen Ausnahmen zu sein, die Landung erfolgt im Gleitflug. Während der Balz nimmt das ♂ kleine Kieselsteine auf, die er dem ♀ anbietet, das sie zum Nesteingang trägt und verbaut. Über die Häufigkeit ihres Vorkommens schreibt KÖNIG von Arealen in Algerien und Tunesien: »Sie ist und bleibt daher ein seltener Vogel in der peträischen Wüste ...« BILFINGER (1929) traf diese Art in der Nähe der Oase Figuig (SE Marokko) mehrmals zu 3 Exemplaren an, die sehr nahe an sich heranließen und nach dem Auffliegen immer wieder in der Nähe einfielen. Im steinigen Bergland von Tamerza (SW Tunesien) suchten wir den Vogel im April/Mai 1993 vergebens, obwohl dort erwartet. Man sah den Vogel m. W. noch nie an Wasserstellen. Diese Lerche ist erstmalig 1928 von einem französischen Kenner und Liebhaber nach Frankreich gebracht und gekäfigt worden. — Nährt sich von Samen, grünem Pflanzenmaterial und Insekten; erstere werden trotz des klobigen Schnabels im ganzen verschluckt und zur Verdauung Steinchen aufgenommen. Vermutlich dient der kräftige Schnabel zum »Knacken« des Chitinpanzers größerer Käfer. Die Jungen werden mit kleinen Heuschrecken und anderen Geradflüglern (Orthoptera) gefüttert. — Obwohl im allgemeinen Standvogel, streichen viele Exemplare außerhalb der Brutzeit weit umher und wurden besonders auch südlich ihres Brutareals in untypischen Habitaten angetroffen, z. B. im Jan. bis Apr. in Kuweit.

Unterarten: Keine.

2.8 Gattung *Melanocorypha* BOIE, 1828

Synonyme: *Saxilauda* LESSON, Compl. BUFFON 1837; *Calandra* LESSON, Compl. BUFFON 1837; *Londra* SYKES, 1839; *Corydon* GLOGER, 1841; *Calandrina* BLYTH, 1855; *Nigrilauda* BOGDANOV, 1870; *Pallasia* HOMEYER, 1873.

Mittelgroße bis große Lerchen. Schnabel hoch (an der Basis 5 mm) und kräftig, oben leicht gebogen, an Finkenschnabel erinnernd, aber seitlich zusammengedrückt. Nasenlöcher von Borstfedern verdeckt. Füße kräftig, relativ kurz; Hinterkralle verlängert, gerade oder nur wenig gebogen. HS 10 sehr klein und verborgen (5 – 10 mm), nicht immer auf Flügelunterseite sichtbar (deshalb früher oft als Gattung mit 9 Handschwingen bezeichnet). HS 9, HS 8 und HS 7 etwa gleich lang und die Flügelspitze bildend. Außer ♂ von *M. yeltoniensis* (das im abgetragenen Gefieder einfarbig schwarz ist) und *M. leucoptera* zeichnet sich die Gattung durch mehr oder weniger ausgebildete dunkle Kropfseitenflecken aus. Sie erinnert einerseits an die kleinere *Calandrella*–Gattung, andererseits an *Ramphocoris* mit ihrem noch kräftigeren Schnabel. Mit letzterer haben einige Arten auch die breite weiße Endbinde des Armflügels gemeinsam, die sich teilweise auch auf den innersten Handflügel erstreckt. Hinterkralle lang und gestreckt. 6 Arten in den Trockengebieten der S Paläarktis.

2.8.1 *Melanocorypha calandra* (LINNAEUS, 1766) — Kalanderlerche

E: Calandra Lark.

Synonyme: *Alauda calandra* LINN., 1766; *Alauda collaris* S. MÜLLER, 1776.

Abb. 122: Kalanderlerche. Nach einem Foto von PFORR (1980). Zeichnung: PÄTZOLD.

Habitus: Größer, kompakter und kurzschwänziger als Feldlerche und mit dikkem, finkenartigem Schnabel, seitlich zusammengedrückt.

Biometrische Daten (mm, g): Länge ca. 190, Flügel σ 120 – 140, φ 113 – 129, Spannweite 340 – 420, Schwanz σ 54 – 68, φ 52 – 62, Schnabel 14 – 17, Lauf 25 – 28, Hinterkralle 12 – 15, Masse σ 60,5 – 70, φ 51,8 – 66.

Flügelbau: Flügel relativ lang und breit, Spitze ziemlich schmal. HS 8 (längste) bildet mit HS 9 (0 – 3 mm kürzer) und HS 7 (1 – 4 mm kürzer) die Flügelspitze. HS 6 ist 8 – 15, HS 5 19 – 26, HS 4 26 – 36, HS 1 44 – 52 (σ) oder 39 – 45 (φ) kürzer. HS 10 (stark reduziert) ist 86 – 97 (σ) oder 76 – 83 (φ) mm kürzer als Flügelspitze und 12 – 18 mm kürzer als die längste obere Handdecke. Außenfahne von HS 6 – HS 8 und Innenfahne von (HS 6) HS 7 – HS 9 sind eingeschnürt. Die längste Schirmfeder reicht bis zur Spitze von HS 3 – HS 4 bei geschlossenem Flügel. Bei Jungvögeln ist HS 10 74 – 78 mm kürzer als die Flügelspitze und 3 – 11 mm kürzer als die längste obere Handdecke.

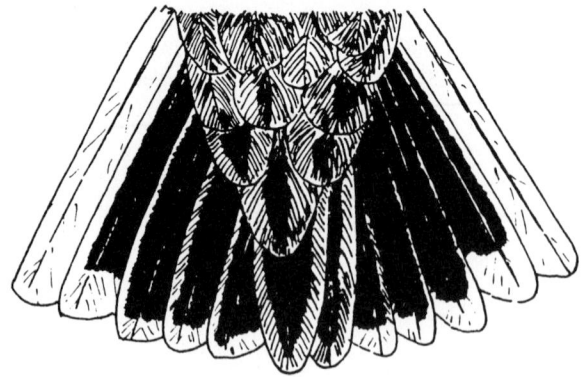

Abb. 123: Schwanz der Kalanderlerche. Nach PORTENKO (1954). Zeichnung: PÄTZOLD.

Merkmale: ♂ und ♀: Große dunkle Flecken an den Halsseiten (bei ♀ blasser und kleiner), weiße Flügelbinde, im Fluge auffallend. Oberseite feldlerchenfarbig; Kinn und Kehle rahmweiß, Kropf hellbräunlich mit dunklen Flecken, die sich an den Seiten zu großen schwarzen (beim ♀ dunkelbraun) Mondflecken verdichten; übrige Unterseite weißlich. Schwingen schwarzbraun, HS 1 bis HS 4 sowie AS 1 bis AS 6 mit ca. 10 mm langen weißen Spitzen (Flügelband). ST 1 schwarzbraun mit breiten hellbraunen Säumen, ST 2 – ST 4 braunschwarz mit weißen Spitzen, ST 5 ebenso, aber mit weißer Außenfahne, ST 6 weiß mit Ausnahme eines braungrauen Streifens an der wurzelseitigen Kante der Innenfahne (bei *M. bimaculata* nur die Spitze weiß). Jungvögel oberseits wärmer gelbbraun, Halsflecken kleiner und verwaschener, Schwanzkanten gelblich. Pulli haben gelblich–cremefarbene Dunen auf violett schwärzlichem Rücken (PÄTZOLD). — Schnabel gelblich hornfarben; Füße schmutzig fleischfarben; Iris dunkelbraun.

Verbreitung und Biotop: Paläarktische Subregion: Im Osten zwei getrennte Brutgebiete, das südliche vom Balchaschsee bis zur Türkei, das nördliche vom Aralsee über das kaspische Tiefland zum Balkan. Im Westen in S Italien, Sizilien, Sardinien, SW Frankreich, Spanien, N Marokko, N Algerien, küstenwärts über N Tunesien, in Libyen wohl nur in der Kyrenaika. Im südlichen Tunesien fanden Verfasser et al. im März und Apr. 1991 trotz intensiver Suche

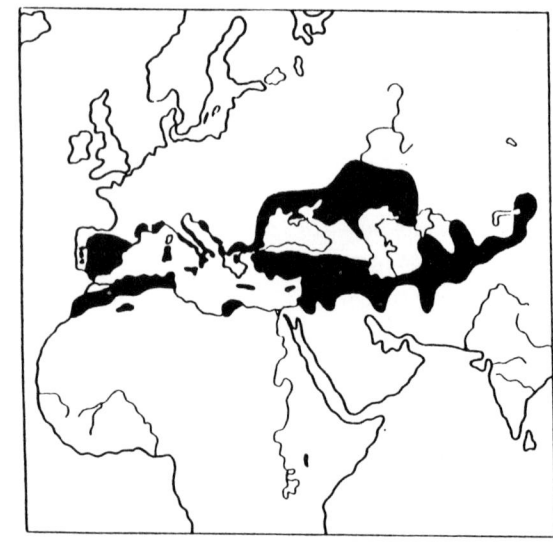

Abb. 124: Verbreitung der Kalanderlerche.

in geeigneten Habitaten diese Art (und auch *Alauda arvensis*) nicht. Die südlichste Beobachtung in Tunesien konnten PÄTZOLD & SCHIMKAT im April 1993 bei Zaafria, ca. 80 km nordöstlich von Gafsa, registrieren. — Steppen– und Halbwüstenvogel, liebt steinige Böden; auch auf landwirtschaftlichen Nutzflächen, wenn spärlicher Bewuchs.

Abb. 125: Nest der Kalanderlerche.
Foto: PÄTZOLD.

Fortpflanzung: Apr. bis Juni, 2 Bruten. Typisches Lerchennest, bisweilen vor Nesteingang Steinchen oder Erdbröckchen. Innendurchmesser 85 mm, Tiefe 65 mm (PÄTZOLD). 4 Eier (3 – 6); 24,5 x 18 mm (150), Frischvollgewicht 4,09. Grundfarbe gelblich bis grünlichgrau, darauf dunkelgraue Unterflecken, am Pol dichter, im ganzen kontrastreicher als andere Eier dieser Gattung. Brutdauer 16 Tage, nur ♀ brütet; Nestlingsdauer 10 Tage, beide Geschlechter füttern (und bauen?).

Stimme: In Ruhestellung nasales Zirpen, beim Flug ein Schnurren als Alarm– oder Warnruf. Als Kontakt– und Flugruf ist ein »klytra–kytra« typisch, ein Doppelmotiv innerhalb einer Sekunde ausgestoßen; Motivlänge ca. 3/4 s, Abstand ca. 1/4 s, Höhenlage zwischen 3 und 5 kHz. Gesang (in Luft oder vom Boden) volltönender und lauter als bei Feldlerche; auch zahlreiche Spottgesänge.

Verhalten, Nahrung, Status: Öfter auf Stauden oder Büschen als Feldlerche; Flug geradliniger mit deutlich langsamerem Flügelschlag, Flügelspitzen berühren sich fast unter dem Körper. Balz und Revierverhalten ähnlich der Feldlerche. Steigt im Singflug höher als *Alauda* und spreizt dabei, im Gegensatz zu ihr, den Schwanz nur selten (gutes feldornithologisches Merkmal). Nach dem Singflug fast senkrechtes und stummes Abstürzen, meist ohne auffälliges Flattern vor dem Aufsetzen. Bei Gesang von einer Warte, mit hängenden Flügeln, etwas gestelztem Schwanz und angehobenem Scheitelgefieder. — Nährt sich von Samen (besonders

Polygonum sp. und *Triticum* sp.) und grünen Blatteilen im Winter und Arthropoden (vorwiegend Insekten) im Sommer. Sandig–kiesige Bestandteile wurden in den meisten Mägen gefunden. — Zug–, Strich– und Standvogel. Westeuropäische und nordafrikanische Brutgebiete werden nicht verlassen; ostkontinentale Populationen ziehen nach den Küsten das Asowschen und Schwarzen Meeres und NE Griechenland; auch in N Spanien westwärts gerichtete Wanderungen. Irrgäste wurden in England, Belgien, Holland, Deutschland, Schweden, Norwegen, Finnland, Dänemark, Polen, ehemalige Tschechoslowakei, Österreich, Schweiz, auf Malta, Madeira und den Kanarischen Inseln nachgewiesen.

Unterarten und ihre Brutgebiete: *M. c. calandra*, S Europa, N Afrika, Iran; *M. c. psammochroa*, Turkmenien, Iran, Afghanistan; *M. c. gaza*, Jordanien; *M. c. dathei*, Türkei.

2.8.2 *Melanocorypha bimaculata* (MÉNÉTRIES, 1832) — Bergkalanderlerche

E: Bimaculated Lark, Eastern Calandra Lark.

Synonyme: *Alauda bimaculata* MENETR., 1832; *Melanocorypha torquata* BLYTH, 1847.

Abb. 126: Bergkalanderlerche. Verändert nach CAVE & MAC-DONALD (1955). Zeichnung: PÄTZOLD.

Habitus: Sehr ähnlich Kalanderlerche (Zwillingsart), aber etwa 10 % kleiner und etwas kurzschwänziger (Flügelspitzen erreichen fast das Schwanzende).

Biometrische Daten (mm, g): Länge 160 – 180. Flügel ♂ 110 – 125 (130), ♀ 107 – 119, Spannweite 330 – 410, Schwanz 47 – 61, Schnabel (vom Schädel) 19 – 23, Lauf 26 – 27, Masse 47 – 60 (3 ♂).

Flügelbau: Flügel relativ länger als bei der Kalanderlerche. HS 8 (längste) bildet mit HS 9 (0 – 2 mm kürzer) und HS 7 (1 – 5 mm kürzer) die Flügelspitze. HS 6 ist 10 – 17, HS 5 20 – 27 (♂) oder 17 – 22 (♀), HS 4 27 – 33 (♂) oder 23 – 29 (♀), HS 1 38 – 48 (♂) oder 32 – 39 (♀) mm kürzer. HS 10 ist 80 – 87 (♂) oder 73 – 78 (♀) mm kürzer als

Flügelspitze und 12 – 15 mm kürzer als längste obere Handdecke. Außenfahnen von HS 8 – HS 7 und Innenfahnen von (HS 7) – HS 8 – HS 9 sind eingeschnürt.

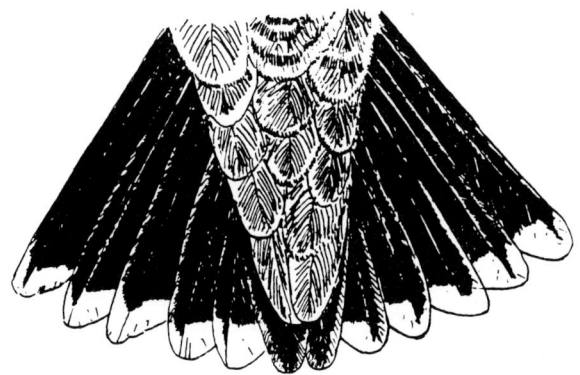

Abb. 127: Schwanz der Bergkalanderlerche. Nach PORTENKO (1954). Zeichnung: PÄTZOLD.

M e r k m a l e : ♂ und ♀: Gegenüber der Kalanderlerche fehlt an den Armschwingen der breite weiße Endsaum, und ST 6 ist nur an der Spitze weiß; auch reichen bei *M. bimaculata* die oberen Schwanzdecken näher an die Schwanzspitze. Oberseite gelblich– bis rötlichbraun. Augenring und Überaugenstreif auffällig weiß. Unterseite weiß, Brust und Bauch isabell überhaucht; an den Kropfseiten breite schwarze Flecke, die sich weiter nach der Mitte ausdehnen als bei der Kalanderlerche, ohne ein geschlossenes Band zu bilden. Schwingen dunkelbraun, innere Handschwingen und Armschwingen im Gegensatz zu *M. calandra* nur wenig auffällige kleine gelblich weiße Spitzenflecke. Schwanz dunkelbraun, ST 1 breit sandfarben gesäumt, ST 2 – ST 5 mit weißen Spitzenflecken, ST 6 an Außenfahne rostgelb gesäumt, an Spitze der Innenfahne mit rahmweißem Fleck. Jugendkleid wie Kalanderlerche (ohne die großen seitlichen Kropfflecke). — Schnabel oben schwarzbraun, unten grünlich hornfarben, Basis gelblich. Füße bräunlich bis fleischfarben, Iris braun.

V e r b r e i t u n g   u n d   B i o t o p : Paläarktische Subregion: Inselartige Besiedlung in Jordanien, Syrien, Libanon, Irak; von westlicher Türkei (ca. 40° n. Br.) nach Osten bis NW China etwa 85° e. L. und

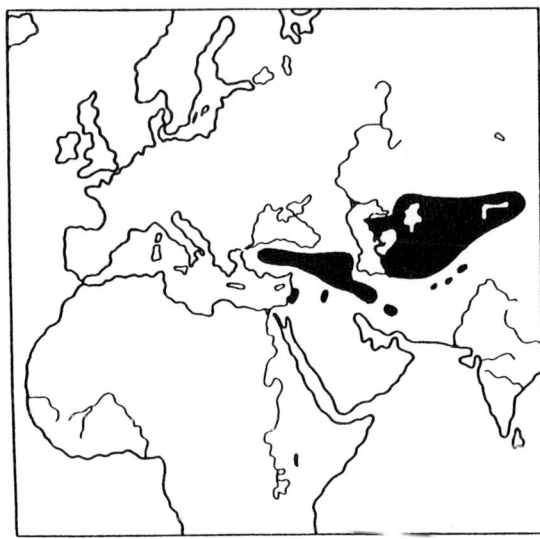

Abb. 128: Verbreitung der Bergkalanderlerche.

48° n. Br. (Xinjiang, nördl. bis Jungar, südl. bis zum Tarim–Becken). — Steiniges Gelände mit spärlichem Grasbestand, im höheren Bergland bis ca. 2.700 m (sympatrisch mit *M. calandra* in den niederen Regionen). BAUMGART & STEPHAN (1987) trafen diese Lerche oberhalb Bloudan (Syrien) in höchster Dichte zwischen gerade noch bewirtschafteten Feldern und den nur mit schütterer Bodenvegetation bedeckten Hochflächen.

Fortpflanzung: März bis Mai (ein spätes frisches Gelege Mitte Juli). Typisches Lerchennest im Schutz von Grasbüscheln oder Steinen; Außendurchmesser 110 – 130 mm, Innendurchmesser 70 – 80 mm, Napftiefe 50 – 65 mm, Gesamttiefe 55 – 85 mm. Nur ♀ baut, kratzt eine Höhlung von ca. 150 mm Durchmesser und ca. 70 mm Tiefe in 1 – 2 Tagen, in weiteren 4 – 5 Tagen ist das Nest fertiggestellt. 4 – 5 Eier (seltener 3 oder 6); 24,2 x 18,0 mm (37) bei Frischvollgewicht von 4,04 g; Grundfarbe grauweiß, darauf olivbraune oder graubraune Flecken unterschiedlicher Größe. Brutdauer 12 - 13 Tage; nur ♀ brütet. Junge verlassen mit 9 Tagen das Nest.

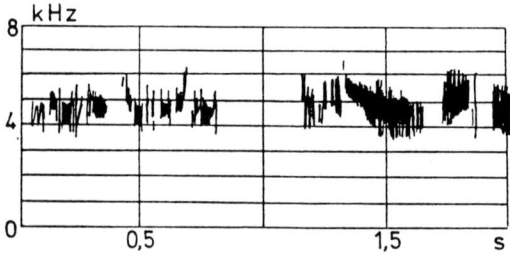

Abb. 129: Ausschnitt aus dem Gesang der Bergkalanderlerche. Nach CRAMP (1988).

Stimme: Melodischer wiederholter Ruf im Flug, aber auch ein feldlerchenähnliches »tscherit« als Kontaktruf. Gesang des ♂ erinnert sehr an den der Kalander- und der Feldlerche. Höhenlage meist zwischen 4 und 5 kHz bei 3 bis 5 Elementen je Sekunde. Im Originalgesang sind oft Rufe anderer Vogelarten eingeflochten, bisweilen klangschöner als die Originallaute.

Verhalten, Nahrung, Status: Gewohnheiten ganz ähnlich der Kalanderlerche, M. bimaculata wird aber leichter übersehen, da kleiner und scheuer. Singflug wie *M. calandra*, meist mit geschlossenem Schwanz und Kreise ziehend bis 200 m Durchmesser; ♂ singt auch vom Erdboden oder auf den Spitzen von Stauden. Im Winterquartier oft in großen Scharen, auch mit Kurzzehenlerchen vergesellschaftet. J. SCHIMKAT traf die Art im Sept. 1991 in Schwärmen von mehreren hundert Exemplaren rastend auf den ausgedörrten Feldern Zentral–Anatoliens. Beliebter Käfigvogel. — Nährt sich von Sämereien und Arthropoden (vorwiegend Insekten). — Stand–, Strich– und Zugvogel je nach geographischer Lage des Brutgebietes. Westliche Populationen ziehen nach dem südlichen Irak und N Arabien, östliche nach Pakistan und NW Indien. In Syrien, Libanon und Jordanien ist die Art weitgehend Stand– oder Strichvogel. Im gesamten ägyptischen Nilgebiet ziehend beobachtet; in Sudan (Nähe Khartum) und im Küstenbereich von Äthiopien in großen Scharen auf Äckern in den Wintermonaten als Schädling aufgetreten. Die Nominatform wurde als ungewöhnlicher Wintergast in NW China (Xinjiang) festgestellt. Es existiert ein Nachweis aus Namibia (Swakopmund), wobei es sich wohl um einen entwichenen Käfigvogel handeln dürfte. Als Gast in Großbritannien, Schweden, Finnland und Italien festgestellt.

Unterarten und ihre Verbreitung: *M. b. bimaculata*, SW Asien; *M. b. torquata*, E Iran, Afghanistan, NW Indien; *M. b. rufescens*, Kleinasien, Jordanien, (NE Afrika?).

2.8.3 *Melanocorypha mongolica* (PALLAS, 1776) — Mongolenlerche

E: Mongolian Lark.

Synonym: *Alauda mongolica* PALLAS, 1776.

Abb. 130: Mongolenlerche. Zeichnung: W. D. DAUNICHT, nach einem Foto von PÄTZOLD.

Habitus: Größer, robuster und kontrastreicher als Feldlerche, Schnabel viel dicker.

Biometrische Daten (mm, g): Länge ca. 190, Flügel ♂ 126 – 141, ♀ 115 – 123, Schwanz 67 – 86, Schnabel 15 – 17, an Basis 9 hoch, 5 breit, Lauf 27,5 – 29,5, Hinterzehe 9,5 – 10, Nagel der Hinterzehe 12 – 18, Masse ca. 60.

Merkmale: Im Felde durch ihre Größe, das Kropfband und die im Fluge auffallende breite weiße Endbinde des Armflügels sicher gekennzeichnet (die nahestehende *M. calandra* ist nicht sympatrisch und die zur gleichen Superspezies gehö-

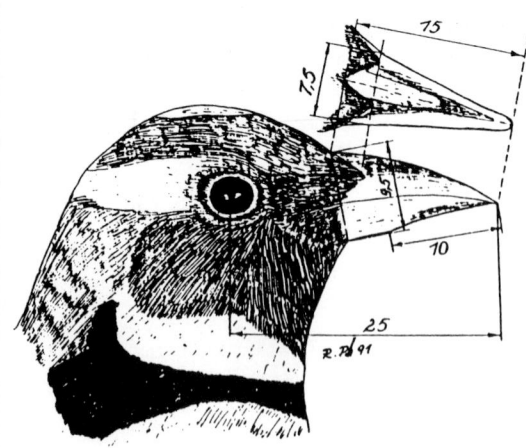

Abb. 131: Kopfpartie der Mongolenlerche. Maße in mm. Zeichnung:
PÄTZOLD.

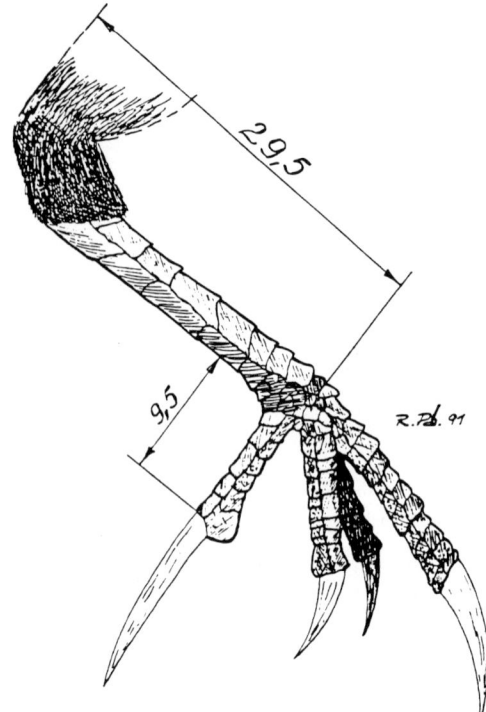

Abb. 132: Rechter Fuß der Mongolenlerche. Maße in mm. Zeichnung: PÄT-
ZOLD.

rende *M. leucoptera* ist ohne Kropfband und auch eine Überlappung der Areale,
möglicherweise im Mongolischen Altai, nicht bewiesen). Geschlechter nahezu
gleich (bei Unterart *M. m. emancipata* weist der Scheitel des ♀ nach BEICK im hellen

Feld dunkle Schaftflecken auf). Stirn, Vorderscheitel und Scheitelseiten dunkel rostbraun, Scheitelmitte hellbraun, Hinterkopf und Nacken zart rostrot, letzterer durch einen weißlichen Strich gegen den Rücken abgegrenzt. Rücken und Bürzel lerchenfarbig graubraun längsgestreift; Oberschwanzdecken leuchtend rotbraun. Zügel, ein breiter Ring um das Auge und ein markanter Überaugenstreif, der nahezu den Hinterscheitel umschließt, sind rahmweiß. Kinn und Oberkehle reinweiß, darunter ein schmales schwarzes Kropfband, das sich an den Seiten fleckenartig verbreitert. Die Oberbrust zeigt ein verwaschenes sehr helles Rotbraun, die übrige Unterseite ist weiß, die Flanken rötlich. Handschwingen braun bis schwarz, HS 4 bis HS 1 mit zunehmendem Weiß auf der Innenfahne und den Federspitzen. AS 1 bis AS 6 nur an der Wurzel braun, sonst überwiegend weiß in

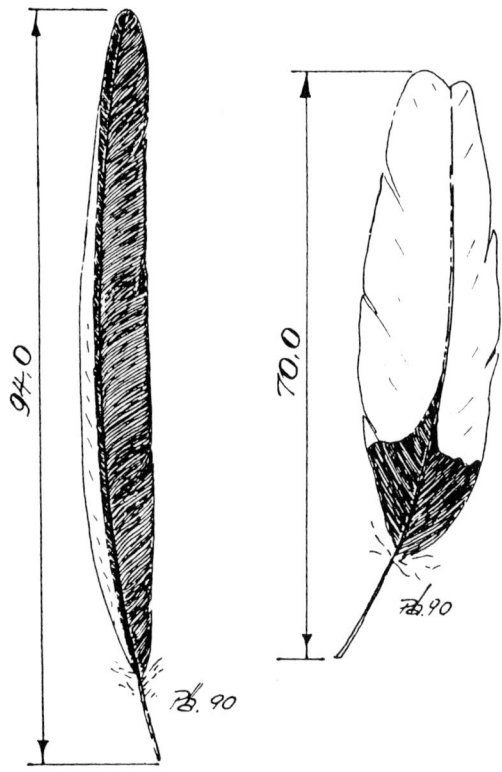

Abb. 133: HS 9 (links) und AS 4 (rechts) der Mongolenlerche. Maße in mm. Zeichnung: PÄTZOLD.

etwa 40 mm Länge (Flügelbinde), Schirmfedern dunkelbraun, an Außenfahne heller. ST 1 dunkel rotbraun, ST 2 braunschwarz mit kleinem gelblichem Spitzenfleck, ST 3 schwarz mit etwa 2 mm weißem Spitzenfleck, ST 4 schwarz mit weißlichem Spitzenfleck und Außenfahne mit schmalem weißem Rand, ST 5 schwarz mit 2 mm breitem Rand auf Außenfahne, ST 6 auf Außenfahne weiß, Innenfahne von der Spitze her in ca. 40 mm Länge keilförmig weiß, übrige Innenfahne schwarz. Oberschnabel und Spitze dunkel horngrau, Unterschnabel schmutzig gelblich weiß. Füße rötlich–fleischfarben, Krallen hellgrau, Iris braun. — Jugendkleid oberseits fast schwarz (kein brauner Scheitel), aber alle Federn mit markanten halbmondförmigen weißlichen Säumen; auffallend breiter weißer Überaugenstreif. Unterseite schmutzig weiß, in der Kropfgegend schwach gesprenkelt (ohne Band). Weißes Feld am Armflügel bereits vorhanden (doch mit gelblich–isabellfarbenem Anflug), dadurch mit keiner im Verbreitungsareal vorkommenden Junglerche zu verwechseln! Rachenfarbe orangegelb, 3 kräftige Zungenpunkte. Flügellänge eines gerade noch zu fangenden Vogels 81 mm, Schwanzlänge 30 mm (Daten des Jugendkleides von G. Leithaus am 18. 07. 1994 ca. 15 km südöstlich Tschojbalsan, NE Mongolei).

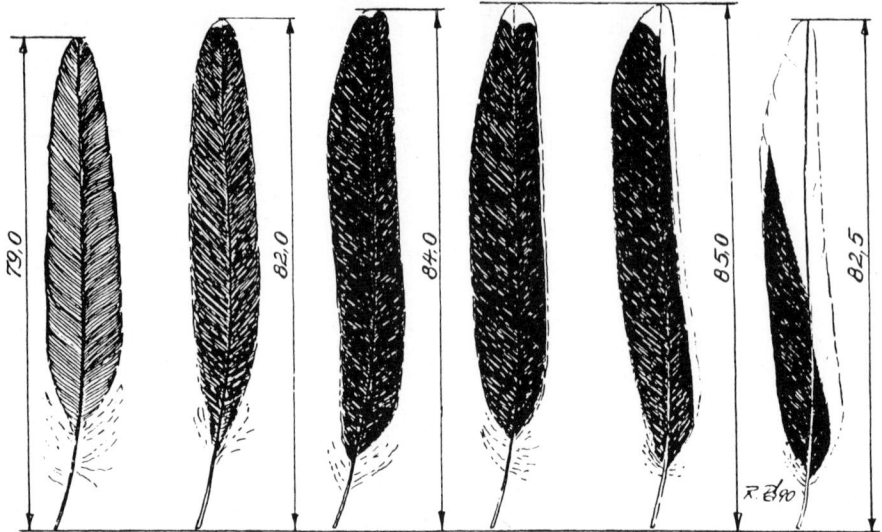

Abb. 134: Linke Steuerfedern der Mongolenlerche. Maße in mm. Zeichnung: PÄTZOLD.

Verbreitung und Biotop: Paläarktische Subregion: Etwa zwischen 34° und 51° n. Br. und 93° bis 124° e. L. Mongolei (außer extremem W), Rußland (südöstliches Transbaikalien zwischen Onon und Argun), Nord– und nordöstliches China, südlich bis etwa Qinghai Hu (Kukunor), westlich bis W Gansu, östlich bis W Heilongjiang (Mandschurei). Grasige Flächen, steinige Hochländer und salziges Sumpfgelände.

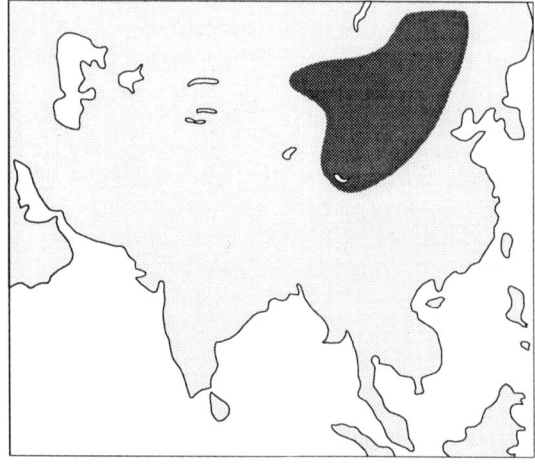

Abb. 135: Verbreitung der Mongolenlerche.

Fortpflanzung: Mai und Juni (Juli). Typisches Lerchennest, Durchmesser 72 mm, Tiefe 58 mm. 3 bis 5 Eier; 24,7 x 17,5 mm (20) bei Frischvollgewicht von 3,92. Die Farbe ähnelt *Galerida cristata* und *Alauda arvensis*.

Stimme: Typischer trillernder Lerchengesang, kräftig und klangvoll vom Boden und in der Luft vorgetragen, der »zuweilen mit einem langsam abfallenden Triller aus eintönigen Elementen« endet (WALLSCHLÄGER in MAUERSBERGER 1982). Auch ein vorzüglicher Spötter, der von den Chinesen »Hundert Melodien« genannt wird und in Peking in den zwanziger Jahren noch zu Zehntausenden auf den Markt zur Käfigung gelangte.

Verhalten, Nahrung, Status: Wird außerhalb der Brutzeit verstreut zu 2 oder 3 Exemplaren angetroffen. BEICK fand sie im März 1930 in der Steppe bei Mu-lu–ku–tse in einem Trupp von 6 bis 7 Stück. Fühlen die Vögel sich in der Brutzeit beunruhigt, überfliegt das ♂ niedrig sein Revier und hält die Flügel oft eine Zeit abwärts gerichtet, so dem Störenfried die weiße Endbinde des Armflügels präsentierend. In ähnlicher Weise verfährt das ♂ vor dem Landen nach dem Singflug. Als BEICK ein Nest mit 2 frischen Eiern fand, stellte er Verleiten beim ♀ fest. Alt gekäfigte Mongolenlerchen lernen, wohl keine Melodien mehr zu imitieren, vermögen aber bei intensiver Zuwendung durch den Pfleger, ihr ungestümes Wesen durchaus zu ändern. Verfasser machte die Erfahrung, daß ein adult gefangenes ♂ sein monatelanges Käfigtoben in weniger als 3 Wochen ablegte, nachdem er den Vogel auf einer mit Sand und Steinen versehenen niedrigen Schrankfläche im Zimmer frei »wohnen« ließ. Die Lerche thront dann den größten Teil des Tages auf einem Stein, singt emsig und läßt den Pfleger bis auf einen halben Meter heran, wenn er sie mit Nahrung versorgt oder in gleicher Augenhöhe zu ihr spricht. Bei noch näherem Herangehen fliegt sie kurz durchs Zimmer und landet mit Sicherheit wieder in ihrem »Revier« von 0,6 m². Bei ihr unbekannten Personen schwirrt sie bereits auf, wenn diese an der Tür erscheinen. — Die Nahrung besteht aus Samen und Insekten. W. WALTHER (in MAUERSBERGER 1982) beobachtete in der Mongolei, wie diese Lerche im Laufen bis zu 35 Springheuschrecken in 15 Minuten erbeutete, auch Grabwespen (Sphegidae), an sandigen Löchern bohrend, wurden aufgelesen. U. GÖLLNER beobachtete das Aufnehmen von ca. 1 cm großen Ichneumoniden. Die Chinesen füttern ihre gekäfigten Sänger mit Zwieback, Sämereien und gelegentlich etwas hart gekochtem Ei (WEIGOLD 1925). — Standvogel, der nur bisweilen nach Osten zieht, er wurde im Winter in Hebei (Hopeh) und manchmal in Korea angetroffen.

Unterarten und ihre Brutgebiete: *M. m. mongolica*, Mongolei, ehemalige Sowjetunion, China, nördlich des 40° n. Br.; *M. m. emancipata*, südliches Verbreitungsgebiet in China: Xining, Qinghai.

2.8.4 *Melanocorypha maxima* BLYTH, 1867 — Riesensumpflerche

E: Long–billed Calandra Lark, Ladakh Longbilled Calandra Lark.

Synonyme: *Melanocorypha holdereri* REICHENOW, 1911.

Habitus: Ähnlich Kalanderlerche, aber deutlich größer und auffällig längerer Schnabel; mit *Alaemon alaudipes* die größte Lerche.

Biometrische Daten (mm): Länge ca. 210, Flügel 143 – 160, Schwanz 83 – 93, Schnabel 21 – 24, an Wurzel 8 – 9 hoch, Lauf 28 – 30.

Merkmale: Größe und langer kräftiger Schnabel kennzeichnend im Felde. Im Flug am weißen Außensaum der Armflügel kenntlich. Obwohl mit *M. calandra* und

M. bimaculata in einer Artengruppe (weiße Spitzen an den Armschwingen), ist Verwechslung nicht möglich, da nicht sympatrisch und unterschiedliche ökologische Ansprüche. Geschlechter nahezu gleich. Oberseite lerchenfarbig braun mit Hauch von Rotbraun an Kopf und Bürzel, Nacken weißlich. Überaugenstreif und ein Ring ums Auge weißlich, Ohrdecken hell rostbraun. Unterseite schmutzig weiß, nahezu ungefleckt, nur Flanken und Bauch rostbräunlich überhaucht. Kropfseiten deutlich braunschwarz getupft; Unterschenkel weiß und auffällig dick befiedert. Schwingen dunkelbraun, Armschwingen mit Ausnahme der Schirmfedern mit breiten weißen Spitzen. ST 1 dunkelbraun, ST 2 bis ST 4 schwarzbraun mit weißen Spitzen, ST 5 auf größtem Teil der Außenfahne und an der Spitze weiß, ST 6 mit Ausnahme eines keilförmigen Basalfleckes weiß. Junge sind oberseits schwarzbraun mit gelblichweißen Federsäumen, unterseits schwefelgelb mit schwarzbraunen Seiten und angedeutetem Kropfband. Dunenjunge im Alter von 1 bis 2 Tagen sind nach NADLER (briefl.) oberseits grauschwarz mit rauchgrauen Dunen am Kopf und weißgelblichen am Rumpf; Rachen dunkelgelb bis orange, Schnabelrand gelblich, 3 Zungenpunkte, 1 Schnabelpunkt. Füße hellgelblich–fleischfarben; Schnabel grau–fleischfarben mit schwarzer Spitze und weißem Eizahn. Beim Altvogel ist der Schnabel weißlich hornfarben, an der Spitze schwarz; Füße dunkelbraun bis rötlichbraun; Iris braun.

Fortpflanzung: April bis Juli; SCHÄFER vernahm Balzgesang in Tibet am 14. März. NADLER registrierte den ersten noch flugunfähigen Jungvogel außerhalb des Nestes am 14. Mai 1990. Nester schwer zu finden, im Moor stehen sie auf Gipfeln der Kaupen, vor Hochwasser geschützt, auf kleinen schwankenden Grasbülten. Sie sind nach SCHÄFER tiefnapfiger als andere Lerchennester und schützen so die Nestlinge vor dem Herausfallen und Ertrinken im umgebenden Morast. Auf flachen durchnäßten Uferwiesen fand NADLER die Nester wie die anderer Lerchen. Abmessungen relativ gering: Innendurchmesser 80 mm, Tiefe 55 mm, Tiefe der Erdkuhle 80 mm, Durchmesser 120 mm (NADLER). Nistmaterial ausschließlich Grashalme, auch grüne; keine Auspolsterung mit Wolle o. ä. Ein Nest wurde nach Fertigstellung mit Dungstücken vom Yak umlegt. Das ♀ baut, vom ♂ begleitet. 2 bis 3 Eier (einmal 4); größte Lercheneier überhaupt (amselgroß): 28,4 x 18,9 mm (15); Frischvollgewicht 5,7 (SCHÖNWETTER); NADLER maß 3 Eier eines Geleges mit 28,9 x 19,0; 27,2 x 19,6 und 27,0 x 19,2 mm. Grundfarbe blaßgelb bis bräunlich, darüber dichte dunklere Frickel, selten Kranzbildung. 2 Bruten. NADLER vermutet einen Brutbeginn noch vor Ablage des letzten Eies, da er in einem Nest und an ausgeflogenen Jungen signifikante Entwicklungsunterschiede registrierte. Beide Altvögel versorgen die Jungen.

Verbreitung und Biotop: Südliche Paläarktische Subregion: Gebiet zwischen 27° bis 40° n. Br. und 76° bis 108° e. L. Vom Ostzipfel Afghanistans und Kaschmir ostwärts und südostwärts durch Tibet, Nepal, Sikkim, N Bhutan, nordwärts bis C und W China. — Charaktervogel feuchter Wiesen, sumpfiger Senken und Moore besonders des höchsten nördlichsten tibetischen Lebensraumes der Kiang– und Wildyaksteppe. Im S bis 3.600 m (Sikkim), im N bis 4.600 m (Ladakh bei Hanle, am oberen Huang He

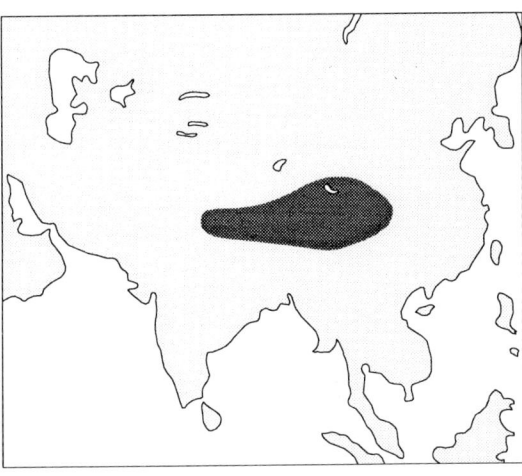

Abb. 137: Verbreitung der Riesensumpflerche.

in Moorgebieten). Bleibt den Arealen auch treu, wenn im Frühjahr viele Moore austrocknen, da Graskaupen noch Deckung bieten.

Abb. 138: Lebensraum der Riesensumpflerche und der Ohrenlerche (Südl. Kukunoor, China, 4.500 m üNN). Foto: NADLER.

Stimme: Laute wohlklingende Pfeiftöne beim Aufstöbern. Gesang typisch lerchenartig und klangschön in Höhen von 80 bis >100 m kreisend (NADLER). Nach SCHÄFER ähnelt er dem der Misteldrossel, in der Klangfarbe aber dem der Heidelerche. Auch quäkende Töne sind enthalten.

Verhalten, Nahrung, Status: Scheuer Vogel mit kräftigem, schnellem Flug, läuft wohl als einzige Lerche auch durch flache Wasserstellen. Verfasser erklärt sich daraus die dicke Unterschenkelbefiederung, die möglicherweise den erhöhten Wärmeverlust ausgleichen kann. Außerhalb der Brutzeit gesellig in Trupps bis zu 20 Exemplaren. In der Brutsaison ungemein aggressiv in der Revierverteidigung gegen Art– und Familiengenossen, greift auch Rotschenkel, Regenpfeifer, Möwen und sogar Schafe, Yaks und Menschen im Sturzflug an. Am Nest außergewöhnlich vorsichtig, Fluchtdistanz 100 m oder mehr, abseits vom Nest Näherung auf 20 bis 15 m möglich (NADLER). Balz beeindruckt durch Kapriolen und Sprünge mit denen die ♂ ihre ♀ von Bülte zu Bülte jagen, unterbrochen von Boden– und Fluggesängen (SCHÄFER). NADLER photographierte ein balzendes ♂ mit leicht gestelztem Schwanz und hängenden Flügeln; diese werden bei jeder Strophe ruckartig nach oben geschlagen; die weißen Unterschwanzdecken leuchten dabei (NADLER). Nachtfröste (bis –10 °C) und Schneestürme (bis fast 10 cm Schneehöhe) scheinen das Brutgeschäft dieser harten Vögel nicht entscheidend zu beeinflussen (NADLER). — Die Nahrung besteht aus Arthropoden und Sämereien. — Vorwiegend Stand– (Nominatform), bisweilen Strichvogel; lokal häufig. Populationen von *M. m. holdereri* streichen im Winter in südlicher Richtung, wo SCHÄFER sie Ende Febr. in den Kiangsteppen bei Seshu antraf, obwohl Nachtfröste bis zu –14 °C herrschten.

Unterarten und ihre Brutgebiete: *M. m. maxima*, Sikkim, S Tibet, W China; *M. m. holdereri*, NE Tibet, N Kaschmir.

2.8.5 *Melanocorypha leucoptera* (PALLAS, 1811) — Weißflügellerche

E: White–winged Lark.

Synonyme: *Alauda sibirica* GMELIN, 1788; *Alauda leucoptera* PALLAS, 1811; *Pterocorys leucoptera* (PALLAS, 1811).

Habitus: Wie Feldlerche, aber kompakter, im Fluge breitflügeliger.

Biometrische Daten (mm, g): Länge ca. 185, Flügel ♂ 107 – 126, ♀ 106,5 – 117,5, Spannweite 330 – 370, Schwanz ♂ 66 – 74, ♀ 55 – 69, Schnabel 9 – 12,5, Lauf 22,5 – 28, Hinterkralle 12 – 13, Masse ♂ 39,5 – 52,5, ♀ 36,5 – 48.

Flügelbau: Flügel lang und breit, vorn ziemlich spitz. HS 8 (längste) bildet mit HS 9 (0 – 2 mm kürzer) und HS 7 (4 – 7 mm kürzer) die Flügelspitze. HS 6 ist 13 – 18, HS 5 20 – 27, HS 1 47 – 55 (♂) oder 42 – 47 (♀) mm kürzer. HS 10 ist 81 – 90 (♂) oder 74 – 80 (♀) mm kürzer als Flügelspitze und 11 – 16 mm kürzer als längste obere Handdecke. Außenfahnen von HS 7 – HS 8 und Innenfahnen von HS 8 – HS 9 sind eingeschnürt. Die längsten Schirmfedern reichen bei zusammengelegtem

Flügel etwa bis zur Spitze von HS 4. Bei Jungvögeln hat HS 10 etwa die Länge wie die längsten oberen Handdecken oder nur wenig kürzer.

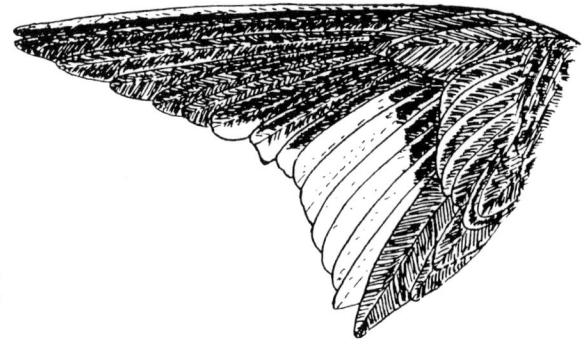

Abb. 139: Flügel der Weißflügellerche. Nach PORTENKO (1954). Zeichnung: PÄTZOLD.

M e r k m a l e : Distale Hälfte der Armschwingen weiß, dadurch auffälliger weißer Spiegel im Flug. ♂: Stirn und Scheitel zimtbraun bis rostrot, übrige Oberseite braun mit dunkleren Schaftstrichen. Unterseite weiß, Kropf, Oberbrust und Flanken zart rostbraun gestrichelt. Handschwingen schwarzbraun mit weißlichen Säumen; Armschwingen (bis AS 6) bis Mitte schwarzbraun, distale Hälfte weiß. ST 1 bis ST 5 braunschwarz, die erste breit rostbraun, übrige schmal weißlich gesäumt, ST 5 mit weißer Außenfahne, ST 6 weiß. Das ♀ auf dem Scheitel brauner, Oberseite stärker grau, Unterseite nicht reinweiß und gröber gestrichelt bis gefleckt. Junge ähneln dem ♀, aber oberseits weiß getüpfelt, weißes Flügelfeld bereits vorhanden, Weiß im Schwanz beige getönt, Dunenkleid strohgelb. — Schnabel hornbraun, Unterschnabelbasis gelblich. Füße braun bis fleischfarben. Iris dunkelbraun.

Verbreitung und Biotop : Paläarktische Subregion: Vom mittleren Asien (Altai) westwärts etwa zwischen 48° und 52° n. Br. ins nördliche Kaspitiefland in den osteuropäischen Raum bis über die Wolga. — Steppen– und Halbwüstenvogel, der mit Kalander– und Mohrenlerche im Kaspitiefland die gleichen Areale besiedelt, besonders Flächen mit *Stipa lessingiana, Artemisia pauciflora, Kochia prostrata, Atriplex cana* und *Festuca sulcata.* Brütet nicht auf stärker versalzten Böden, sie werden nur zum Nahrungserwerb gern aufgesucht.

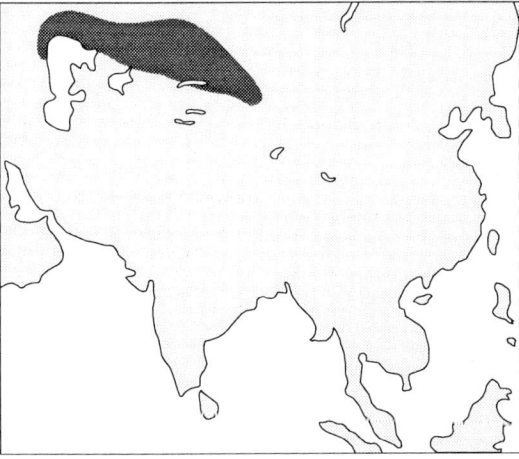

Abb. 140: Verbreitung der Weißflügellerche.

151

Fortpflanzung: Brutsaison Mitte Apr. bis Juli. Zwei Bruten. Nestdurchmesser außen 80 – 120 mm, innen ca. 50 mm, typisches Lerchennest im Schutz von Grasbüscheln oder Steinen. 4 Eier, seltener 3 und 5 (nach MENZBIER & SARUDNI in MAKATSCH 1976 auch 6 – 8!); 22,8 x 16,2 mm (120) bei Frischvollgewicht von 3,09. Farbe und Zeichnung ähnlich wie bei Kalanderlerche, aber oft auffallend scheckiger. Nur ♀ brütet, Inkubationsdauer 12 (bis 15) Tage; Nestlingsaufenthalt 10 Tage, beide Partner versorgen die Jungen.

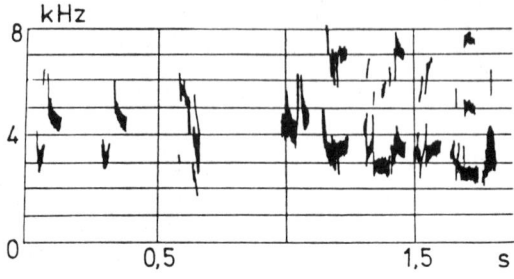

Abb. 141: Motive aus dem Gesang der Weißflügellerche, die hier etwas an die der Heidelerche erinnern. Nach CRAMP (1988).

Stimme: Flug– und Kontaktruf feldlerchenähnlich sowie blecherne »wed« oder »wäd«, bisweilen auch kalanderlerchenähnliches Schnurren. Der Gesang ähnelt dem der Kalanderlerche, ist aber weniger melodisch bei kürzerer Strophenlänge; Höhenlage zwischen 2 und 6, meist zwischen 3 und 5 kHz. Auch bei dieser Art registrierte man perfekte Imitationen anderer Vogelstimmen. Die Gesangsperiode reicht von April bis Ende Juli.

Verhalten, Nahrung, Status: Scheuer als die meisten anderen Lerchen; Bewegungen eleganter als die der Kalanderlerche, der Flug rasanter, wirkt im Streckenflug limikolenhaft. Außerhalb der Brutzeit gesellig, hält aber große Individualabstände. BREHM schreibt 1876 im April, daß diese Vögel (noch geschart) die Gewohnheit haben, vor fahrenden Gespannen herzufliegen »und sich immer und immer wieder auftreiben lassen, aber nicht vom Wege weichen«. Singt überwiegend vom Erdboden; beim Singflug steigt sie nur etwa 10 bis 15 m hoch und landet nach kurzem Flug auf dem relativ kleinen Territorium. — Nahrung ähnlich wie M. calandra von Gliederfüßern, Samen und grünen Blatteilen. In allen 152 untersuchten Mägen fand RJABOW im Mai bis August Insekten, in 45 % der Mägen auch Samen. Im Winter dominierten Samen, besonders Hirse (Setaria spec.) und Seggen (Carex spec.) bei geringem Anteil von Getreidesprossen und Kräutern. — Zugvogel, Wegzug beginnt im Aug. in südlicher und südwestlicher Richtung. Östliche Populationen überwintern in Iran, Turkmenien und Usbekistan, westliche in Südrußland und in der Ukraine einschließlich der Krim. Als seltener Wintergast und Durchzügler in NW China (Xinjiang Uygur) aufgetreten. Irrgäste wurden nachgewiesen in Großbritannien, Belgien, Deutschland, Finnland, Polen, ehemalige Tschechoslowakei, Österreich, Schweiz, Italien, ehemaliges Jugoslawien, Griechenland, Bulgarien und auf Malta.

Unterarten: Keine.

Farbabbildungen: Oben links: *Eremophila alpestris balcanica*, Foto: PÄTZOLD; oben rechts: *Calandrella cheleensis*, Mongolei 1993, Foto: LEITHAUS; Mitte: *Melanocorypha mongolica* (Jungtier und adulter Vogel), Mongolei 1993/94, Fotos: LEITHAUS; unten: *Melanocorypha maxima*, Kukunoor, China, Mai 1990, Foto: NADLER.

154

2.8.6 *Melanocorypha yeltoniensis* (FORSTER, 1768) — Mohrenlerche

E: Black Lark.

Synonyme: *Alauda yeltoniensis* FORST., 1768; *Saxilauda yeltoniensis* FORSTER; *Alauda mutabilis* GMELIN; 1788; *Alauda tatarica* SCHLEGEL, 1844; *Alauda nigra* STEPHENS, 1826.

Abb. 142: Mohrenlerche. Aus NAUMANN (1900).

Habitus: Größer und kräftiger als Feldlerche, mit dickerem Schnabel und relativ kürzerem Schwanz. Auffälliger Geschlechtsdimorphismus.

Biometrische Daten (mm, g): Länge ca. 195, Flügel ♂ 124 – 144, ♀ 111 – 127, Spannweite 340 – 410, Schwanz ♂ 68 – 83, ♀ 58 – 70, Schnabel ♂ 13,2 – 17, ♀ 11 – 14, Lauf 19,8 – 26,7, Masse ♂ 39,5 – 76, ♀ 36,5 – 68.

Flügelbau: Flügel lang und breit, vorn relativ spitz. HS 8 (längste) bildet mit HS 9 (0 – 3 mm kürzer) und HS 7 (1 – 3 mm kürzer) die Flügelspitze. HS 6 ist 9 – 13 (♂) oder 7 – 10 (♀), HS 5 20 – 25 (♂) oder 17 – 20 (♀), HS 1 47 – 52 (♂) oder 37 – 46 (♀) mm kürzer. HS 10 ist 91 – 99 (♂) oder 78 – 87 (♀) mm kürzer als Flügelspitze und 14 – 17 mm (♂) oder 10 – 14 mm (♀) kürzer als längste obere Handdecke. Außenfahnen von HS 6 – HS 8 und Innenfahnen von HS 7 – HS 9 sind eingeschnürt. Die längsten Schirmfedern reichen bei geschlossenem Flügel etwa bis HS 4. Bei Jungvögeln ist HS 10 etwa gleichlang oder nur wenig kürzer als die größten oberen Handdecken.

Merkmale: Einzige europäische Lerche mit schwärzlichen Unterflügeldecken in beiden Geschlechtern. ♂: Insgesamt schwarz mit bräunlichen Federrändern, die sich im Frühjahr und Sommer so abnutzen, daß der Vogel fast einheitlich schwarz erscheint. Schwingen und Steuerfedern schwarz mit lichten Säumen. ♀ kleiner und

155

einer Kalanderlerche ähnlich, aber ohne weißen Armflügelhinterrand. Oberseite dunkel graubraun, Unterseite weiß bis schmutzig weiß, an Kropfgegend rostgelb überflogen und dunkel gefleckt. Schwingen und Steuerfedern dunkelbraun, HS 9 – HS 7 breit weiß gesäumt; ST 6 mit überwiegend weißer Außenfahne. Junge ähneln dem ♀, aber oberseits stärker rostbräunlich, das Braun der Schwingen und Steuerfedern etwas heller; Dunenkleid sandfarben. — Schnabel bräunlich grau, Füße schwärzlich grau, Iris dunkelbraun.

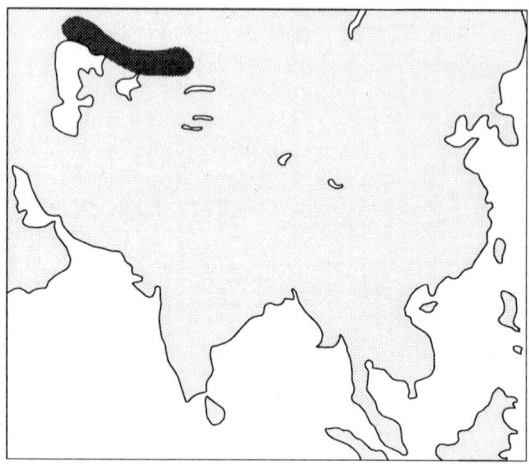

Verbreitung und Biotop: Paläarktische Subregion: Kasachstan zwischen ca. 47° und 51 bis 52° n. Br. vom Kaspi– bis Balchaschsee. — Vorwiegend in der Schwarzen Wermutsteppe (*Artemisia pauciflora*) und Federgras–Wermutsteppe sowie in Halbwüsten; auch gern auf salzhaltigen Böden mit Steppenschwingel (*Festuca sulcata*) und in ausgesprochenen Halophytenfloren.

Abb. 143: Verbreitung der Mohrenlerche.

Fortpflanzung: Ankunft am Brutplatz März und Apr. bis Mai (an der Wolga wurde Legebeginn bereits um den 20. März festgestellt). Typisches Lerchennest, außen aus vorjährigen Wermutstengeln und Blättern, innen aus Steppengräsern bestehend; innerer Durchmesser 70 – 100 mm, Napftiefe 35 – 90 mm (KORELOW). 4 – 5 Eier (selten 3,6 und 8!), 25,5 x 18,1 mm bei Frischvollgewicht von 4,34. Eifarbe ähnelt meist sehr der Kalanderlerche, manche der Kurzzehenlerche. Brutdauer 15 – 16 Tage (WOLTSCHANEZKIJ 1954)! Nur ♀ brütet.

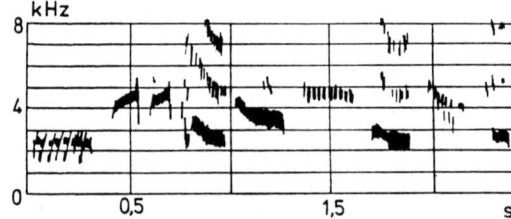

Abb. 144: Ausschnitt aus dem Gesang der Mohrenlerche, der hier viel Ähnlichkeit mit der Feldlerche aufweist. Nach CRAMP (1988).

Stimme: Lock– und Flugrufe denen der Feldlerche ähnlich. Gesang der ♂ (meist von Bodenerhebung, seltener im Flug) klar und pfeifend an Kalanderlerche erinnernd, aber weniger melodisch und mit feineren Trillern. Es wurden zahlreiche Imitationen registriert, so von Weißflügellerche, Feldlerche, Stieglitz, Buchfink, Heckenbraunelle, Zaunkönig, Singdrossel, Grauammer, Star u. a.

Verhalten, Nahrung, Status: Bewegungsweisen und Aktivität wie Kalanderlerche. Im Brutgebiet weniger scheu, in Winterschwärmen vorsichtiger als andere Lerchen. Nur bei tieferem Schnee suchen sie Rastplätze in Menschennähe auf. Singflug nur in geringer Höhe, er unterscheidet sich von dem der Kalanderlerche nach Brehm beim Niedergehen »durch ganz absonderliches nur ihr eigentümliches Flattern«. Besonders auffällig ist aber das bewegungslose Senken der Flügel im Gipfelpunkt, wobei der Vogel einige Sekunden herabgleitet bis zum neuerlichen Aufsteigen. Das flatternde flache Niedergehen erinnert an eine große Fledermaus. Balzhaltung ähnlich der Feldlerche. — Nahrung besteht aus Samen, Arthropoden und grünen Blatteilen; im Magen wurden im Sommer Heuschrecken, Käfer und Ameisen gefunden, im Winter Samen von Ampfer (*Rumex acetosella*) und Salzkraut (*Salsola*). Tränken werden regelmäßig aufgesucht, auch Salzwasser getrunken. — Zug– und Strichvogel mit unregelmäßigen Bewegungen. Die dominierenden Winterquartiere liegen zwischen 45° und 50° n. Br. und 30° bis 50° e. L. Es wurden auch Scharen in den nördlichen Steppen des Altai–Vorlandes beobachtet. Als Irrgast in Deutschland, Belgien, Österreich, Italien, Griechenland, Rumänien, Libanon und auf Malta nachgewiesen. Die Geschlechter leben während des Zuges weitgehend getrennt.

Unterarten: Keine.

2.9 Gattung *Calandrella* KAUP, 1829

Synonyme: *Corypha* HODGSON, 1844; *Corphidea* BLYTH 1844/45; *Calandritis* CABANIS, 1851; *Alauda* HORSFIELD & MOORE, 1858; *Tephrocorys* SHARPE 1874.

Kleine bis mittelgroße Lerchen. Schnabel aber kräftiger und kegelförmiger als bei *Alauda* oder *Lullula*, jedoch schwächer als bei *Melanocorypha*. Nasenlöcher mit Borstenfederchen bedeckt. Flügel stärker zugespitzt als bei *Mirafra*. HS 10 im adulten Flügel kleiner als 10 mm, kaum erkennbar (deshalb schrieben frühere Autoren dieser Gattung nur 9 Handschwingen zu). Innere Armschwingen soweit verlängert, daß der Abstand ihrer Spitzen bei zusammengelegtem Flügel von der Flügelspitze geringer ist als die Lauflänge, oft aber erreicht AS 7 nahezu die Flügelspitze. Bei einigen Arten zeigen sich mehr oder weniger deutlich ausgeprägte Kropfseitenflecken; darin und auch in den Proportionen ist sie der Gattung *Melanocorypha* nicht unähnlich. Hinterkralle nur wenig länger als Hinterzehe. Die Arten *C. cinerea* und *C. acutirostris* werden dominierend zur Superspezies *C. cinerea* und die Arten *C. rufescens* und *C. cheleensis* zur Superspezies *C. rufescens* zusammengefaßt. 7 Arten.

2.9.1 *Calandrella razae* (ALEXANDER, 1898) — Razalerche

E: Raza Lark, Raza Island Lark, Raza Short–toed Lark.

Synonyme: *Spizocorys razae* ALEX., 1898; *Razocorys razae* ALEX., 1898.

Habitus: Kleiner und kurzschwänziger als Feldlerche, aber mit relativ längerem und kräftigerem Schnabel sowie kräftigeren Füßen (eine gute farbige Abbildung findet sich in Ibis 1898, Pl. III, S. 106/107, Zeichn. J. G. KEULEMANS).

Biometrische Daten (mm): Länge 120 – 150, Flügel ♂ 81 – 89, ♀ 76 – 80, Spannweite 220 – 260, Schwanz ♂ 45 – 53, ♀ 42 – 45, Schnabel ♂ 12 – 15, ♀ 9 – 13, Lauf 20 – 22.

Flügelbau: HS 7 und HS 8 (die längsten) bilden mit HS 9 (1 – 2 mm kürzer), HS 6 (0,5 – 2 mm kürzer) die Flügelspitze. HS 5 ist 4 – 7, HS 4 8 – 14, HS 1 18 – 25 mm kürzer. Die sehr winzige HS 10 ist 51 – 56 mm kürzer als die Flügelspitze und völlig verborgen, bei Jungvögeln geringfügig länger. Außenfahnen von HS 6 – HS 8 und Innenfahnen von HS 7 – HS 9 sind eingeschnürt. Die Spitzen der längsten Schirmfedern reichen bis zur Spitze von HS 4.

Merkmale: ♂ und ♀: Das Weiß der äußeren Steuerfedern wird auffällig im Flug. Da auf Insel Raza beschränkt, mit keiner anderen Lerche zu verwechseln. Scheitel und gesamte Oberseite mehlig grau mit aschbraunen Federrändern, Federmitten schwärzlich. Überaugenstreif rahmfarben. Unterseite rötlichweiß, nur Brust und Kropfpartien schwarzbraun gesprenkelt. Schwingen braun, Schirmfedern weißlich gesäumt; Unterflügel weißlich. Steuerfedern außer ST 5 und ST 6 braunschwarz, das innere Paar mit hellen Säumen, ST 5 schwarz mit weißer Außenfahne, ST 6 weiß mit Ausnahme eines schwarzen Randes an Basis der Innenfahne. Junge den Altvögeln sehr ähnlich, etwas gesprenkelt auf Oberseite. — Oberschnabel dunkel hornfarben, Unterschnabel heller, an Basis weißlich. Füße bräunlich–fleischfarben, Iris braun.

Verbreitung und Biotop: Afrikanische Subregion: Auf Insel Raza beschränkt (Kapverden) (ca. 7 km^2). Offene steppenartige und steinige Flächen, dominierend in der mittleren Ebene der Insel, verstreut auch in der Klippenlandschaft zwischen den Felsgraten im Norden.

Fortpflanzung: Brutzeit abhängig von den Niederschlägen. Nestfunde im Jan., März, Apr. und Okt.; Jungvögel im Jan., Juni und Nov. angetroffen. Typisches Lerchennest, nur aus trockenen Gräsern; Außendurchmesser 100 mm, Innendurchmesser 70 mm, Tiefe 55 mm (HAZEVOUT 1989). Meist 3 Eier; Maße? Nach ALEXANDER (1898) sehr ähnlich den Eiern von *Lullula* in Farbe und Abmessungen. Nach BANNERMANN ist Grundfarbe ein gräuliches Weiß, das dicht rötlichbraun gefrickelt und muschelartig mit steingrauen Flecken übersät ist. Inkubation 13 Tage, von beiden Geschlechtern (ALEXANDER), Bestätigung erforderlich.

Stimme: Einfacher Gesang aus Rufelementen, vom Boden oder im Singflug vorgetragen. HAZEVOUT, der Sonagramme herstellte, unterscheidet daneben noch einen längeren feldlerchenähnlichen Gesangstyp, der ausschließlich im Flug vorgetragen wird (Höhenlagen 2 – 5 kHz). Gewöhnlich beginnt der Fluggesang mit dem kurzphrasigen Typ, danach und während des Hinabgleitens folgt der kontinuierliche Gesang. Eine ausführliche Arbeit über diese Art durch HAZEVOUT ist in Vorbereitung (H. briefl. an Verfasser).

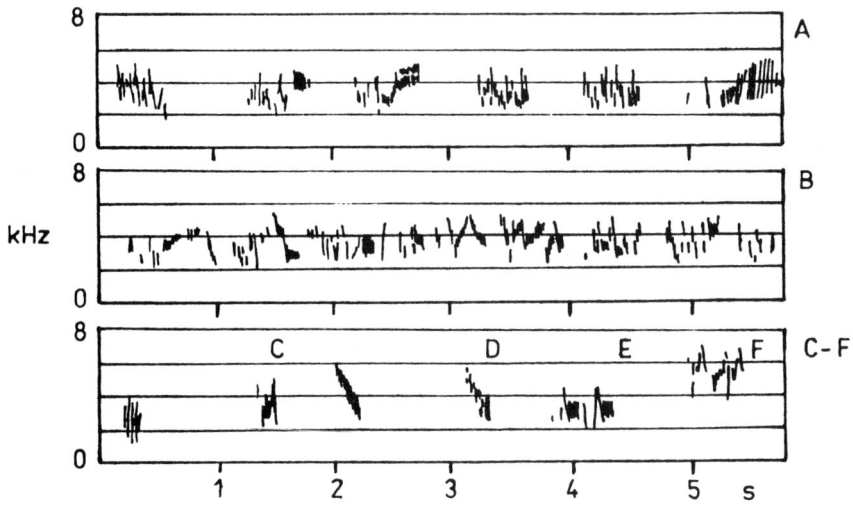

Abb. 145: A. Kurzphrasiger Gesang, B. Kontinuierlicher Gesang, C. – F. Rufe der Razalerche. Nach HAZEVOUT (1989).

Verhalten, Nahrung, Status: Die Bodenbalz ähnelt der Feldlerche. Der Singflug erfolgt in etwa 25 m Höhe; Dauer von 3 Singflügen registrierte H. mit 5 min, 16 s; 6 min 20 s und 2 min 10 s. Es wurden von HAZEVOUT gleichzeitig singende ♂ und auch gemeinsam futtersuchende Paare beobachtet. Am gleichen Tage konnten Vögel im frisch vermauserten als auch im abgetragenen Gefieder angetroffen werden. Nach seiner Schätzung siedeln auf der Insel ca. 75 bis 100 Paare. — Nahrung noch nicht näher untersucht, vermutlich Arthropoden und Sämereien. — Standvogel.

Unterarten: Keine.

2.9.2 *Calandrella cinerea* (GMELIN, 1789) Kurzzehenlerche, Rotkappenlerche, Rotscheitellerche (im südlichen Afrika)

E: Short–toed Lark, Redcapped Lark.

Synonyme: *Alauda cinerea* GMELIN, 1789; *Alauda brachydactila* LEISLER, 1814; *Calandrella brachydactyla* (LEISLER, 1814) (ohne Vereinigung mit der südafrikanischen Form).

Habitus: Bis zu 30 % kleiner als Feldlerche, mit ähnlichen Körperproportionen, aber mit dickerem Schnabel.

Biometrische Daten (mm, g): Länge 130 – 150, Flügel ♂ 90 – 101, ♀ 85 – 96, Spannweite 250 – 300, Schwanz ♂ 53 – 60,5, ♀ 51 60, Schnabel 10,8 – 14, Lauf 18 – 22, Hinterkralle 5 – 10, Masse 19,25 – 30,4.

Abb. 146: Kurzzehenlerche.
Foto: PÄTZOLD.

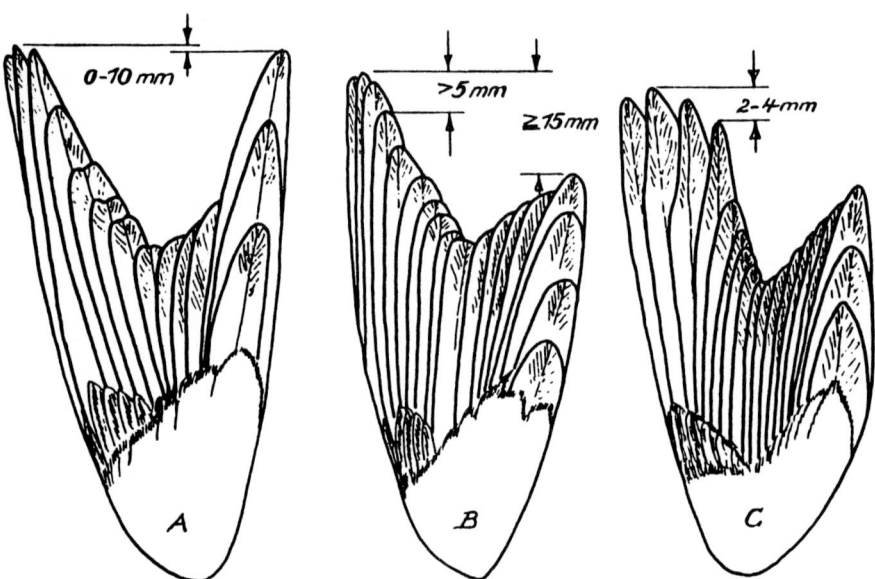

Abb. 147: Flügel der Kurzzehenlerche (A), Stummellerche (B) und der Tschililerche (C). Maße in mm. Verändert und ergänzt nach GLADKOV et al. (1964). Zeichnung: PÄTZOLD.

Flügelbau: (Westpaläarktische Vögel) Flügel ziemlich kurz, an der Basis breit, schmal an der Spitze. HS 8 und HS 9 (längste) bilden mit HS 7 (1 – 2 mm kürzer) die Flügelspitze. HS 6 ist 8 – 11, HS 5 16 – 20 (♂) oder 14 – 19 (♀), HS 4 20 – 25 (♂) oder 17 – 24 (♀), HS 1 30 – 34 (♂) oder 27 – 33 (♀) mm kürzer. HS 10 (stark reduziert) ist 62 – 67 (♂) oder 58 – 65 (♀) mm kürzer als Flügelspitze und 7 – 11 mm kürzer als längste obere Handdecken. Außenfahnen von HS 7 – HS 8 und Innenfahnen von HS 8 – HS 9 sind eingeschnürt. Die längsten Schirmfedern reichen zwischen die Spitzen von HS 6 und HS 7 bei geschlossenem Flügel, bisweilen auch bis HS 7 und HS 8. Bei Jungvögeln ist HS 10 1 − 6 mm kürzer als längste Handdecke und HS 7 4 mm kürzer als die Flügelspitze.

Merkmale: In Europa im Felde durch nahezu ungefleckte Unterseite, die geringe Größe und helle Färbung mit keiner anderen Lerche zu verwechseln (Stummellerchen sind auf der Brust gestrichelt). Geschlechter kaum unterschiedlich. Oberseite überwiegend sandfarben, verwaschen gestreift. Zügel und Überaugenstreif rahmfarben. Die weiße bis rahmfarbene Unterseite zeigt nur an den Kropfseiten mehr oder weniger deutliche dunkelbraune Flecke, die beim ♂ meist ausgeprägter erscheinen. Südafrikanische Vögel haben leuchtend rotbraune Scheitel und Kropfflecken. Schwingen dunkelbraun; AS 7 erreicht (zum Unterschied von der Stummellerche) fast die Flügelspitze. Schwanzfedern schwarzbraun; ST 1 breit sandrötlich gesäumt, ST 5 auf Randstreifen der Außenfahne, ST 6 auf ganzer Außenfahne und schaftnahem Teil der Innenfahne rötlich weiß. Junge zeigen auf Oberseite längsgestreiftes Tropfenmuster, durch ockerfarbige Dreiecke mit weißen Spitzen gebildet; Unterseite an Brust verwaschen gefleckt. — Schnabel oben dunkel hornfarben, unten heller; Füße horngelblich; Iris dunkelbraun.

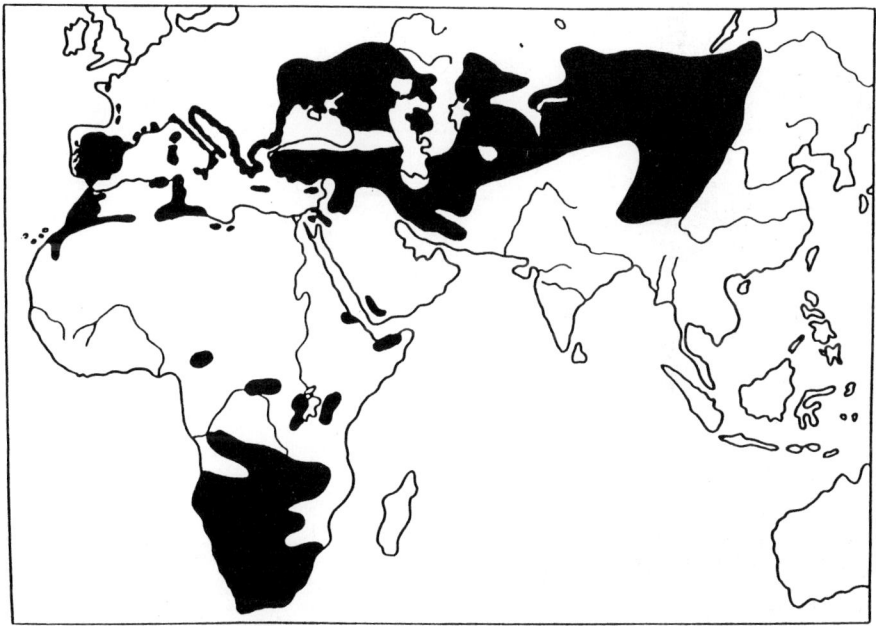

Abb. 148: Verbreitung der Kurzzehenlerche.

Verbreitung und Biotop: Paläarktische (S) und Afrikanische Subregion: Von Marokko und Iberischer Halbinsel ostwärts etwa zwischen 25° und 50° n. Br. (in Europa größtenteils südl. des 45° n. Br.) bis NE China (Heilar). Südlich des 25° n. Br. in Afrika: Jos Plateau in N Nigeria, weiter in Äthiopien, W Kenia, Uganda, S

Zaire, S Kongo (Gabun?), südwärts durch Angola, Sambia, W Tansania, Malawi, C und E Simbabwe, Botswana, Namibia, Südafrika einschließlich Lesotho; fehlend im östlichen Afrika (Somalia, E Kenia, E Tansania, N Mocambique). — Halbwüsten, Randgebiete von Steppen; in Spanien und Afrika auch Weide– und Ackerflächen bis 1.500 m, in Hochlandsteppen Tibets bis zu 5.000 m.

Abb. 149: Gelege der Kurz-zehenlerche. Foto: PÄTZOLD.

Abb. 150: Jungvogel der Kurzzehenlerche. Foto: PÄT-ZOLD.

Fortpflanzung: In Paläarktis Apr. bis Juni; Südafrika Febr. bis Dez. Typisches Lerchennest, aber mit Schafwolle, Federn und Tierhaaren gefüttert, bisweilen »Pflasterung« vor Nesteingang. Innendurchmesser 55 – 60 mm, Tiefe 30 – 40 mm. 4 bis 5 Eier, nach MacLean in Südafrika 1 bis 4 (Durchschnitt von 161 Gelegen 2,1). 130 paläarktische Eier maßen 19,8 x 14,8 mm bei Frischvollgewicht von 2,24 g; 86

südafrikanische 21,2 x 15,1 mm. Grundfärbung hell graubraun mit wenig Fleckung. Brutdauer 13 – 14 Tage, nur ♀ brütet, Nestlingszeit 8 – 10 Tage; ♂ soll bisweilen hudern, beide Geschlechter versorgen die Jungen.

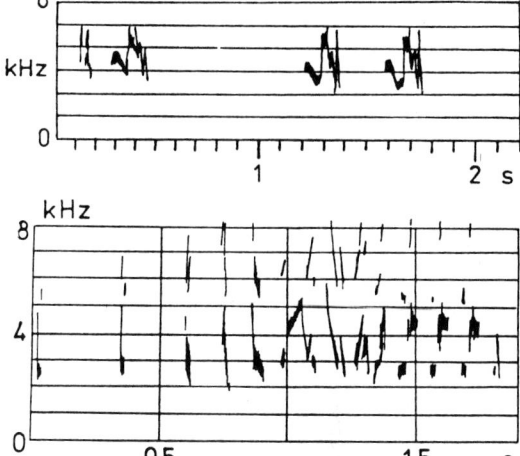

Abb. 151: Oben: Sperlingsähnliche Flugrufe der Kurzzehenlerche. Nach MacLean (1985). Unten: Ausschnitt aus dem Gesang der Unterart *C. c. brachydactyla*. Nach Cramp (1988).

S t i m m e : Lockruf »zrrp«, manche Flugrufe ähneln dem Schilpen des Haussperlings »tülp–tilp«. Gesang vom Boden oder (meist) im Flug, ist Mischung aus variierenden recht unmelodischen Tönen, die an Grauammer, Braunkehlchen und Dorngrasmücke erinnern, je min etwa 12 Strophen.

V e r h a l t e n , N a h r u n g , S t a t u s : Außerhalb der Brutzeit in größeren Trupps, in Südafrika auch in der Brutzeit in kleineren Gruppen. Der Flug ist wellenförmig finkenartig. Singflug kreisend, fallend und steigend, Landung im Sturzflug, Flugdauer 3 – 8 min. Regelmäßiger Flug zur Tränke, bisweilen gemeinsam mit Stummellerche, aber auch monatelang mit Tautropfen auskommend. Nicht besonders scheu. — Nährt sich von Insekten (vorwiegend Rüsselkäfer, Ameisen, Erdflöhe) und Sämereien (Gramineen und Knöterichgewächse). – In der Paläarktis überwiegend Zugvogel. Europäische und nordafrikanische Populationen überwintern dominierend in der Sahara zwischen 14° und 18° n. Br. sowie in N Äthiopien und N Somalia; asiatische zumeist in Nordindien und NW China. In afrikanischer Subregion gewöhnlich Standvogel, der lokal umherstreift, Geschlechter ziehen gemeinsam. Als Irrgast nachgewiesen in Island, Irland, Belgien, Niederlande, Deutschland, Dänemark, Norwegen, Schweden, Finnland, Polen, Österreich, Schweiz, Kanarische Inseln.

U n t e r a r t e n u n d i h r e B r u t g e b i e t e : *C. c. woltersi*, Türkei; *C. c. dukhunensis*, W China, Tibet, Mongolei, Burma, N Indien; *C. c. longipennis*, C Asien, NW China, Afghanistan, N Indien; *C. c. orientalis*, C Asien, Mongolei, Mandschurei; *C. c. artemisiana*, Kaukasus, W Sibirien, Türkei, Iran; *C. c. brachydactyla*, S Europa, N Afrika; *C. c. rubiginosa*, S Marokko, S Algerien, S Tunesien; *C. c. hermonensis*, Libanon, Israel; *C. c. eremica*, SW Arabien; *C. c. erlangeri*; Äthiopien; *C. c. saturatior*, Uganda bis Botswana und Natal; *C. c. williamsi*, W Kenia; *C. c. alluvia*, S Mocambique; *C. c. anderssoni*, N Namibia; *C. c. ongumaensis*, N Namibia; *C. c. witputzi*, S Namibia; *C. c. millardi*, SW Kalahari; *C. c. niveni*, SW Transvaal, Oranje Free State, Natal; *C. c. spleniata*, S Angola, W Namibia; *C. c. cinerea*, S Kapprovinz.

A n m e r k u n g : Andere Autoren schreiben der Unterart *C. c. brachydactyla* einen eigenen Artstatus *Calandrella brachydactyla* zu.

2.9.3 *Calandrella blanfordi* (SHELLEY, 1902) — Blanfordlerche

E : Blanford's Lark.

S y n o n y m e : *Calandrella anderssoni* BLANFORD, 1870; *Tephrocorys ruficeps* SHARPE, 1890; *Tephrocorys blanfordi* SHELLEY, 1902.

H a b i t u s : Wie Kurzzehenlerche, aber noch etwas kleiner.

B i o m e t r i s c h e   D a t e n   (m m): Länge 120 – 130, Flügel 75 – 83, Schwanz 49 – 52, Schnabel 8,9 – 10,2, Lauf 15 – 19.

M e r k m a l e : Ähnlich *Calandrella cinerea*, aber im ganzen heller, die rotbraune Kopfplatte der afrikanischen Unterarten von *C. cinerea* ist bei *C. blanfordi* weniger deutlich, der Flügel < 86 mm. Geschlechter gleich. Federn der Oberseite haben breite sandfarbige Säume; Stirn matter als Scheitel. Ohrdecken hellbraun. An den Nackenseiten je ein undeutlicher kleiner schwärzlicher Fleck. Kropf, Flanken und Schenkel sind verwaschen gelbbraun (keine kastanienbraunen Flanken!), übrige Unterseite weißlich.

V e r b r e i t u n g   u n d   B i o t o p : Afrikanische Subregion: N Äthiopien (Senafe). — Im Hochland auf wüstenhaftem steinigem Boden, oft in Gesellschaft von Artgenossen, ganz ähnlich wie Kurzzehenlerchen.

Über Fortpflanzung, Stimme, Verhalten und Nahrung liegen mir keine speziellen Details vor, vermutlich kaum von *C. cinerea* unterschieden.

S t a t u s : Standvogel.

A n m e r k u n g : Einige Autoren stellen auf Grund außerordentlicher Ähnlichkeiten die Unterart *C. cinerea eremica* in SW Arabien zu *C. blanfordi*.

U n t e r a r t e n : Keine.

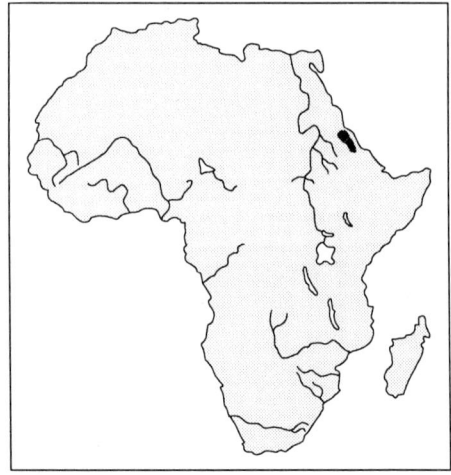

Abb. 152: Verbreitung der Blanfordlerche.

2.9.4 *Calandrella acutirostris* HUME, 1873, 1872? — Tibetlerche

E: Hume's Short– toed Lark.

Synonym: *Calandrella brachydactyla var. tenuirostris* SEVERTZOFF, 1873.

Abb. 153: Tibetlerche. Foto: NADLER.

Habitus: Wie Kurzzehenlerche.

Biometrische Daten (mm, g): Länge 140 – 150, Flügel ♂ 89 – 100, ♀ 84 – 92, Schwanz ♂ 58 – 65, ♀ 54 – 60, Schnabel 13 – 15, Lauf 19 – 22, Masse 18 – 23.

Merkmale: Im Felde von *C. cinerea*, die lokal sympatrisch, kaum zu unterscheiden. Bei guter Sicht ist rötlicher Anflug des Bürzels kennzeichnend und der geringere Anteil an Weiß auf den äußersten Steuerfedern; weiterhin fällt der pieperhaft elegante Flug ins Auge. In der Hand auch durch rundere Flügelspitze unterscheidbar: HS 9, HS 8 und HS 7 etwa gleich lang (bei *C. cinerea* HS 7 etwas kürzer). Von *C. raytal*, *C. rufescens* und *C. cheleensis* durch die stark verlängerte AS 7, die nahezu die Flügelspitze erreicht, differenziert. Im Unterschied zu *C. cinerea* ist in der Regel nur die Spitze der Außenfahne von ST 6 weiß oder weißlich, und ST 5 ist nur auf einem kleinen Teil der Außenfahne weiß. Jungvögel vermutlich wie *C. cinerea*. — Schnabel gelblich hornfarben, oben und an Spitze schwärzlich. Füße fleischfarben bis braun, Krallen dunkel, Iris braun.

Fortpflanzung: Mai bis Juli. Typisches Lerchennest, aber innen glatt mit feinem Pflanzenmaterial und Wolle ausgepolstert. Rand bisweilen mit kleinen Steinchen umgeben, innerer Durchmesser 60 mm, Tiefe 40 – 50 mm (NADLER). 3 bisweilen 2 Eier; 20,8 x 14,8 mm (170), bei Frischvollgewicht von 2,37. Grundfarbe gräulich weiß, nur zart und wenig dunkelgrau gefleckt oder gefrickelt. Bebrütung anscheinend von beiden Geschlechtern.

Verbreitung und Biotop: Paläarktische und Vorderindische Subregion: Iran, Afghanistan, NE Pakistan (Baluchistan), zentrale südliche SU (Tadschikistan, Kirgisien), fast ganz W China bis etwa Lanzhou, N Bhutan, Nepal, N Indien (Gilgit, Jammu). — Halbwüsten mit spärlicher Kräutervegetation, Grassteppen und steinig felsige Hochländer bis 5.000 m, teilweise in den gleichen Habitaten mit der Kurzzehenlerche. Liebt auch moorige Stellen, Flußufer und kleinere Tümpel, ohne in die reinen Sumpfsteppen einzudringen, in denen *Melanocorypha maxima* siedelt.

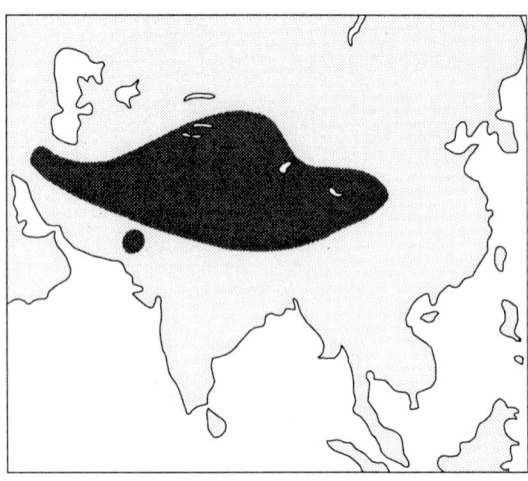

Abb. 154: Verbreitung der Tibetlerche.

Abb. 155: Lebensraum der Tibetlerche. Salzsee, südöstliches Zaidambecken, 4.000 m üNN. Foto: NADLER.

Stimme: Häufigster Laut ein scharfes »triiie«, das auch im Singflug vernommen wird. Gesang arm und eintönig, oft auch von der Spitze eines Steines oder Felsens vorgetragen. Singflughöhe 20 – 50 m (NADLER).

Verhalten, Nahrung, Status: Relativ leicht zu beobachtender Vogel, der in feuchten Biotopen nach Stelzenart bis zum Brustgefieder durch flache Wasserstellen läuft. Andererseits erinnert vieles an *C. cinerea*, auch der Singflug, der bis zu 10 Minuten und länger dauern kann. Er endet mit Schweben und senkrechtem Herabstürzen zum Boden (ALI & RIPLEY 1972). Etwas anders beschreibt SCHÄFER

Abb. 156: Gelege der Tibetlerche am Südufer des Kukunoor (China). Foto: NADLER.

(1938) den Singflug. Danach steigen die ♂ singend mit gespreizt flatternden Schwingen bis zum ca. 20 m hohen Kulminationspunkt und schweben sogleich, ganz nach Pieperart, mit gespreizten Flügeln und gefächertem Schwanz zur Erde zurück. Bei klaren windstillen Nächten, besonders bei Vollmond, auch Nachtgesang. Auf dem Zug und im Winterquartier werden diese Lerchen in größeren Trupps angetroffen, sie rennen futtersuchend auf nackten Böden oder fliegen rastlos umher. Häufig trifft man sie nahrungssuchend an Flußufern, wo sie durch ihr pieperartiges Verhalten mit ebenfalls ziehenden oder überwinternden Wasserpiepern leicht verwechselt werden können. SCHÄFER beobachtete sogar,»daß ein Vogel den Kopf ins Wasser steckte, um zu fischen«. Nahrung besteht aus Sämereien und Insekten (kleinen Fischen?). — Stand, Strich– und Zugvogel. Hauptsächlich Wintergast in Pakistan und im größten Teil Indiens nördlich des 16° n. Br.

Unterarten und ihre Brutgebiete: *C. a. accutirostris*, N Afghanistan, C S Asien, NW China (Xinjiang), N und C Indien; *C. a. tibetana*, C Asien, S Tibet, W China (Xizang), N Indien.

2.9.5 *Calandrella raytal* (BLYTH, 1844) — Uferlerche, Raytallerche

E: Indian Short–toed Lark, Indian Sand Lark.

Synonyme: *Alaudula raytal*, BLYTH, 1844; *Alauda adamsi* HUME, 1871.

Habitus: Kleiner als Kurzzehenlerche; Körperproportionen ähnlich wie *C. rufescens*.

Biometrische Daten (mm, g): Länge 120 – 130, Flügel ♂ 80 – 89, ♀ 74 – 82, Schwanz ♂ 48 – 56, ♀ 41 – 50, Schnabel 11 – 13 (vom Schädel), Lauf 19 – 20, Masse 18 – 19.

Merkmale: Längste Armschwingen deutlich kürzer als Flügelspitze. HS 9, HS 8 und HS 7 etwa gleich lang, bilden Flügelspitze. Geschlechter gleich. Gefieder sehr ähnlich der Kurzzehenlerche, aber Brustseiten undeutlich verwaschene Streifung. Jungvögel haben im frischen Gefieder einen isabellfarbenen Anflug (TICEHURST).

Schnabel hornbraun bis schwärzlich, bisweilen mit gelblichem oder grünlichem Anflug. Füße gelblich bis fleischfarben; Iris braun.

Verbreitung und Biotop: Vorderindische und Birmesische Subregion, teilweise in Paläarktis: Iran, Pakistan (Makranküste, Sindh, Baluchistan, Punjab), NW Indien (Kathiawar, Gujarat, Thar, Punjab) über Haryana, Uttar–Pradesh, Nepal (Ebenen), Bhutan, Bangladesch, Assam, Burma (entlang des Chindwin und unteren Irrawaddy in den trockenen Zonen), nicht im extremen Süden. — Nackte oder spärlich mit Gräsern bewachsene Sandbänke und kleine Inseln in größeren Flüssen; auch in trockenen salzigen Inseln der Wattenmeere (z. B. Gulf of Cambay) und in Küstenlandschaften mit diversen Meerespflanzen (*Suaeda* spec.).

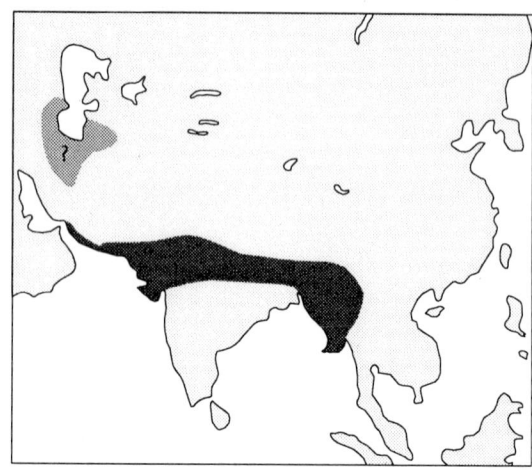

Abb. 157: Verbreitung der Uferlerche.

Fortpflanzung: Nominatform Febr. bis Mai, meist März und Apr.; die Unterarten *adamsi* und *krishnakumarsinhji* von März bis Sept., vorherrschend Juni bis Aug. Nest auf Sandbänken, in trockenen Flußbetten oder –böschungen. Typisches Lerchennest, oft im Schutze von Stachelmohn (*Argemone*) und Tamariske. 3 (2) Eier; 19,3 x 14,3 mm (42); gelblich oder gräulich weiß mit braunen oder rötlich braunen Flecken und Tupfen, im ganzen dunkler und gröber gezeichnet als bei *C. acutirostris*. Fütterung durch beide Geschlechter.

Stimme: Gesang (meist Singflug) ähnelt sehr dem der Devalerche, aber kürzer und weniger zusammenhängend. Eine Reihe klingelnder Tönen wird in regelmäßigen Abständen von Pausen unterbrochen. Strophen enthalten häufig Einflechtungen von Rufen anderer Vögel (*Tringa ochropus, Vanellus indicus*).

Verhalten, Nahrung, Status: Singflug beeindruckend. ♂ steigt ca. 30 m hoch und fliegt während des Singens ziellos hin und her, kein Rütteln oder Schweben. Aufführungen dauern nur wenige Minuten, danach folgt ein fallschirmartiges Herabschweben in 5 bis 10 Stufen bei gespreizten Flügeln und Schwanz. In letzter Stufe werden bei fast senkrechtem Herabschießen die Flügel geschlossen, erst ca. einen Meter über dem Boden wird der Sturz durch Flatterflug gebremst, und der Vogel landet auf einem erhöhten Punkt. Bodengesang vom Stein oder Erdhügel mit aufgestellten Scheitelfedern. Außerhalb der Brutzeit in 2 oder 3 Exemplaren anzutreffen, manchmal in Trupps von 20 bis 30 Vögeln rennend und futtersuchend auf kahlen, sandigen Flächen. Die Bewegungen vollziehen sich dabei ruckartig in Zick–Zack–Linien. — Nahrung besteht aus Unkrautsamen und Insekten. — Standvogel, der lokal umherstreift. Als seltener Irrgast einmal in Spanien nachgewiesen.

Unterarten und ihre Brutgebiete: *C. r. raytal*, N Indien, N Burma; *C. r. krishnarkumarsinhji*, Kathiawar (NW Indien); *C. r. adamsi*, NW Indien.

2.9.6 *Calandrella rufescens* (VIEILLOT, 1820, 1819?) — Stummellerche

E : Lesser Short–toed Lark.

Synonyme: *Calandrella pispoletta* (PALLAS, 1811); *Alaudula rufescens* VIEILLOT, 1820; *Alauda rufescens* VIEILLOT, 1820; *Alaudula persica* SHARPE, 1890; *Alaudula seebohmi* SHARPE, 1890; *Calandrella somalica* (SHARPE, 1895).

Abb. 158: Stummellerche. Verändert nach MACKWORTH–PRAED & GRANT (1955). Zeichnung: PÄTZOLD.

Habitus: 25 % kleiner als Feldlerche, ähnlich Kurzzehenlerche.

Biometrische Daten (mm, g): Länge 130 – 140, Flügel ♂ 87 – 102, ♀ 80 – 98,5, Spannweite 240 – 320, Schwanz ♂ 59 – 67,1, ♀ 56 – 67,3, Schnabel 8,6 – 11,7, Lauf 19,1 – 21,3, Masse 22 – 30.

Flügelbau: Flügel relativ kurz und breit mit ziemlich gerundeter Spitze. HS 8 (längste, selten um 1 mm kürzer als HS 9) bildet mit HS 9 (0 – 4 mm kürzer), HS 7 (0 – 2,5 mm kürzer) und HS 6 (3 – 8 mm kürzer) die Flügelspitze. HS 5 ist 12 – 18 (♂) oder 9 – 16 (♀), HS 4 17 – 23 (♂) oder 14 – 21 (♀), HS 1 25 – 34 (♂) oder 22 – 30 (♀) mm kürzer. HS 10 (reduziert) ist 70 – 71 (♂) oder 53 – 61 (♀) mm kürzer als die Flügelspitze und 7 – 12 mm kürzer als die längste obere Handdecke. Außenfahnen von HS 6 – HS 8 und Innenfahnen von (HS 7) – HS 8 – HS 9 sind eingeschnürt. Schirmfedern kurz, längste reichen bei geschlossenem Flügel nur bis zur Spitze von HS 4 – HS 5 nach abgeschlossener Mauser, im abgetragenen Kleid oft nur bis HS 3 – HS 4. Bei Jungvögeln ist HS 10 fast längengleich mit der längsten Handdecke.

Merkmale: Im Felde von der ähnlichen Kurzzehenlerche durch die gestrichelte Brust und das Fehlen der Kropfflecke zu unterscheiden. In der Hand (siehe auch Flügelbau): Abstand der längsten Schirmfederspitze (AS 7) von der Flügelspitze bei geschlossenem Flügel größer gleich 15 mm (bei *C. cinerea* kleiner gleich 10 mm) Handflügelindex 34 – 35 %. Abzeichen auf ST 5 und ST 6 weiß (kein rötlicher Anflug) und Schnabel noch etwas kürzer als bei *C. cinerea*. Übriges Gefieder, auch Schnabelfarbe, Füße und Iris sowie Jugendkleid wie *C. cinerea*.

Verbreitung und Biotop: Paläarktische und Afrikanische Subregion: Vom Tienschan und Altai westwärts bis zum Schwarzen Meer bei Odessa und spärlich bis zur nordbulgarischen Küste, die Nordgrenze liegt überwiegend bei 50° n. Br. In südwestlicher Richtung durch Kirgisensteppe, Usbekistan, Turkmenien, Afghanistan, W Pakistan, Iran, Irak, Syrien, Türkei, Arabien (südl. bis Rutbah), Ägypten, durch die N Sahara bis Marokko, die Kanarischen Inseln (dort einzige Lerchenart) und SE Spanien.

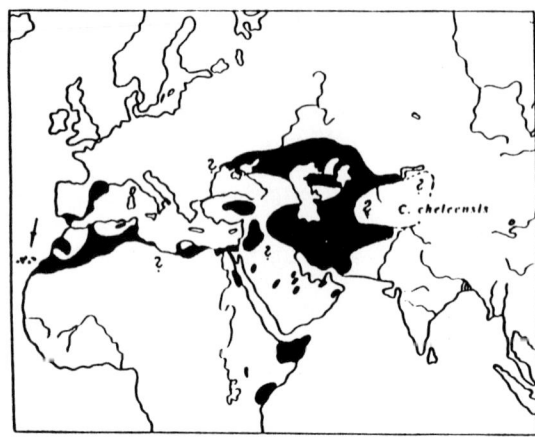

Abb. 159: Verbreitung der Stummellerche.

In der Äthiopischen Region (von manchen Autoren als eigene Art, *Calandrella somalica*, betrachtet): Äthiopien, Somalia, S Kenia, NE Tansania. — Halbwüsten mit trockenen Lehm– oder Salzböden; brütet bisweilen in höherer und dichterer Vegetation als *C. cinerea*. In SW Tunesien fanden wir sie brütend am Ufer des Salzsees Sebkhet el Melan und in NW Tunesien am Ufer des Set Si Khalifa (bei Hammamet).

Fortpflanzung: In der Paläarktis Apr. bis Juni (in S Tunesien fand G. LEITHAUS ein frisches Gelege am 14. Apr. 1991. Zwei Bruten. Typisches Lerchennest ohne Steinchenvorbau. Nestdurchmesser 60 mm, Tiefe 47 mm (PÄTZOLD), Trockengewicht nach Makatsch 15 und 22. 4 – 5 Eier, 19,1 x 14,7 mm (80) bei Frischvollgewicht von 2,13 g; 3 tunesische Eier maßen 19,5 x 15, 21 x 14,5 und 20 x 15 mm (PÄTZOLD). Farbe hell, ähnlich *C. cinerea*, aber meist gröber und dunkler gefleckt und gesprenkelt. Brutdauer 11 – 13 Tage, nur ♀ brütet. Nestaufenthalt der Jungen 10 Tage, beide Elternteile versorgen die Jungen.

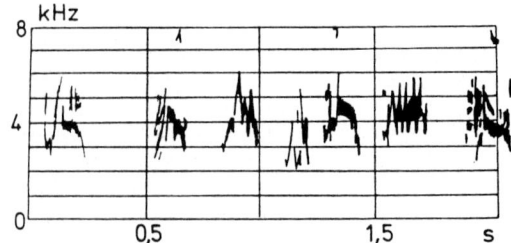

Abb. 160: Ausschnitt aus dem Gesang der Stummellerche. Nach CRAMP (1988).

Stimme: Der trockene Ruf »prritt« und »prr« ähnelt dem der Kurzzehenlerche. Warnruf »zisie« oder »zied«, oft wiederholt, auch mit Trillerlauten kombiniert »trr–

zied«. Gesang, vorwiegend im Fluge, klingt melodischer als bei *C. cinerea.*

Verhalten, Nahrung, Status: Gewohnheiten wie Kurzzehenlerche. Bei Nahrungsaufnahme werden Beutetiere und Samen auch von niedriger Vegetation gepickt. Außerhalb der Brutzeit sammeln sich diese Vögel in großen Scharen auf reifenden Rispenhirsefeldern und lesen die von Sperlingen verstreuten Körner vom Boden auf; es wurden bis zu 2000 Exemplare in geschlossenen Flügen beobachtet. Singflugfiguren (ansteigender Spiralflug) ganz ähnlich *C. cinerea.* — Stand-, Strich- und Zugvogel je nach geographischer Lage des Brutgebietes. Im allgemeinen ist der Zugtrieb weniger ausgeprägt als bei der Kurzzehenlerche. Spanische Populationen überwintern an den Brutstätten, ebenfalls sind die Vögel von W Pakistan bis zu den Kanarischen Inseln sedentär. Populationen aus Marokko ziehen über die Südgrenze ihres Brutareals bis zum Wüstenrand. Vögel aus Kasachstan überwintern vorwiegend südlich des 40° n. Br. Große Scharen werden auch in der SE Ukraine (Askania–Nowa) im Winter beobachtet. Ostafrikanische Vögel sind sedentär. Als Irrgast nachgewiesen auf Malta, in Italien, Rumänien, Deutschland, Irland und Finnland.

Unterarten und ihre Brutgebiete: *C. r. rufescens,* Tenerife Inseln; *C. r. polatzeki,* Gran Canaria, Lanzarote; *C. r. apetzii,* S Spanien; *C. r. minor,* N Sahara, Sinai; *C. r. nicolli,* N Ägypten; *C. r. aharoni,* Türkei, Jordanien; *C. r. pseudobaetica,* W Kaspisches Meer; *C. r. persica,* Irak bis Afghanistan; *C. r. heinei,* SE Rußland, W Sibirien; *C. r. somalica,* Somalia; *C. r. vulpecula,* Somalia; *C. r. megaensis,* S Äthiopien; *C. r. athensis;* S Kenia, NE Tansania.

2.9.7 *Calandrella cheleensis* (SWINHOE, 1871) — Tschililerche, Salzlerche

E: Mongolian Short–toed Lark; Eastern Short–toed Lark.

Synonyme: *Calandrella rufescens cheleensis* (SWINHOE, 1871); *Calandrella leucophaea* SEVERTZOW, 1872; *Alaudala cheleensis* SWINHOE, 1871.

Habitus: Wie Kurzzehen– und Stummellerche.

Biometrische Daten (mm, g): Länge ca. 155, Flügel ♂ 88 – 98, ♀ 87 – 97, Schwanz 60 – 70, Schnabel 7 – 9, Lauf 19 – 23, Masse 20 – 24.

Merkmale: Im Felde optisch nicht von *C. rufescens* (von der sie erst in jüngster Zeit artlich getrennt wurde) und oft schwierig von *C. cinerea* zu differenzieren. Von letzterer unterscheidet sie sich durch die meist dunkel gestrichelte Brust, den mehr oder weniger längsgestrichelten oder gefleckten Scheitel (niemals einfarbig rotbraun wie bei manchen *C. cinerea* Unterarten) und die reinweißen Abzeichen auf ST 5 und ST 6 (nicht rötlich–gelb überhaucht). Von *C. rufescens* am sichersten in der Hand durch den stumpferen Flügel zu identifizieren: HS 6 reicht bis auf 2 bis 4 mm an die Flügelspitze heran, während bei *C. rufescens* HS 6 über 5 mm kürzer bleibt als die Flügelspitze (GLADKOV & DEMENT'EV 1964). Von *C. cinerea* in der Hand leicht durch die wesentlich kürzere AS 7 zu unterscheiden, deren Spitze bei zusammen gelegtem Flügel bis auf höchstens 15 mm an die Flügelspitze heranreicht. Jungvögel dürften im Gefieder von *C. rufescens* und *C. cinerea* nicht zu unterscheiden sein, wenn sich nicht vielleicht junge Kurzzehenlerchen durch ihren besonders signifikanten Überaugenstreif differenzieren lassen. — Schnabel hell hornfarben, Füße hell fleischfarben, Iris braun.

Verbreitung und Biotop: Paläarktische Subregion: Von Usbekistan (zwischen Amudarja und Syrdaja) ostwärts durch Kirgisien (Issyk–Kul bis Balchasch), NW China (Xinjiang, Lop Nor), nördliches Zentral China (NE Gansu), Mongolei, Transbaikalien, NE China (südliches Heilongjiang), Korea; südlich bis Shandong und westwärts bis NE Tibet. — Steppen, trockene Areale, Salzsümpfe. Im Tiefland zwischen Aral– und Balchaschsee besteht Sympatrie zwischen *C. c. leucophaea* und *C. rufescens heinei*. *C. cheleensis* bewohnt dort ausschließlich die Salzsümpfe, während *C. rufescens* in verschiedenartigen Wüsten– und Steppenlandschaften brütet. Eine Vermischung beider Formen

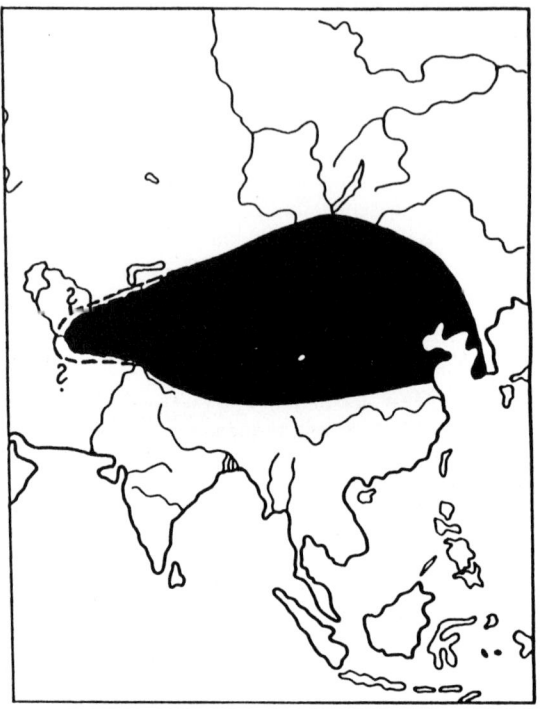

Abb. 161: Verbreitung der Tschililerche.

scheint nicht nachgewiesen, auch ist *C. rufescens* dort Zugvogel, *C. cheleensis* aber Strichvogel. Kommt im Gebirge bis zu 1.700 m üNN vor.

Fortpflanzung: Keine speziellen Daten bekannt. Infolge der nahen Verwandtschaft zu *C. rufescens* und dem möglicherweise noch nicht abgeschlossenen artlichen Differenzierungsprozeß, sind keine wesentlichen Unterschiede zu erwarten. Eimaße: 19,2 x 14,8 mm (29), bei Frischvollgewicht von 2,17 g; Grundfarbe gelblich bis grünlich weiß, darüber violettgraue und lehmbraune Flecke und Frickel, nicht selten in Kranzform.

Stimme: Nach MAUERSBERGER als Stimmfühlungslaut ein feldlerchenartiges »tirrtill« oder dreisilbiges »dirilit« (diagnostisch zu *C. rufescens*?). Gesang »... ein anhaltendes, ziemlich feldlerchenhaftes, wenn auch nicht ›jubilierendes‹ Lied« (MAUERSBERGER 1980).

Verhalten, Nahrung, Status: Im Juni im Salzsumpf der Gobi einzeln und paarweise beobachtet, im Aug. auch in Trupps bis zu 170 Exemplaren. Balz wie Feldlerche. Nahrung nicht näher untersucht, möglicherweise weicht sie in den salzhaltigen Habitaten etwas ab von *C. rufescens*. Stand– und Strichvogel (Zugvogel?).

Unterarten und ihre Brutgebiete: *C. c. cheleensis*, N China, Da Hinggan; *C. c. leucophaea*, Turkestan; *C. c. kukunoorensis*, Qinghai (Kukunor); *C. c. seebohmi*, C Asien; *C. c. beicki*, N Gansu; *C. c. tangutica*, NE Tibet.

Bemerkung: Die Unterarten *cheleensis*, *kukunoorensis*, *seebohmi*, *beicki*, und *tangutica* werden von einigen Autoren zur Art *Calandrella rufescens* gestellt.

2.10 Gattung *Spizocorys* Sundevall, 1872

Synonym: *Aethocorys* SHARPE, 1902?

Kleine gesellige Lerchen zwischen *Alauda* und *Calandrella*, deshalb werden einige Arten von manchen Autoren dieser oder jener Gattung zugestellt. Schnabel finkenähnlich und kürzer als Mittelzehe mit Kralle. Nasenlöcher bedeckt. Flügel relativ lang. HS 10 reduziert auf kleiner gleich 10 mm, aber länger als bei *Calandrella*. Längste Armschwingen erreichen nahezu die Flügelspitze, die bei angelegtem Flügel fast die Schwanzspitze berührt. Scheitel und Rücken gestreift. Nester nicht überwölbt. 5 Arten.

2.10.1 *Spizocorys conirostris* (SUNDEVALL, 1850) — Rotschnabellerche

E: Pink–billed Lark.

Synonyme: *Alauda conirostris* SUNDEVALL 1850; *Calandrella conirostris* (SUNDEVALL, 1850).

Abb. 162: Rotschnabellerche. Verändert nach MACLEAN (1985). Zeichnung: PÄTZOLD.

Habitus: Kleine kurzschwänzige Lerche mit Finkenschnabel, 30 % kleiner als Feldlerche.

Biometrische Daten (mm, g): Länge 120 – 130, Flügel 73 – 81, Schwanz 39 – 48, Schnabel 10 – 12,5, Lauf 15 – 19, Masse ♂ 12,5 – 15,5, ♀ 12 – 16,5.

Merkmale: ♂ und ♀: Sehr ähnlich der Finkenlerche *Botha fringillaris*, aber mit dickerem Schnabel ohne dunkle Spitze und einheitlich licht rotbraunem Bauch (bei der Finkenlerche verblaßt das Rotbraun in der Mitte des Bauches schwanzwärts bis fast zum Weiß). Die nah verwandte *Spizocorys starki* ist viel heller, mit weißer Unterseite und Weiß am Schwanz. — Oberseite rotbraun mit kräftiger braunschwarzer Streifung. Kinn und Kehle weiß, Brust schwärzlich gestrichelt. Schwingen und Schwanz schwarz mit sehr schmalen rostbraunen Säumen. Außenfahne von ST 6 gelbbraun. Junge dunkler und stärker gefleckt. — Schnabel kegelförmig und einfarbig rosa. Füße rötlich, Iris rötlichbraun bis gelblichbraun.

Verbreitung und Biotop: Afrikanische Subregion: Namibia (ohne Küstengebiete), W Sambia, W Botswana, Südafrika von S Transvaal bis NW Natal, Oranje Freistaat, N, NE und E Kapprovinz. — Offenes kurzes Grasland in Hochsteppen, hohes Gras in der Kalahari Sandsteppe, Stoppelfelder und Straßenränder, teilweise in abgebrannten Arealen.

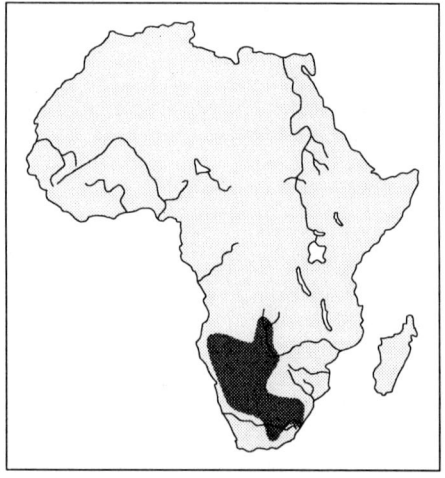

Fortpflanzung: In Anpassung an Regenperioden in jedem Monat möglich; Hauptbrutzeit Okt. bis Mai. Typisches Lerchennest, nicht überwölbt, gewöhnlich im Schutz eines Grasbüschels, Außendurchmesser 80 – 90 mm, Innendurchmesser 50 – 60 mm, Tiefe 35 – 40 mm. 1 bis 3 Eier,

Abb. 163: Verbreitung der Rotschnabellerche.

gewöhnlich 2, 18,5 x 13,6 mm (144) (MacLean 1985). Nach Schönwetter 19,1 x 13,5 mm (15), bei Frischvollgewicht von 1,8. Die Eier sind auf grünlich weißem Grund dicht dunkelbraun und grau gesprenkelt und geblattert. Das Brüten beginnt mit der Ablage des ersten Eies und währt ca. 12 Tage. Die Jungen werden von beiden Elternteilen gefüttert und verlassen das Nest im Alter von 10 Tagen, ohne flugfähig zu sein.

Stimme: Charakteristischer Flugruf ist ein schnelles melodisches Zwitschern wie »si–si–si«, das oft wiederholt wird. Alarmruf ähnlich, aber Betonung auf erster Silbe. Der Gesang ähnelt dem Flugruf, MacLean registrierte eine vom Boden vorgetragene sehr schwache Tonreihe aus 4 bis 5 m Entfernung und vermutet, daß einige Komponenten in so hoher Tonlage liegen, daß sie das menschliche Ohr nicht mehr vernimmt. Diese Töne klingen insektenähnlich wie »trrr–krik–krik«.

Abb. 164: Charakteristischer Flugruf der Rotschnabellerche. Nach MACLEAN (1985).

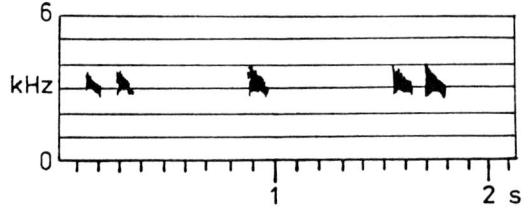

Verhalten, Nahrung, Status: In der Brutzeit paarweise, sonst in Trupps von 5 bis 20 Vögeln oder mehr anzutreffen. Ein unauffälliger, leicht übersehbarer Vogel, wenn er nicht im Fluge singt oder ruft oder an der Tränke beobachtet wird. Bei Störungen am Nest wird rüttelnd über einer Stelle der Alarmruf ausgestoßen. Die Nahrung wird im Gehen oder Rennen vom offenen Boden aufgenommen, häufig in aufrechter Stellung. Sie besteht aus Sämereien und Arthropoden, vorwiegend Insekten. – Ein gemeiner, aber nomadisierender Vogel, dessen Anzahl jährlich großen Schwankungen unterliegt.

Unterarten und ihre Brutgebiete: *S. c. damarensis*, NW Namibia; *S. c. barlowi*, S Namibia, Südafrika (NW Kapprovinz), S Botswana; *S. c. crypta*, NE Botswana; *S. c. makawai*, Sambia (Liuwa und Matebale Plain); *S. c. conirostris*, Südafrika (Natal, S Transvaal, N Kapprovinz); *S. c. griseovinacea*, Südafrika (W Transvaal); *S. c. harti*, Sambia (Matebale Plain). — Helle Unterarten im W, meist rotbraune im S und E.

2.10.2 *Spizocorys starki* (SHELLEY, 1902) — Falblerche

E: Stark's Lark.

Synonyme: *Calandrella starki* SHELLEY, 1902; *Eremalauda starki* (SHELLEY, 1902); *Alauda conirostris* ANDERSSON, 1872, *Spizocorys conirostris* SHARPE, 1890; *Alauda starki* (in MACLEAN, 1985).

Habitus: Feldlerchenähnlich, aber ca. 20 % kleiner und kurzschwänziger, mit kurzer beweglicher Haube.

Biometrische Daten (mm, g): Länge ca. 140, Flügel ♂ 76 – 85, ♀ 76 – 79,5, Schwanz 39 – 51, Schnabel 11,5 – 14, Lauf 14,5 – 18, Masse 15,5 – 22,5.

Merkmale: ♂ und ♀: Weiße Unterseite und kleine Haube sind wichtige Kennzeichen im Felde. Oberseite hell sandbraun mit schwarzbrauner Streifung (die teilweise sympatrischen *S. sclateri* und *S. conirostris* sind ohne Häubchen, haben dunklere Oberseiten und gelbbraune bis rötliche Unterseiten). Unterseite ist schmutzig weiß, nur die Brust hat einen leichten ockerfarbigen Anflug mit dünner dunkelbrauner Strichelung. Das Auge weißlich umringt, ebenfalls die Ohrdecken an ihren seitlichen und unteren Partien. Schwingen braun mit gelbbraunen Rändern. Steuerfedern schwarzbraun, ST 6 mit weißer Außenfahne. — Jungvögel sind oben weißlich gesprenkelt. — Der kräftige Schnabel (dicker als bei Feldlerche) ist weißlich mit dunkler Spitze (auch Feldkennzeichen); Füße rötlich–weiß, Iris braun.

Verbreitung und Biotop:
Afrikanische Subregion: Vom südwestlichen Angola südwärts durch
Namibia (außer NE), den Südwesten
von Botswana und in Südafrika in der
nordwestlichen Kapprovinz. — Steinige Halbwüsten, kiesige Flächen mit
Steinen und dünnem Grasbewuchs.

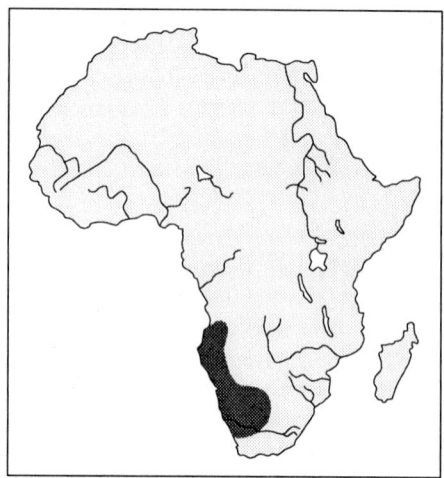

Abb. 165: Verbreitung der Falblerche.

Fortpflanzung: Aug. bis Nov. in
der Kalahari; März, Apr. bis Mai und
Aug. in Namibia, angepaßt an die
Periode nach dem Regen. Typisches
Lerchennest, Innendurchmesser 55,
Tiefe 34 mm (15) (MacLean, 1985). 2
bis 3 Eier, 19,7 x 14,3 mm (13) (Mac-
Lean); Grundfarbe weiß, darauf rötlichbraune, manchmal graue Sprenkelung. Brutdauer 11 bis 13 Tage. Es
brüten beide Elternteile; Nestlingsaufenthalt 10 Tage.

Stimme: Gesang besteht aus einfachen weichen Elementen gemischter Art, die
MacLean mit »prrr, prrr, prie, prie, prr, prr, prie, prie« oder »chur–chirr–chier–
chor–chier–rielo« angibt. Der Flugruf »trrie« wird unregelmäßig wiederholt.

Verhalten, Nahrung, Status: Gehört zu den wasserabhängigen Lerchenarten, die von Osten weit in die Namibische Wüste eindringen, bei Austrocknung
der natürlichen Wasserstellen aber ihre westlichen Siedlungsgebiete verlassen
müssen. Außerhalb der Brutzeit in Trupps von 4 bis 5, aber auch in Schwärmen
von hundert oder Tausenden von Exemplaren angetroffen. Gesang vom Erdboden,
niederen Strauchwerk oder im Balzflug. Zu letzterem steigt der Vogel 50 bis 200 m
auf, schwebt gegen den Wind oder kreist langsam für einige Minuten, dabei kontinuierlich singend, danach nahezu senkrechtes Abstürzen. Singt auch niedrig über
dem Boden flatternd mit herabhängenden Füßen. Wird auf dem Erdboden leicht
übersehen, da in geduckter Haltung nahrungssuchend laufend. Selten wird er auf
der Spitze eines Busches oder Steines gesehen. Vor der Hitze des Tages sucht er
Schatten unter Steinen oder niedrigen Büschen. Die Nahrung besteht aus 75 %
Sämereien, 20 % Arthropoden und 5 % grünem Pflanzenmaterial. Auch die Jungen
werden in großem Umfang mit unreifen Grassamen gefüttert. Bei heißem Wetter
werden Tränken aufgesucht. — Gemeiner Strichvogel, dessen Anzahl außerordentlich schwankt. Im östlichen Namibia am wenigsten nomadisierend (beobachtet
von Berruti und Sinclair am Erongo und Spitzkop und im Namib Naukluft Park).

Unterarten: Keine.

2.10.3 *Spizocorys sclateri* (SHELLEY, 1902) — Ammernlerche

E: Sclater's Lark; Sclater's Short–toed Lark.

Synonym: *Calandrella sclateri* SHELLEY, 1902

Habitus: Sehr ähnlich der Falblerche (kleiner als Feldlerche), aber gedrungener, großköpfiger und ohne Häubchenstellung.

Biometrische Daten (mm, g): Länge 140, Flügel ♂ 83 – 86, ♀ 80 – 84, Schwanz 42 – 49, Schnabel 13 – 14,2, Lauf 16 – 17,5.

Merkmale: Kennzeichnend ist ein dunkler, tropfenförmiger zerissener Fleck unter dem Auge. Im übrigen sehr ähnlich *S. conirostris*, *S. starki* und *Botha fringillaris*. Von ersterer durch längeren, mehr keilförmigen und nicht rosafarbenen Schnabel unterschieden, auch ist Oberseite mehr erdbräunlich; Unterbrust und Bauch sind rehbräunlich weiß, Unterschwanzdecken fast weiß (bei *S. conirostris* ab Unterbrust alles einheitlich hell rostbraun). Außerdem ist das Weiß auf den Schwanzfedern bei *S. sclateri* auf die Außenfahnen von ST 4 bis ST 6 beschränkt (bei *S. conirostris* meist auch ein weißer bzw. verwaschen sandfarbener Streifen auf der Endhälfte der Innenfahne entlang des Schaftes von ST 6). Von *S. starki* durch den hell rehbraunen Bauch (bei Falblerche fast weiß) und fehlende Häubchenstellung und von *Botha fringillaris* durch das fehlende Rosa am Schnabel zu differenzieren. Kehle weiß, Brust auf rehbraunem Grund dunkel gestrichelt; Schwingen und Schwanz dunkelbraun. Die Jungen heller und grauer als Altvögel, auf der Oberseite mehr gefleckt als gestreift. — Der kräftige Schnabel ist bräunlich hornfarben (bei Falblerche weißlicher), an der Spitze dunkler. Füße hellbraun, Iris braun.

Verbreitung und Biotop: Afrikanische Subregion: S Namibia (ohne Küstenstreifen), NW Kapprovinz südwärts bis Carnarvon, südostwärts bis De Aar. — Trockene, steinige Areale in Halbwüsten mit wenigen niedrigen Büschen.

Fortpflanzung: Juli bis Sept., höchstwahrscheinlich nach dem Regen. Typisches Lerchennest, relativ ordentlich gebaut. MACLEAN fand ein Nest aus *Aristida*–Gräsern, wobei rings um den Rand fransiges Material verwendet wurde, es lag ungeschützt. Innendurchmesser 59 mm, Tiefe 25 mm. 1 – 2 Eier; 20,0 x 14,2 mm (1) (MACLEAN 1985). Farbe weißlich mit

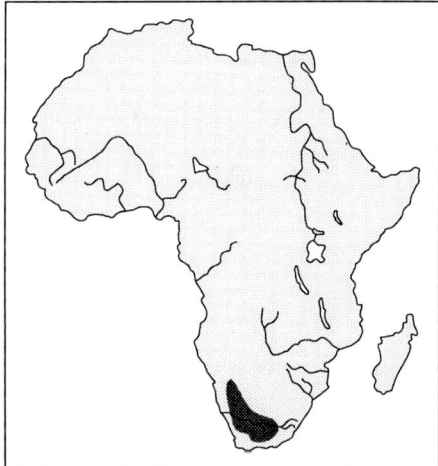

Abb. 166: Verbreitung der Ammernlerche.

bräunlichem Anflug bei feiner gräulicher und brauner Sprenkelung, die am stumpfen Ende konzentriert auftritt. Junge von beiden Elternteilen gefuttert.

Stimme: Flugruf ist ein »trit–trit–trit«; während der Fütterung erklingen zwitschernde Elemente.

Verhalten, Nahrung, Status: In der Brutzeit paarweise anzutreffen, sonst vergesellschaftet in Trupps bis oder über 25 Vögel; sonst noch wenig bekannt. Nährt sich bevorzugt von Ameisen (*Messor*), höchstwahrscheinlich auch Sämereien. — Nicht gemeiner oder seltener Standvogel, der innerhalb beschränkter Reichweite umherstreicht.

Unterarten und ihre Brutgebiete: *S. c. sclateri*, Namibia, Kapprovinz; *S. c. theresae*, NW Kapprovinz; *S. c. capensis*, C und E Kapprovinz.

2.10.4 *Spizocorys obbiensis* WITHERBY, 1905 — Obbialerche

E: Obbia Lark.

Synonym: *Ammomanes obbiensis* (WITHERBY, 1905).

Abb. 167: Obbialerche. Verändert nach MACKWORTH–PRAED & GRANT (1955). Zeichnung: PÄTZOLD.

Habitus: 25 bis 30 % kleiner als Feldlerche, gräulich, mit kurzem Schwanz und ziemlich kräftigem Schnabel.

Biometrische Daten (mm, g): Länge ca. 130, Flügel 66 – 67, Schwanz 49 – 54, Schnabel (vom Schädel) 14, Lauf 17 – 18, Mittelzehe mit Kralle 15, Hinterzehe mit Kralle 16,5, Hinterkralle 10 – 11, Masse 13,7 – 15,6.

Merkmale: ♂ und ♀: Scheitel licht graubraun bis gelbbraun mit dunkelbraunen Federmitten, Nacken heller grau mit dunklen Strichen; übrige Oberseite braungrau mit kräftigen schwärzlichen Streifen. Ohrdecken und Wangen hellbräunlich; deutlicher breiter weißlicher Überaugenstreif, der sich weniger prägnant um die Ohrdecken und Wangen bis zum Unterschnabel zieht. Vom Unterschnabel läuft eine schwärzliche Linie schnurrbartähnlich hinab zur braungestreiften Brust. Kinn und Kehle weiß, Flanken dunkel gestreift. Übrige Unterseite einschließlich Unterschwanzdecken weiß. Schwingen braun, äußere Handschwingen mit schmalen weißlichen Rändern. Längste Armschwingen bei geschlossenem Flügel ca. 5 mm kürzer als Flügelspitze, HS 1 ca. 10 mm lang. Schwanz dunkelbraun, ST 1 braun mit gelblich–gräulichen Säumen, ST 6 mit schmalem weißem Rand an der Außenfahne, ST 5 (und bisweilen ST 4) ähnlich, aber weißer Rand viel schmaler. — Jungvögel unbekannt. — Schnabel rötlich braun, Unterschnabel gelblicher; Füße rötlich bis hellbraun; Iris braun.

Verbreitung und Biotop: Afrikanische Subregion: Ca. 570 km langer und durchschnittlich 2,5 km breiter (max. 16 km) Küstenstreifen in Somalia, ca. 30 km südlich Mogadischu beginnend in nördlicher Richtung bis etwa Hobyo. — Sandige Dünen mit Büschen, Halbwüsten.

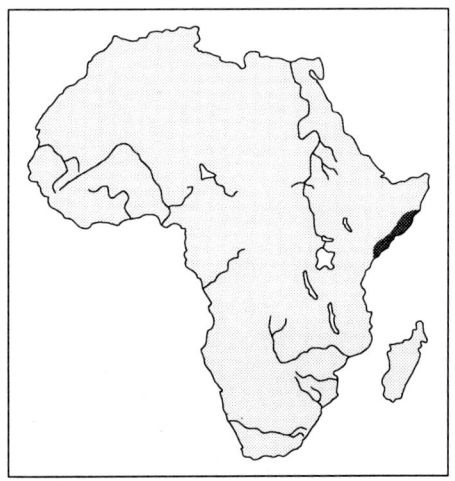

Abb. 168: Verbreitung der Obbialerche.

Fortpflanzung: Brutsaison Mai bis Juli; nach Zustand der Keimdrüsen möglicherweise auch Nov. bis Dez. Typisches Lerchennest aus trockener Vegetation (Gräser und Wurzeln), ausgelegt mit wolligen Samen. Außendurchmesser 80 bis 90 mm, Innendurchmesser 50 bis 60 mm, Napftiefe 30 bis 50 mm. 2 bis 3 Eier (meist 2), 18,2 x 13,5 mm (6); Grundfarbe gräulich bis cremeweiß mit braunen Tupfen, Flecken und Haarlinien, bisweilen auch Rotfärbung. Keine weiteren Informationen.

Stimme: Nur der Flugruf »tip–tip« ist bekannt.

Verhalten, Nahrung, Status: Ein rastloser, aktiver Vogel, der hurtig umher rennt und auch über niedrige Vegetation klettert bei der Nahrungssuche. Dabei nimmt er oft eine charakteristische Buckelstellung ein. Wird meist in Paaren oder in kleinen Gruppen angetroffen, bisweilen aber auch in Flügen von über 30 Vögeln. Über Balzflüge keine Information. — Nahrung unbekannt. — Ziemlich häufiger Standvogel, der wenig gefährdet ist.

Unterarten: Keine.

2.10.5 *Spizocorys personata* SHARPE, 1895 — Maskenlerche

E: Masked Lark.

Synonyme: *Alauda personata* (SHELLEY, 1902); *Aethocorys personata* (SHARPE, 1902).

Abb. 169: Maskenlerche. Verändert nach MACKWORTH–PRAED & GRANT (1955). Zeichnung: PÄTZOLD.

Habitus: Kleine dunkel rötlichbraune Lerche, 25 bis 30 % kleiner als Feldlerche, etwas schlanker als S. obbiensis.

Biometrische Daten (mm, g): Länge 130 – 135, Flügel 85 – 92, Schwanz 50 – 52, Schnabel 11 – 12, Lauf 20 – 21, Masse ca. 20.

Merkmale: ♂ und ♀: Kennzeichnend ist die schwarze »Maske«, die rund um das Auge bis zur Schnabelbasis läuft, sich unter dem Auge bis zur Kehlseite zieht und dort in einem erweiterten schwarzen Fleck endet. Auch der kräftige gelblich–rötliche Schnabel ist ein Merkmal im Felde. Scheitel bis Nacken sind graubraun mit dunkelbraunen Strichen; übrige Oberseite etwas dunkler graubraun mit schwarzbraunen Streifen. Kinn und Kehle sind weiß, Ohrdecken graubraun. Brust bräunlich grau, nahezu ungestreift, Bauch und Unterschwanzdecken heben sich einfarbig rötlichbraun bis isabellfarben von der gräulichen Brust ab. Schwingen mehr oder weniger dunkelbraun; äußere Handschwingen an Außenfahne gelbbraun gesäumt. Schwanzfedern dunkelbraun, ST 1 hellbraun, ST 6 sandfarben mit schwarzbraunem Saum auf der Innenfahne, ST 5 mit schmalen hell rötlichen Rändern. Die Nominatform ist die hellste, S. p. intensa die dunkelste Unterart. — Jugendkleid nicht bekannt. — Schnabel gelblich mit rötlichem Anflug, Unterschnabel heller. Füße weißlich–fleischfarben; Iris dunkelbraun bis haselnußfarben.

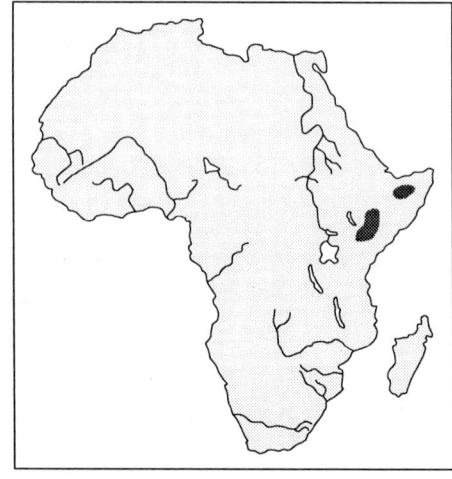

Abb. 170: Verbreitung der Maskenlerche.

Verbreitung und Biotop: Afrikanische Subregion: E und S Äthiopien, N und C Kenia. — Nackte oder nur spärlich mit Dornbüschen bewachsene Grasländer, schwarze Lava– und Baumwollböden.

Fortpflanzung: Brutkondition in S Äthiopien im Juli. Nest– und Eidaten unbekannt.

Stimme: Unbekannt.

Verhalten, Nahrung, Status: Über das Verhalten keine Information. — Nährt sich von Wirbellosen (Heuschrecken), Grassamen und Pflanzenknollen. — Gemeiner Standvogel.

Unterarten und ihre Brutgebiete: *S. p. personata*, E Äthiopien; *S. p. yavelloensis*, S Äthiopien; *S. p. intensa*, C Kenia; *S. p. mcchesneyi*, N Kenia.

2.11 Gattung *Botha* SHELLEY, 1902

Synonym: *Dewetia* BUT., 1904

Sehr ähnlich der Gattung *Spizocorys*, zu der sie von anderen Autoren zugeordnet wird; auch der Gattung *Galerida* nahestehend, aber Schnabel deutlich konisch und beim lebenden Vogel rötlich. Nasenlöcher bedeckt. Daumenfittich lang. HS 1 auffällig groß. Schwanzfedern schwärzlich braun, weiße Außenfahnen an ST 5 und ST 6. Hinterkralle leicht gebogen, länger als Hinterzehe. 1 Art.

Botha fringillaris (SUNDEVALL, 1850) — Finkenlerche

E: Botha's Lark.

Synonyme: *Spizocorys fringillaris* (SUNDEVALL, 1850); *Alauda fringillaris* SUNDEVALL 1850; *Calandrella fringillaris* (in SINCLAIR, 1984); *Botha difficilis* SHELLEY, 1902.

Habitus: Kleine (25 % kleiner als Feldlerche), kurzschwänzige Lerche mit Finkenschnabel, sehr ähnlich der Rotschnabellerche, *Spizocorys conirostris*.

Biometrische Daten (mm, g): Länge 120 – 150, Flügel 77 – 79,5, Schwanz 42 – 44, Schnabel 11 – 13, Lauf 20 – 21, Hinterkralle 10 – 16, Masse 15,7 – 21.

Merkmale: ♂ und ♀: Sehr ähnlich der sympatrischen *Spizocorys conirostris* mit ebenfalls rosafarbenem Schnabel (jedoch bei *S. conirostris* ohne dunkle Spitze). Der Bauch zum Schwanze hin wird zunehmend weißlich bis weiß (bei *S. conirostris* einheitlich licht rotbraun). Oberseite braun mit schwärzlicher Streifung. Kinn und Kehle weiß, Brust und Flanken gelblich rotbraun mit kräftiger schwärzlicher Sprenkelung bzw. Streifung (bei *S. conirostris* keine Streifung an den Flanken). Schwingen schwarzbraun, Handschwingen mit schmalen gelbbraunen Rändern an den Außenfahnen, Armschwingen ähnlich, aber mit helleren Spitzen. Schwanzfedern schwärzlich braun, ST 6 mit weißer Außenfahne (bei *S. conirostris* gelbbraun),

ST 5 ähnlich, aber mit dunkler Spitze. — Jungvögel haben weißliche Spitzen an den Federn der Oberseite; Schwingen und Schwanzfedern sind gelbbraun gesäumt, Brust rostbräunlich gestreift, Schnabel hornbraun, sonst wie adult. — Schnabel rosa mit dunkler Spitze, Füße rosa, Iris braun.

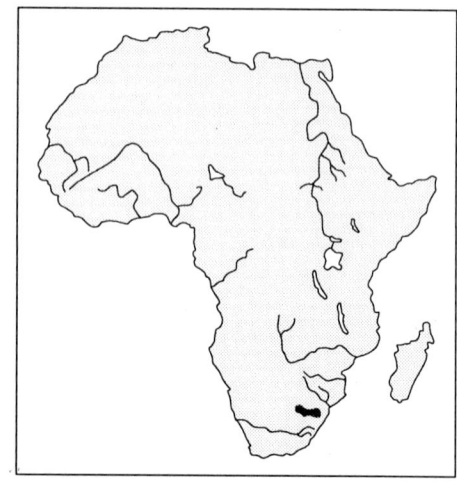

Verbreitung und Biotop: Afrikanische Subregion: Südafrika zwischen Lesotho und Swasiland in zerstreuten Arealen. — Grasiges Hochland, vermeidet Täler mit hohem Gras sowie kahle steinige Habitate.

Fortpflanzung: Brutsaison Nov. bis Dez. Typisches Lerchennest zwischen Grasbüscheln oder Schafskot, bisweilen mit Schafwolle gefüttert. Außendurchmesser von 6 Nestern 78 bis 100 mm, Innendurchmesser 51 bis 63 mm, Napftiefe 31 bis 45 mm (MacLean 1985). 2 bis 3 Eier, 18,7 x 12,6 mm (11); Frischvollgewicht 2,08 bei Abmessungen von 18,0 x 15 mm (Schönwetter); cremefarben mit kräftigen grauen und braunen Tupfen, konzentriert am stumpfen Ende. Junge von beiden Elternteilen gefüttert.

Abb. 171: Verbreitung der Finkenlerche.

Stimme: Im Flug ertönt, vermutlich als Kontaktruf, regelmäßig ein hartes »chuk–chuk«. Im übrigen wird im Sitzen, aber auch im Fliegen (kein Schauflug) ein melodisches zweisilbiges »tscherie«, mehrmals wiederholt, hervorgebracht.

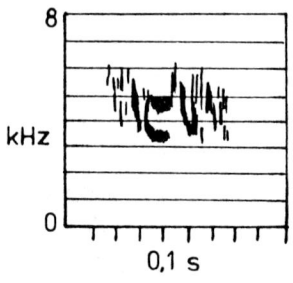

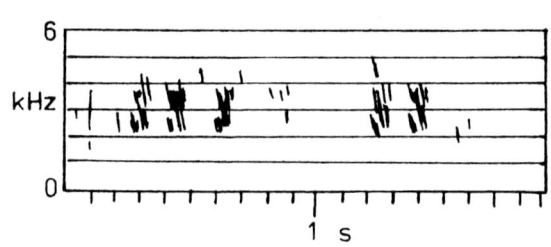

Abb. 172: Melodisches »Chiriie« aus dem Gesang (links), unregelmäßige Flugrufe »chuk« (rechts). Nach MacLean (1985).

Verhalten, Nahrung, Status: Wenig auffallender Vogel, der in Paaren oder kleineren Trupps von 6 oder mehr Exemplaren angetroffen wird. Keine Beobachtungen über Balzflüge. Nahrungsaufnahme während des schnellen Laufens, oft in betont aufrechter Haltung. Beute wird vom Boden aufgenommen, aber nicht ausgegraben. Fliegende Insekten werden im Sprung erbeutet. — Nahrung besteht aus Insekten, vornehmlich Käfer und Motten, seltener Sämereien. — Nicht gemeiner Standvogel.

Unterarten: Keine.

2.12 Gattung *Chersophilus* SHARPE, 1890

Durch den langen, dünnen und gebogenen Schnabel (länger als Mittelzehe mit Kralle) steht diese Gattung sowohl *Alaemon* als auch *Certhilauda* nahe, unterscheidet sich aber von beiden durch die mit kleinen Federchen bedeckten Nasenlöcher. Außerdem ist HS 10 nur etwa 10 bis 12 mm lang und erreicht so bei adulten Vögeln niemals die Handdecken. Der Flügel ist ziemlich kurz, breit und mit gerundeter Spitze. HS 7 und HS 8 (die längsten) bilden mit HS 6 und HS 9 (jede 0 – 3,5 mm kürzer) die Flügelspitze. HS 5 ist 3 – 7, HS 4 13 – 17 (♂) oder 8 – 12 (♀), HS 3 18 – 23 (♂) oder 13 – 17 (♀), HS 1 22 – 28 (♂) oder 17 – 22 (♀) mm kürzer. HS 10 ist 59 – 73 (♂) oder 54 – 58 (♀) mm kürzer als die Flügelspitze und 4 – 11 mm kürzer als die längste obere Handdecke. Außenfahne von HS 5 – HS 8 und Innenfahne von HS 6 – HS 9 ist eingeschnürt. Die längste Schirmfeder reicht bei geschlossenem Flügel etwa bis zur Spitze von HS 4. Bei Jungvögeln ist HS 10 etwa von gleicher Länge wie die längsten Handdecken. Schwanz relativ kurz, gerade abgeschnitten, die Federn etwas lanzettförmig. Mittelzehe mit Kralle erreicht etwa 3/4 bis 4/5 der Lauflänge. Kralle der Hinterzehe gestreckt und mindestens so lang wie diese. 1 Art.

Chersophilus duponti (VIEILLOT, 1820) — Dupontlerche

E: Dupont's Lark.

Synonym: *Alauda duponti* VIEILLOT, 1820.

Abb. 173: Dupontlerche. Verändert nach BRUUN et al. (1986). Zeichnung: PÄTZOLD.

Habitus: Ohne den auffallend längeren, dünneren und gebogenen Schnabel ca. 15 % kleiner als Feldlerche und mit relativ kürzerem Schwanz.

Biometrische Daten (mm, g): Länge 160 – 190, Flügel ♂ 99 – 106, ♀ 88 – 95, Spannweite 260 – 310, Schwanz ♂ 55 – 65, ♀ 52 – 60, Schnabel ♂ 17 – 20, ♀ 14 – 17, Lauf 23 – 26, Masse 32 – 47.

Flügelbau: Siehe Gattung.

Merkmale: ♂ und ♀: Sicher erkennbar an dem fast kopflangen, dünnen und etwas abgebogenen Schnabel, kein Weiß im Flügel. Oberseite lerchenbraun mit hell rostbräunlichem Anflug. Wangen und Ohrdecken braun, Überaugenstreif rahmfarben. Unterseite weiß bis rahmfarben, nur Vorderhals, Vorderbrust und Flanken sind auf rahmgelblichem Grund zart und verwaschen rotbraun längsgestreift. Schwingen braun, ebenfalls ST 1 bis ST 4 sowie Innenfahne von ST 5, Außenfahne von letzterer überwiegend weißlich, ST 6 weiß mit gelblichem Anflug, aber auf Innenfahne ein breiter schwarzbrauner Streifen. Durch Abnutzung der hellen Federränder wirkt der Vogel in der Brutzeit dunkler, die Nominatform ist die dunkelste Unterart. Junge auf Unterseite blasser gestrichelt. — Schnabel oben dunkelbraun, unten heller. Füße bräunlich fleischfarben, Iris braun.

Verbreitung und Biotop: Paläarktische Subregion. Nordafrika: Östliches Marokko, Algerien, Tunesien, NW und NE Libyen (Kyrenaika), NW Ägypten, SE und NE Spanien (nordwärts bis Zaragoza und Burgos). — In SE Tunesien sahen wir am Ufer des Salzsees Sebkhet el Melan ein einziges Exemplar am 3. Apr. 1991 innerhalb von 3 Wochen im Brutgebiet von *Alaemon alaudipes*, *Ammomanes cincturus* und *Calandrella rufescens*. Brütet meist in relativ beschränkten Habitaten von *Artemisia–* und Strauchsteppen; auch in buschbestandenen Halbwüsten.

Fortpflanzung: März bis Anfang Juni (meist Apr.).

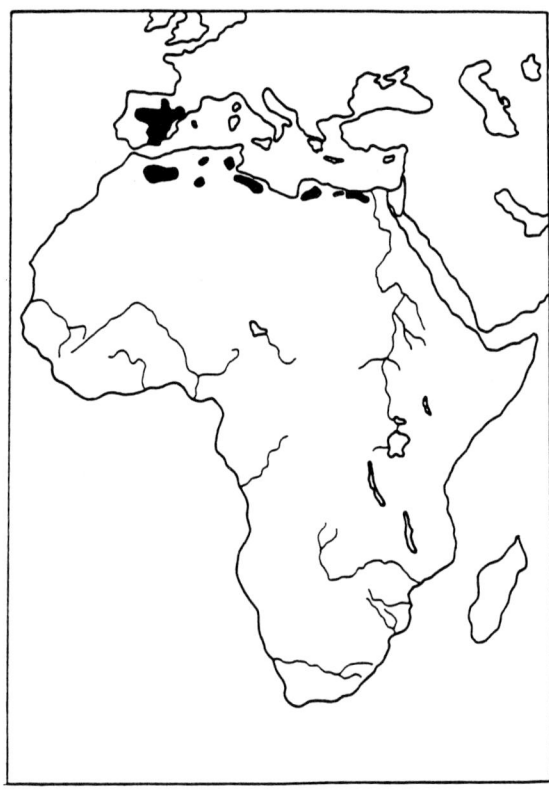

Abb. 174: Verbreitung der Dupontlerche.

Typisches Lerchennest; meist 3 (4) Eier, 23,6 x 17,2 (14) mm bei Frischvollgewicht von 3,59 g; trübweiß mit bräunlichem oder grünlichem Anflug, darüber olivbraune Tupfen; Eier von *Ch. d. margeritae* sind rötlicher. Junge verlassen nach 10 bis 11 Tagen das Nest.

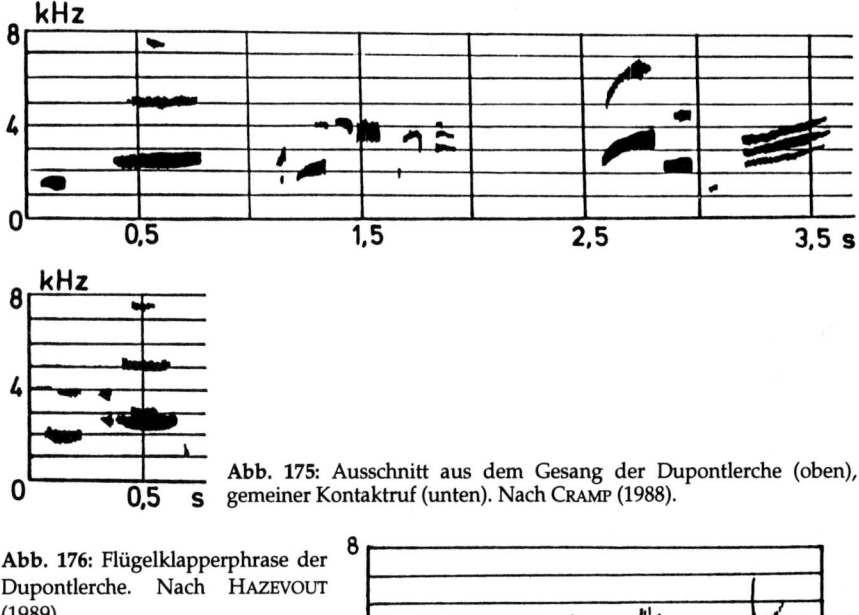

Abb. 175: Ausschnitt aus dem Gesang der Dupontlerche (oben), gemeiner Kontaktruf (unten). Nach CRAMP (1988).

Abb. 176: Flügelklapperphrase der Dupontlerche. Nach HAZEVOUT (1989).

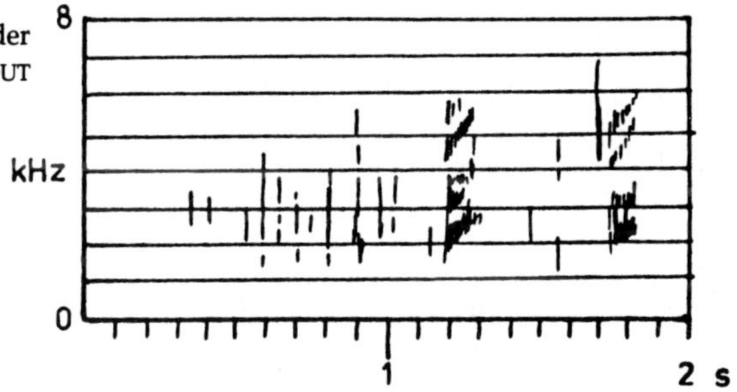

Stimme: Flötende haubenlerchenartige Rufe (2 – 3 kHz und bis 0,5 s Länge); Alarmruf ein grünfinkenähnliches »twiieh«. Gesang (♂) klar und flötend, meist im Schwebeflug. HAZEVOUT (1989) verhörte auch ein Flügelklappen im Mai 1988 bei Zaragoza (Spanien). Er registrierte lautloses Aufsteigen etwa im Winkel von 45°, danach Flügelklappen (etwa 10 Flügelschläge in ca. 10 m Höhe) mit eingeschobenen Gesangsbruchstücken, anschließend eigentlicher Gesang und stummes Hinabgleiten zur Erde. Das Klappern kann bis zu 50 m Entfernung vernommen werden. HARTERT stellte deutliche Gesangsunterschiede zwischen Populationen in der Kyrenaika und in S Tunesien bzw. Algerien fest.

Verhalten, Nahrung, Status: Ziemlich scheu, nicht leicht zu beobachten, verbirgt sich meist in der Vegetation und rennt oft lange Strecken von Deckung zu

Deckung, wo sie, sich kurz aufrichtend, Umschau hält. Schauflug kann kreisförmig und hoch (bis 100 oder 150 m) oder gerade und niedrig erfolgen. Gesang auch von Steinen oder niedrigen Pflanzen, auch bei Mondenschein. Meist findet man die Art in Arealen von ca. 50 – 200 ha, weniger in kleineren. – Nährt sich von Insekten und kleineren Sämereien, die vom Boden oder aus Grasbüscheln gepickt werden. — Stand– und Strichvogel, der außerhalb der Brutzeit auch in Portugal, S Frankreich, N Italien (Toscana) und auf Malta festgestellt wurde.

Unterarten und ihre Brutgebiete: *Ch. d. duponti*, S Spanien, N Algerien, N Tunesien; *Ch. d. margeritae*, S Algerien, S Tunesien, Libyen, NW Ägypten.

2.13   Gattung *Pseudalaemon* PHILLIPS, 1897

Synonym: *Calendula* SWAINSON, 1837

Schnabel kräftig und lang, länger als Mittelzehe mit Kralle. Nasenlöcher bedeckt. HS 10 10 mm; längste Armschwingen erreichen fast die Flügelspitzen. An Außenfahne von HS 9 kein weißer Saum. Schwanz sehr kurz, reicht nicht mehr als eine Schnabellänge über die Enden der oberen Schwanzdecken hinaus. Füße kräftig, Hinterkralle ziemlich gerade, kürzer oder gleichlang als die Hinterzehe. Nest nicht überwölbt. 1 Art.

Pseudalaemon fremantlii (PHILLIPS, 1897) — Bartlerche

E: Short–tailed Lark.

Synonym: *Calendula fremantlii* PHILLIPS, 1897

Abb. 177: Bartlerche. Verändert nach KEULEMANS (1898). Zeichnung: PÄTZOLD.

Habitus: 20 % kleiner als Feldlerche, kurzschwänziger, aber mit relativ längerem Schnabel sowie kräftigeren Füßen (eine gute farbige Abbildung von J. G. KEULEMANS findet sich in Ibis 1898 Pl. III zwischen den S. 106/107).

Biometrische Daten (mm, g): Länge 140 – 145, Flügel 80 – 93, Schwanz 43 – 48, Schnabel 18 – 19, Lauf 18 – 21, Masse ♂ 23 – 26, ♀ 20,5 – 25.

Merkmale: ♂ und ♀: Schwarzer Bartstreifen, der mit einem flachaufwärts gebogenen Streifen von Schnabelmitte bis unter das Auge ein »T« bildet, sowie ein schwarzer Fleck an jeder Kropfseite sind sichere Erkennungszeichen im Felde. Oberseite sandfarben bis graubraun; dunkle Federmitten bewirken eine Streifung auf Scheitel bis Rücken, wobei der Scheitel am dichtesten und feinsten gestrichelt ist, Nacken am hellsten. Oberschwanzdecken sandbraun mit gräulichen Säumen, weniger stark gestreift als der Rücken. Überaugenstreif deutlich und gelblichweiß, Ohrdecken braun, Wangen weißlich. Zwei parallele dunkle Linien laufen von der Basis des Unterschnabels und unter dem Auge in Richtung Wangen (»Bart«). Kinn und Kehle sind weiß, Oberbrust weißlich mit gelbbraunem Hauch und mehr oder weniger deutlichen dunkelbraunen Tupfen, Unterbrust hell rötlich mit verwaschenen dunklen Streifen, Bauch weißlich bis hell gelbbraun. Die Schwingen sind gräulich–braun mit helleren Säumen; Schwanzfedern dunkelbraun; ST 1 graubraun mit gelbbraunen Säumen, ST 5 mit schmalen weißen Rändern, ST 6 mit weißen Außenfahnen. — Jungvögel haben auf den Federn der Oberseite und an den Schwingen weiße Spitzen, auf der Brust blasse braune Tupfen. — Schnabel dunkelgrau, Unterschnabel deutlich heller (kennzeichnend); Füße weißlich bis fleischfarben; Iris licht braun.

Verbreitung und Biotop: Afrikanische Subregion: S und E Äthiopien, Somalia (außer NE und S), N und S Kenia bis N Tansania. — Kurzgrasige Flächen, Küstengrasland und offene Buschlandschaften, lichtes offenes Waldland mit Felsnasen.

Fortpflanzung: Brutsaison in Somalia im Mai (aber auch flügge Junge im Jan. angetroffen); in Äthiopien ca. 2 Monate alte Jungvögel im Sept.; in S Kenia (Galana–Ebene) Brut im Mai; in N Tansania (Umgebung von Arusha) Brutkondition im Dez. Typisches Lerchennest am Grunde eines Grasbüschels, nicht überwölbt. 2 bis 4 Eier; MACKWORTH–PRAED & GRANT (1955) nennen Durchschnitts-

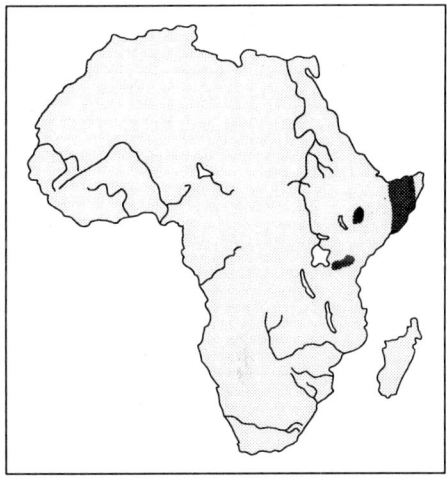

Abb. 178: Verbreitung der Bartlerche.

maße von 23 x 15 mm; Grundfarbe elfenbeinweiß, bei dunkelgrauer, brauner und violetter Fleckung und Tupfung, besonders am stumpfen Ende.

Stimme: MACKWORTH–PRAED & GRANT (1955) schreiben von einem scharfen, unverwechselbaren Laut beim Aufsteigen.

Verhalten, Nahrung, Status: Über Gewohnheiten wenig bekannt. Nicht scheu, oft auf Steinen sitzend. Beim Schauflug wurde Ähnlichkeit mit der Wüstenläuferlerche festgestellt. In der Brutsaison einzeln oder in Paaren anzutreffen, sonst in Trupps von 10 bis 20 Exemplaren beobachtet. Sucht bei großer Hitze Schutz im Schatten von Büschen. — Nährt sich von Grassamen und Pflanzenknollen. Nicht überall häufiger Stand– und Strichvogel.

Unterarten und ihre Brutgebiete: *P. f. fremantlii*, Somalia; *P. f. megaensis*, S Äthiopien; *P. f. delameri*, SE Kenia, NE Tansania.

2.14 Gattung *Galerida* BOIE, 1828

Synonyme: *Heterops* BONAPARTE, 1850; *Spizalauda* BLYTH, 1855; *Ptilocorys* MADARÁSZ, 1899; *Corydus* DRESSER, 1902.

Anmerkung zur Schreibweise *Galerida* bzw. *Galerita*: Bevor F. BOIE auf einer wissenschaftlichen Reise 1828 in Jawa starb, hatte der Entomologe J. C. FABRICIUS (1745 – 1808) bereits 1801 den Namen *Galerita* (galeritus = mit einer Haube bedeckt) für eine Käfergattung verwandt, so daß BOIE, vermutlich zur Differenzierung, seine gehäubte Lerchengattung »GALERIDA« nannte. C. L. BREHM hielt in seinem »Handbuch…« 1831 noch an dieser Schreibweise fest. Aber spätestens ab 1858 verwendete er (sein Sohn bereits 1857) bei der Deskription der Theklalerche »*Galerita*«, wie sie sich in der Literatur bis Beginn des 20. Jh. behauptete. C. R. HENNICKE (Herausgeber des »NAUMANN«, 1905) setzt sich dann wieder für die ursprüngliche Schreibweise ein, die »nicht nur prinzipiell, sondern in jedem Falle beibehalten werden« muß.

Lerchen unterschiedlicher Größe mit spitzer Haube und relativ langem, kräftigem, zugespitztem Schnabel, jedoch kürzer als Mittelzehe mit Kralle. Nasenlöcher bedeckt. HS 10 deutlich erkennbar, die Handdecken fast erreichend oder überschreitend (90 – 125 %). HS 8, HS 7 und HS 6 ca. gleichlang und Flügelspitze bildend, HS 9 nur wenig kürzer. Abstand der kürzesten AS zur längsten HS > Lauflänge. Schwanz relativ kurz. Einige Arten ähneln durch die hellen, im Nacken zusammenlaufenden Überaugenstreifen und auch durch kürzere Haube der Gattung *Lullula*. Obwohl Kreuzungen in Gefangenschaft mit *Alauda arvensis* belegt sind, wurde bei der Untersuchung des Karotyps von *G. cristata* eine abweichende Chromosomenzahl (6 statt 5), sowie eine Verminderung der Mikrochromosomen gegenüber anderen bisher untersuchten Lerchengattungen festgestellt (BULATOVA 1981 in GLUTZ 1985). 5 Arten.

2.14.1 *Galerida cristata* (LINNAEUS, 1758) — Haubenlerche

E: Crested Lark.

Synonyme: *Alauda cristata* LINNAEUS, 1758; *Alauda cochevis* MÜLLER, 1776; *Alauda galerita* PALLAS, 1811; *Alauda chendolla* FRANKLIN, 1830; *Galerida viarum* C. L. BREHM, 1831; *Heterops cristatus* HODGSON, 1844; *Alauda leautungensis* SWINHOE, 1861; *Galerida magna* HUME, 1871.

Habitus: Feldlerchengroß, aber untersetzter und mit spitzer Haube.

Abb. 179: Haubenlerche, *G. c. meridionalis.* Foto: PÄTZOLD.

Biometrische Daten (mm, g): Länge 170 – 180, Flügel ♂ 99 – 116, ♀ 90 – 109, Spannweite 290 – 380, Schwanz ♂ 54 – 69, ♀ 51 – 65, Schnabel 15,6 – 17,8, Lauf 23 – 27, Masse 39,5 – 52,3 (M_{17} 45,2).

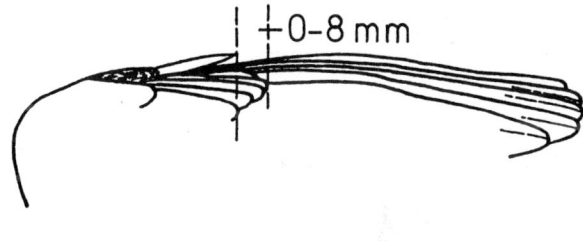

Abb. 180: Flügel von Haubenlerche (oben) und Theklalerche (unten). Verändert nach ETCHÉCOPAR & HÜÉ (1967). Zeichnung: PÄTZOLD.

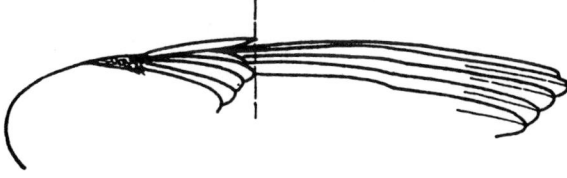

Flügelbau: Flügel relativ kurz und breit, an der Spitze gerundet. HS 7 und HS 8 (längste) bilden mit HS 9 (1 – 5 mm kürzer) und HS 6 (0 – 2 mm kürzer) die Flügelspitze. HS 5 ist 4 – 9, HS 4 16 – 20 (kleinere ♂), 18 – 23 (größere ♂), 14 – 17 (kleinere ♀) oder 15 – 19 (größere ♀), HS 1 24 – 29 (kleinere ♂) oder 28 – 34 (größere ♂), 21 – 26 (kleinere ♀) oder 26 – 30 (größere ♀) mm kürzer. HS 10 ist bei ♂ von kleineren und mittleren Größen der Unterarten 58 – 68, bei größeren Unterarten 64 – 74 mm kürzer als die Flügelspitze. Bei ♀ ist HS 10 bei kleineren Unterarten 55 – 63, bei

189

größeren 61 – 66 mm kürzer als die Flügelspitze und bei beiden Geschlechtern 0 – 8 mm kürzer als die längste obere Handdecke (nur ausnahmsweise bis 1 mm länger). Außenfahnen von HS 5 – HS 8 und Innenfahnen von HS 6 – HS 9 sind eingeschnürt. Längste Schirmfedern reichen bis HS 5 – HS 6. Bei Jungvögeln ist HS 8 die längste, HS 9 1 – 3, HS 7 0 – 3, HS 6 1 – 5, HS 4 15 – 19, HS 1 24 – 25 und HS 10 48 – 64 mm kürzer als die Flügelspitze und 2 mm kürzer oder bis 6 mm länger als die längste Handdecke.

M e r k m a l e : ♂ und ♀: Die spitze Haube ist in Mitteleuropa das sicherste Kennzeichen. In Südeuropa und Afrika von *Galerida theklae* im Felde schwer zu unterscheiden (Differenzierung s. Theklalerche). Gefieder überwiegend sandbraun oder graubraun; Oberseite mit verwaschenen dunklen Federmitten; Haubenfedern schwarzbraun mit graubraunen Säumen. Überaugenstreif gelblichgrau, Kinn weiß, übrige Unterseite sandfarben mit dunkler verwaschener Kropffleckung. Schwingen matt dunkelbraun mit lichten Säumen der Außenfahnen, die Innenfahnen an der Wurzel mit breiten rötlich–seidigen Streifen, die distal in eine Spitze auslaufen, dadurch erhält die Flügelunterseite im Verein mit den rosabeigefarbenen Deck– und Achselfedern einen gelblich–rötlichen Glanz (bei Nominatform). ST 1 und ST 2 graubraun, ST 3 bis ST 5 braunschwarz, ST 6 braun, aber Außenfahne und ein schmaler Keilfleck auf der Innenfahne sandfarben bis roströtlich. Jugendkleid deutlich bunter, Haube bereits ausgebildet (bei jungen Ohrenlerchen fehlen die »Ohren«). Der relativ lange kräftige Schnabel (schlanker als bei *G. theklae*) ist graubraun, die Spitze dunkler. Füße hell fleischfarben; Iris dunkelbraun.

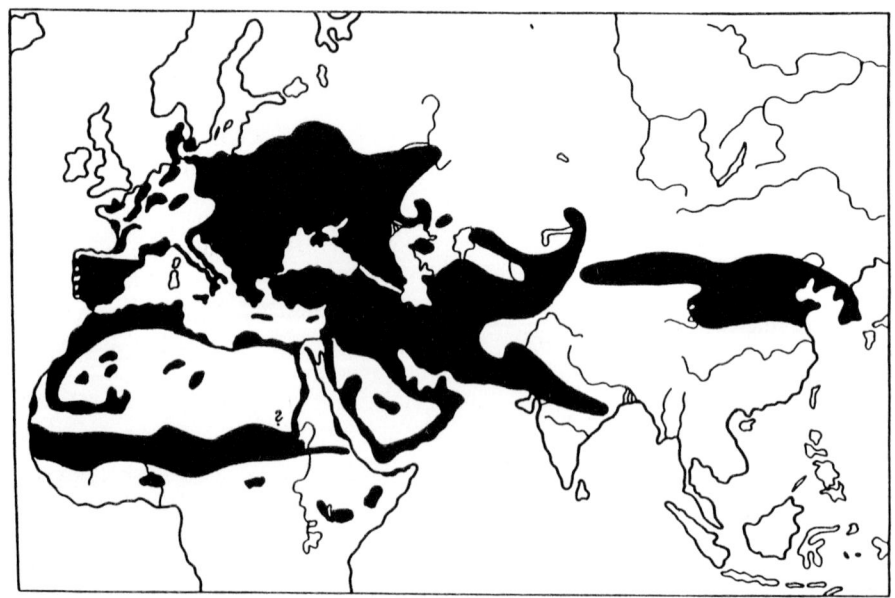

Abb. 181: Verbreitung der Haubenlerche.

Verbreitung und Biotop: Südliche Paläarktische und Norden der Afrikanischen Subregion: Von Korea über N und C China, S Mongolei, Kasachstan, Usbekistan, Turkmenien, Afghanistan, N und NW Indien, Nepal (niedrige Lagen), Iran, Irak, Arabien, Türkei, Europa südlich der 58° n. Br., außer Britische Inseln, fehlt auf Korsika, Sardinien und den Balearen. Im nördlichen Afrika bis etwa 15° n. Br. an den Randgebieten der Sahara (nicht in den Kernwüsten). Inselartige Vorkommen bis ins Gebiet des Turkanasees (5° n. Br.). — Trockenwarme Areale in Halbwüsten und Steppenrändern, teilweise sympatrisch mit der Theklalerche. In Mitteleuropa auf Ruderalflächen unter 600 m, in Spanien bis 950 m, in Pakistan bis 2.300 m, in Nord–Jemen bis 3.200 m üNN.

Abb. 182: Jungvogel (11 Tage) der Balkan–Haubenlerche (*G. c. meridionalis*). Foto: PÄTZOLD.

Fortpflanzung: Europa Apr. bis Juli, Pakistan März bis Mai, Indien März bis Aug. (meist April bis Juni), NE Sudan Dez. bis März, Küste des Roten Meeres Febr., Somalia Jan., W Sudan Okt. bis Dez. Typisches Lerchennest, aber oft weniger gedeckt und in Kulturgebieten sind außer Gräsern auch Papier, Stoffreste, Glaswolle etc. eingebaut; innerer Durchmesser 75 – 80 mm, Tiefe ca. 45 mm. CLANCEY (1945) fand in Süditalien ein Nest im niedrigen Geäst eines Busches. 3 – 5 (6) Eier 23 x 16,3 mm (570) (ABS). Frischvollgewicht nach SCHÖNWETTER 3,24 g; von Feldlercheneiern durch gröbere Fleckung meist leicht zu unterscheiden, in der Regel auch gedrungener und glänzender. Das ♀ brütet allein 12 bis 13 Tage. Nestlingsdauer 11 Tage; beide Eltern versorgen die Jungen, die nach 20 Tagen voll flugfähig sind und mit 28 Tagen das voll entwickelte Jugendkleid tragen.

Stimme: Äußerst stimmbegabt; bekannt ist das verblüffende Nachahmungstalent. Meist gehörter Ruf ist ein melodisches »Drridridrüh«, das mannigfach abgewandelt werden kann. Leiser Gesang und Balzgesang vom Boden aus; lauter Gesang von erhöhter Warte oder im Singflug, letzterer bis 200 m hoch und 300 bis 600 m weit mit langsamerem Flügelschlag als Feldlerche. Typisch ist das sehr häufige Einflechten imitierter Rufe in den arteigenen melodiösen Gesang.

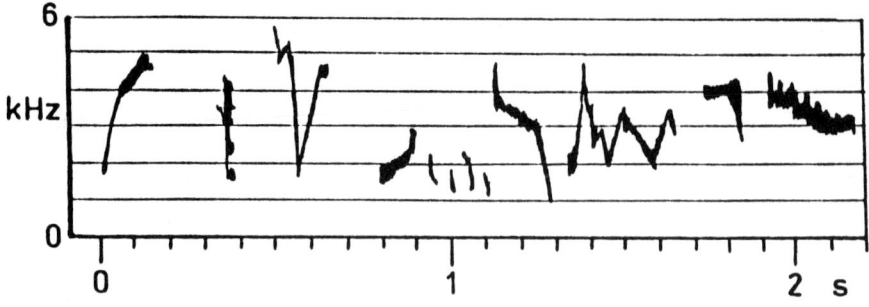

Abb. 183: Ausschnitt aus dem lauten Gesang der Haubenlerche. Nach ABS (1963).

Verhalten, Nahrung, Status: In den Ortschaften außerhalb der Brutzeit auffallend vertraulich: Fluchtdistanz oft nur 3 bis 2 m. Die Vögel übernachten in Trupps von 10 bis 20 Exemplaren. Der Flug erinnert an den der Heidelerche; Geschwindigkeit 35 bis 54 km/h; Zughöhen 20 bis 50 m. Singflugfigur von Feldlerche in der Regel abweichend: ♂ umfliegt steigend und fallend mit unregelmäßigen Flügelschlägen das Revier, seltener rüttelnd; in großer Höhe bisweilen mit Kalanderlerche zu verwechseln, jedoch hält die Haubenlerche den Schwanz nicht so eng gefaltet (aber auch nicht so weit gespreizt wie die Feldlerche). An Winterfutterplätzen oft Drohhaltung auch gegen größere Vögel. Intensiver und häufiger als andere europäische Lerchen (auch als die ihrer Zwillingsart *G. theklae*) bearbeitet sie den Boden um Nahrung freizuhacken (längerer Schnabel als *G. theklae*!). — Nährt sich von Sämereien, grünen Blatteilen und Arthropoden. Wasserbedarf wird überwiegend mit Tau, Regentropfen und Schnee gedeckt, seltener an Wasserlachen. — Überwiegend Standvogel mit lokalen Bewegungen; größere Migrationen in den nördlichen Brutbereichen von Rußland; Jungvögel ziehen häufiger als adulte, bis 1.500 km südwestlich vom Beringungsort festgestellt. Als Irrgast nachgewiesen in Finnland, Großbritannien, auf Malta und den Kanarischen Inseln.

Unterarten und ihre Brutgebiete: *G. c. pallida*, Spanien, Portugal; *G. c. cristata*, C Europa, Krim, N Marokko; *G. c. meridionalis*, SE Europa, S Italien; *G. c. subtaurica*, C und S Kleinasien; *G. c. caucasica*; Kaukasus, W Kleinasien, Kreta, Zypern; *G. c. riggenbachi*, W Marokko; *G. c. macrorhyncha*, S Algerien; *G. c. randoni*; C Algerien; *G. c. carthaginis*, N Algerien, N Tunesien; *G. c. arenicola*; SE Algerien, S Tunesien; *G. c. balsaci*, W Mauretanien; *G. c. festae*, Libyen; *G. c. senegallensis*, Senegal und Gambia bis Sierra Leone und Mali; *G. c. jordonsi*, Niger; *G. c. alexanderi*, N Kamerun, Mali, S Niger; *G. c. zalingei*, W Sudan; *G. c. isabellina*, C Sudan, Tschad; *G. c. somalensis*, Somalia; *G. c. altirostris*, Ägypten, Arabien; *G. c. maculata*, C Ägypten, W Arabien; *G. c. nigricans*, N Ägypten; *G. c. cinnamomina*, Libanon; *G. c. zion*, Türkei, Syrien; *G. c. magna*, C und S Asien, NW China, N Indien; *G. c. leautungensis*, Mandschurei, N China; *G. c. coreensis*, Korea; *G. c. lynesi*, Kaschmir; *G. c. chendoola*, N und NW Indien.

2.14.2 *Galerida theklae* (C. L. BREHM, 1858) — Theklalerche

E: Thekla Lark.

Synonyme: *Galerita Theklae* C. L. BREHM, 1858; *Galerida praetermissa* (BLANF., 1869). Einige Autoren stellen die indische *Galerida malabarica* mit *G. theklae* in eine Art.

Habitus: Wie Haubenlerche, geringfügig kleiner, Schnabel wirkt dicker und ist wenig kürzer.

Biometrische Daten (mm, g): Länge 155 – 170, Flügel ♂ 102 – 110, ♀ 92 – 104, Spannweite 280 – 320, Schwanz ♂ 58 – 68, ♀ 48 – 64, Schnabel 10 – 15, Lauf 25 – 27, Masse ♂ 31 – 43, ♀ 35 – 42.

Flügelbau (und andere Strukturen insbesondere zur Unterscheidung von *G. cristata*): Flügel kurz, breit an der Basis, Spitze gerundet. HS 7 und HS 8 sind die längsten (oder eine 0 – 0,5 mm kürzer als die andere) und bilden mit HS 9 (1,5 – 4,5 mm kürzer), HS 6 (0 – 2 mm kürzer) und HS 5 (2 – 5 mm kürzer) die Flügelspitze. HS 4 ist 14 – 18,5 (♂) oder 12 – 15 (♀), HS 3 19 – 23 (♂) oder 16 – 19 (♀), HS 1 23 – 27 (♂) oder 20 – 22 (♀) mm kürzer. HS 10 ist 58 – 66 (♂) oder 50 – 59 (♀) mm kürzer als Flügelspitze und 3 mm kürzer bis 4 mm länger als größte obere Handdecke (weniger reduziert als bei *G. cristata*), im Durchschnitt bei ♂ (n = 26) 0,3 mm kürzer und bei ♀ (n = 16) 1,0 mm länger als Handdecke. Außenfahnen von HS 5 – HS 8 und Innenfahnen von (HS 6) – HS 7 – HS 9 sind eingeschnürt. Längste Schirmfedern reichen bei geschlossenem, frisch vermausertem Flügel etwa bis zur Spitze von HS 5, im abgetragenen Gefieder bis HS 4. Bei Jungvögeln ist HS 10 49 – 57 mm kürzer als die Flügelspitze. Der Schnabel ist im Vergleich zu *G. cristata* kürzer (ca. halbe Kopflänge), an der Spitze relativ dicker, weniger schlank und weniger gebogen. Die Breite des Schnabels, 10 mm von der Spitze gemessen, beträgt 30 – 40 % der Schnabellänge (Spitze bis Nasenloch) (bei *G. cristata* 15 – 30 %), bei Jungvögeln 36 – 62 %, meist ca. 45 % (bei *G. cristata* 24 – 27 %, meist ca. 34 %) (ABS 1963). Der Lauf ist meist relativ etwas länger als bei *G. cristata*. Mittelzehe mit Kralle mißt 18 – 20 mm, Außenzehe mit Kralle ca. 72 % dieser Länge, Innenzehe 75 % und Hinterzehe ca. 112 %. Federn des Mittel- und Hinterscheitels sind verlängert, voll fächerartig zur Haube ausgebildet und bis 20 mm lang (bei *G. cristata* sind nur die Federn des Hinterscheitels verlängert, so daß die Haube spitzer wirkt).

Merkmale: Kann optisch im Felde nur von Spezialisten von der Haubenlerche unterschieden werden. Anhaltspunkte bieten Habitatauswahl, Stimme und Verhalten (s. dort). Zur Differenzierung von der Haubenlerche in der Hand s. Flügelbau etc. Unterflügel weiß bis graubraun (nicht isabell–rötlich wie bei der Nominatform der Haubenlerche); Unterkehle, Kropf und Vorderbrust auf hellerem Grunde feiner, aber markanter gestrichelt als *G. cristata*. Bei *G. t. superflua* in Südtunesien fiel uns ein fast linienscharfes Abschneiden der Brustfleckung gegenüber dem Weiß der restlichen Unterseite auf, desgleichen ein hellerer markanter Augenring, der dem Vogel eine »Brille« aufsetzte. Gegenüber der Haubenlerche kann man *G. theklae* als ursprünglicher ansehen, was durch nachstehende zusammengefaßte Kriterien begründet werden kann (ABS 1963): Geringere Flügellänge und geringere Masse, längere HS 10, etwas gerundeterer Flügel, geringere Flächenbelastung, geringere Geschlechtsunterschiede, disjunktes Areal, geringere Plastizität der ökologischen Ansprüche und beschränkteres Lautinventar. Jungvögel zeigen nach C. L. BREHM (zumindest iberische Exemplare) auf den rostfarbenen ST 1 rostbraune Querbinden (bei Haubenlerchen erdbraun), auch soll die Kropffleckung dichter sein. Verfasser fand die flüggen Vögel in Südtunesien auf Scheitel und Rücken auffällig rötlicher isabellfarben als junge Haubenlerchen der Nominatform. Auch waren die Schnäbel der pulli nicht schwärzlich, sondern grau mit rosa Schimmer. — Unbefiederte Körperpartien der Altvögel wie bei *G. cristata.*

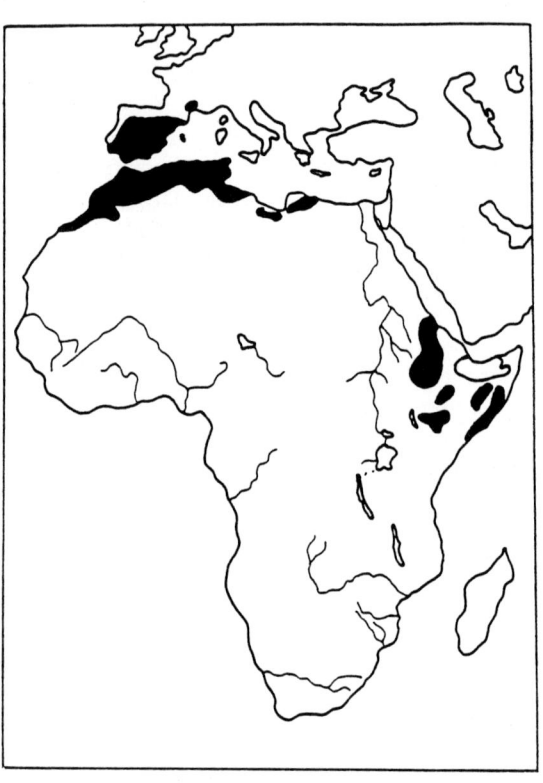

Verbreitung und Biotop: Südwestliche Paläarktische und extreme nordwestliche Afrikanische Subregion: Südlichstes Westfrankreich, C und S Spanien, östliches und südliches Portugal, Balearen, Westsahara, Marokko, N Algerien, Tunesien (außer extremen südlichen Zipfel), N Libyen inselartig bis zum äußersten nordwestlichen Ägypten. Inselartige Populationen (eigene Art?) im nördlichen Äthiopien, N Somalia und nördlichsten Kenia. — Gegenüber der Haubenlerche bevorzugt sie steinige, gebüschbestandene Hänge (im Hohen Atlas bis zu 2.300 m üNN), jedoch auch in ebenen Arealen gemeinsam mit *G. cristata.* Auf den Balearen (wo *G. cristata* fehlt) bewohnt sie Ebenen wie auch Strauchheiden in Berglagen. Im südlichen Tunesien ist sie mit Abstand die häufigste Lerchenart (vermutlich auch der häufigste Vogel überhaupt), die mit *Ammomanes cincturus* und *A. deserti* im steinigen Bergland (Matmata) mit spärlichem Buschbestand im gleichen Habitat vorkommt (Verfasser).

Abb. 184: Verbreitung der Theklalerche.

Fortpflanzung: In Spanien und Portugal werden Eier von Februar bis Juni gefunden, in W Marokko von Mitte Februar bis Ende Mai, in Algerien Anfang April bis Anfang Juni. In S Tunesien trafen Verfasser et al. 1991 in der letzten

Märzwoche bis Mitte April die meisten Paare fütternd an. In den Matmata Bergen stöberten wir am 2. April ein nicht mehr zu fangendes Junges auf, hier mußte der Brutbeginn um den 6. März gelegen haben. In Äthiopien beginnt die Brut im Februar und März, ein Nestling wurde im November gefunden. Zwei Bruten. Typisches Lerchennest, die afrikanischen Nester fand ich alle dichter und verfilzter als europäische Haubenlerchennester. Eingang ohne Steinchenvorbau. Muldendurchmesser oben 116 mm, Muldentiefe 62 mm, Nestdurchmesser oben 72 mm, Nesttiefe 40 mm (PÄTZOLD). 3 – 6 Eier, meist 4, in einem Falle 7; 22,8 x 16,5 mm (35), Frischvollgewicht 3,21 g, in Größe und Färbung kaum von *G. cristata* zu unterscheiden. Südtunesische Eier fand Verfasser mit stärkerer rostbrauner Fleckung, wirkten bunter als Haubenlercheneier. Inkubationsdauer und Jungenaufzucht wie Haubenlerche.

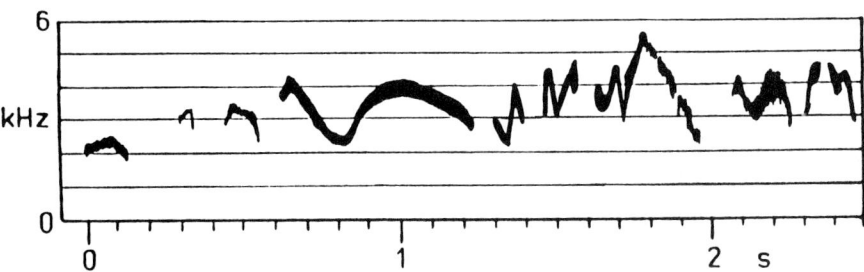

Abb. 185: Ausschnitt aus dem lauten Gesang der Theklalerche. Nach ABS (1963).

Stimme: Häufigster Ruf ein endbetontes pfeifendes »trädüiih«, Flugruf »dwoid dwoid« (ABS). Stimmfühlungs– und Alarmrufe sowie Balzgesänge beider Arten weitgehend ähnlich. Gesang laut und wohltönend, erinnert auch an Feldlerche, auch Imitationen anderer Vogelarten. Jungvögel rufen »huit«.

Verhalten, Nahrung, Status: Wie Haubenlerche, setzt sich aber viel häufiger auf die Spitzen von Sträuchern und kleinen Bäumen; stochert im Gegensatz zu *G. cristata* selten oder gar nicht mit dem Schnabel im Boden. Singflug hoch und flatternd mit leicht gespreiztem Schwanz, bisweilen kreisend, danach rapides Abstürzen mit geschlossenen Flügeln; singt aber ebenso oft von den Spitzen niedriger Büsche. — Nährt sich von Samen und Arthropoden, vornehmlich Insekten. — Stand– und Strichvogel.

Unterarten und ihre Brutgebiete: *G. t. theklae*, Portugal, Spanien, Balearen; *G. t. erlangeri*, N Marokko; *G. t. ruficolor*, C Marokko, N Algerien, N Tunesien; *G. t. superflua*, E Marokko, C Algerien, S Tunesien Libyen; *G. t. deichleri*, S Algerien, S Tunesien; *G. t. harrarensis*, Harer (Äthiopien); *G. t. huei*, Bale (Äthiopien), *G. t. praetermissa*, Äthiopien; *G. t. ellioti*, Somalia; *G. t. mallablensis*, S Somalia; *G. t. huriensis*, Kenia.

Anmerkung zur Namensgebung: Die Theklalerche wurde erstmalig nicht von C. L. BREHM 1858 beschrieben, sondern von seinen Söhnen ALFRED EDMUND und RUDOLF in Spanien entdeckt und erstmalig bereits 1857 von ALFRED beschrieben als *Galerita Theklae* in der »Allgemeinen deutschen naturhistorischen Zeitschrift«. Den Namen erhielt sie aber von C. L. BREHM, der damit seiner verstorbenen Lieblingstochter THEKLA ein Andenken bewahren wollte, er beschrieb diese Art nochmals 1858 in der »Naumannia«.

2.14.3 *Galerida malabarica* (SCOPOLI, 1786) — Malabarlerche

E: Malabar Crested Lark.

Synonyme: *Alauda malabarica* SCOP., 1786; *Alauda praetermissa* BLANF., 1869; (Konspez. mit *G. theklae*?).

Abb. 186: Malabarlerche. Verändert nach MACKWORTH–PRAED & GRANT (1955). Zeichnung: PÄTZOLD.

Habitus: Wie Haubenlerche, aber deutlich kleiner und mit spitzerer Haube.

Biometrische Daten (mm, g): Länge ca. 150, Flügel ♂ 92 – 105, ♀ 92 – 94, Schwanz ♂ 49 – 58, ♀ 46 – 52, Schnabel (bis Schädel) 16 – 18, Lauf 23 – 24.

Merkmale: Sehr ähnlich der sympatrischen *G. cristata chendoola*, aber nur sperlingsgroß und auf Oberseite rötlich braun (nicht sandfarben oder graubraun). Von der ebenfalls ähnlichen und sympatrischen Devalerche durch kräftigere und gröbere schwärzliche Streifung auf der Brust und die im ganzen hellere rötliche Unterseite unterschieden, außerdem ist Flügellänge von *G. malabarica* stets größer gleich 92 mm. Geschlechter gleich. Schnabel oben hornbraun, unten heller; Rachen chromgelb, bei Jungen orangerot. Füße fleischfarben bis braun, Krallen hornbraun. Iris haselnußfarben.

Verbreitung und Biotop: Vorderindische Subregion: Beschränkt hauptsächlich auf den Küstenstreifen W Indiens von Gujarat (nördlichste Ausdehnung bis Ahmadabad) südwärts durchs westliche Maharashtra, Malabarküste (Nameni),

Mysore, Nilgiri, westliches Tamil Nadu, Kerala bis SW Spitze der Halbinsel. Fehlend auf Sri Lanka. — Grasiges mit spärlichen Büschen bedecktes Gelände in Niederungen und Küsten, Waldlichtungen, auch geneigtes Gelände mit steinigen Hügeln und Felsvorsprüngen bis zu Höhen von 2.000 m; siedelt (wie auch Devalerche) entsprechend ihrer rötlich–braunen Oberseitenfärbung bevorzugt auf dunklen Böden.

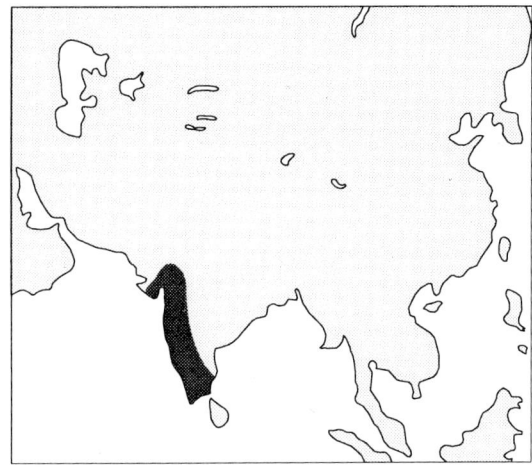

Abb. 187: Verbreitung der Malabarlerche.

Fortpflanzung: Abhängig von geographischer Lage des Brutgebietes, in jedem Monat möglich. In Kerala bevorzugt von Jan. bis Apr. Typisches Lerchennest aus trockenen Gräsern mit feinerer Auskleidung. 2 bis 3 Eier; 21,5 x 15,5 mm (40), bei Frischvollgewicht von 2,67 g; auf grünlich weißem bis creme–gelbbraunem Grund mit verschieden getöntem Braun gefleckt und reichlich mit lavendelfarbigen und grauen Sprenkeln und Tupfen überzogen. Nach ALI & RIPLEY (1972) nehmen beide Geschlechter an Nestbau, Bebrütung und Aufzucht der Jungen teil.

Stimme: Häufigster Ruf ein angenehmes »tiir–ur«. Gesang kurz und bescheiden, vom Erdboden oder im Flug vorgetragen.

Verhalten, Nahrung, Status: Außerhalb der Brutsaison in verstreuten Trupps von 5 bis 8 Exemplaren, manchmal in Flügen von über 30 Vögeln. Im übrigen gleichen die Gewohnheiten sehr der Haubenlerchenunterart G. cristata chendoola. Beim Singen sitzt der Vogel meist auf einem Hügel oder einer Buschspitze mit leicht gestelztem Schwanz und herabhängenden Flügeln, wobei unregelmäßige Drehungen ausgeführt werden. Gelegentlich flattert er auch wenige Meter in die Luft und überfliegt ziellos und kreisend sein Revier mit langsamen Flügelschlägen, unterbrochen von Schwebestrecken, dabei seinen kurzen mittelmäßigen Gesang vortragend. ALI (1969) sah diese Lerche niemals nach Feldlerchenart oder wie seine nahe Verwandte *Galerida deva* singend in größere Höhen aufsteigen und so vollkommene Strophen vortragen. — Nährt sich von Wildkräutersamen, die auch von lebenden Pflanzen gerupft werden, liest auch ungeschälte Körner (Getreide) von Stoppelfeldern auf. In der Brutzeit auch viele Insekten, besonders Ameisen, Laufkäfer und Grashüpfer. — Vorwiegend Standvogel, doch bisweilen in größeren Flügen saisonbedingte Bewegungen.

Unterarten: Keine.

2.14.4 *Galerida deva* (SYKES, 1832) — Devalerche

E: Tawny Crested Lark; Sykes Crested Lark.

Synonyme: *Alauda deva* SYKES, 1832; *Mirafra hayii* BLYTH, 1844/45; *Mirafra cantillans bangsi* KOELZ, 1939.

Habitus: Sehr kleine dunkle Lerche mit Federhaube, an Heidelerche erinnernd, aber noch etwas kleiner.

Biometrische Daten (mm, g): Länge ca. 130, Flügel σ 84 –92, φ 78 – 86, Schwanz σ 46 – 54, φ 43 – 50, Schnabel (bis Schädel) 13 – 15, Lauf 20 – 21, Masse 18 – 22.

Merkmale: Von den drei indischen Haubenlerchenformen (*G. c. magna, G. c. chendoola, G. c. lynesi*) deutlich durch geringere Größe und von der ähnlichen *G. malabarica* durch die dunklere, mehr rötliche Unterseite und das Fehlen des Weißlichen am Unterbauch unterschieden. Auch ist die Strichelung an der Brust gegenüber *G. malabarica* dünner und dichter. Oberseite sowie Flügel– und Schwanzfedern sind einfarbig rötlich–braun. Unterseite gelblich–rötlich überflogen.

Verbreitung und Biotop: Vorderindische Subregion: NW und S Indien. Von Rajasthan nach Uttar Pradesh bis etwa 82° E, südwärts durch Gujarat, Kutch bis Mysore und Madras. In vielen Arealen Überlappung mit *G. malabarica*, aber von den Küstenregionen weiter entfernt im Inland. Fehlend in Kerala und auf Sri Lanka. — Steinige, mit wenigen Büschen durchsetzte wüstenhafte Ebenen und Hügel bis ca. 1.000 m üNN; auch trockenes Kulturland mit wenig Vegetation, gewöhnlich auf dunklem Boden, der Gefiederfarbe angepaßt.

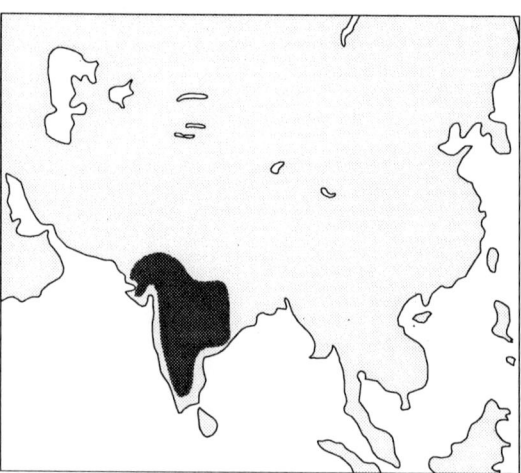

Abb. 188: Verbreitung der Devalerche.

Fortpflanzung: März bis Sept., meist Mai bis Aug.; typisches Lerchennest. 2 bis 3, selten 4 Eier; 19,9 x 14,6 mm (50), bei Frischvollgewicht von 2,19 g; Farbe nicht speziell beschrieben (wohl kaum möglich, da sich alle Eier dieser Gattung außerordentlich ähneln). Die Brutbiologie soll nach ALI & RIPLEY (1972) mit der von *G. cristata chendoola* identisch sein.

Stimme: Der Gesang gleicht nach Angaben mehrerer Autoren dem der Buschlerche (*Mirafra javanica*). Ebenso wie diese imitiert die Devalerche darin zahlreiche Stimmen anderer Vogelarten. Im Aufbau erinnert der Gesang auch sehr an *Alauda*, steht aber in Temperament und Klangfülle etwas nach. Balzflug ähnlich Feldlerche.

Verhalten, Nahrung, Status: Mit Ausnahme des Gesanges und des Balz-fluges soll sich das Verhalten kaum von dem der indischen Haubenlerche (*G. cri-stata chendoola*) und der Malabarlerche (*Galerida malabarica*) unterscheiden. — Nährt sich von Sämereien (Gräser und Kräuter) sowie von Arthropoden (vornehmlich Insekten). — Standvogel mit kleinen saison- und lokalbedingten Bewegungen.

Unterarten: Keine.

2.14.5 Galerida modesta (Heuglin, 1864) — Sonnenlerche

E: Sun Lark.

Synonyme: *Heliocorys modesta* HEUGLIN, 1864; *Geocoraphus modestus* HEUGLIN, 1868; *Mirafra bucolica* HARTLAUB, 1887; *Mirafra modesta* HART-LAUB, 1887; *Galerita modesta* SHELLEY, 1888.

Habitus: Etwas haubenlerchenähnlich, aber ca. 20 % kleiner, mit kürzerer Haube, kürzerem Schnabel und viel dunkler; europäische Beobach-ter werden viel mehr an die Heidelerche, *Lullula arborea*, erinnert.

Biometrische Daten (mm, g): Länge 125 – 150, Flügel 75 – 87, Schwanz 45 – 55, Schnabel 11 – 12, Lauf 17 – 18, Masse 18 – 22.

Merkmale: ♂ und ♀: Eine kleine dunkle Ler-che, die auf dem Boden laufend leicht mit der teilweise sympatrischen *Mirafra rufocinnamomea* verwechselt werden kann. Letztere zeigt aber auf der Oberseite infolge der hellen Federspitzen ein

Abb. 189: Sonnenlerche. Verändert nach BANNERMAN (1953). Zeich-nung: PÄTZOLD.

mehr geschupptes Aussehen, während *G. modesta* stärker schwarzbraun längsge-streift wirkt und auch auf der Brust kontrastreicher gefleckt ist; *Mirafra rufocinna-momea* ist auch auf der Unterseite gewöhnlich intensiver rötlich. Oberseite (ohne Schwanzdecken) schwarzbraun, alle Federn mit rötlich–sandfarbenen Säumen, Nacken heller als Rücken, Oberschwanzdecken einfarbig hellbraun bis rötlich-braun. Haube kurz, Überaugenstreif bräunlichweiß, durch Zügel und Auge ein schwärzlicher Strich. Kinn und Kehlmitte reinweiß, Kehlseiten bräunlichweiß mit zarter dunkler Strichelung, Kropf und Oberbrust rostgelblich mit breiten schwar-zen Schaftstrichen, übrige Unterseite hell graubraun, Flanken verwaschen rötlich-braun. Schwingen dunkelbraun, auf Außenfahne gelbbräunlich, auf Innenfahne rostfarben gerandet, Unterflügeldecken isabellfarben. ST 1 schwarz bis graubraun, ST 2 bis ST 4 graubraun mit schmalen aschfarbenen Rändern, ST 5 schwarzbraun mit schmalem gelbbräunem bis rostfarbenem Rand auf der Außenfahne, ST 6 fast auf gesamter Außenfahne rötlich gelbbraun, auf der Innenfahne nach dem distalen Ende zu oft ebenfalls eine Spur dieser Farbe, sonst schwarzbraun. — Jugendkleid unbekannt. — Schnabel dunkelbraun, Unterschnabel heller, nach der Basis zu fleischfarben. Füße fleischfarben bis rötlichbraun. Iris braun.

Verbreitung und Biotop: Nördliche Afrikanische Subregion: Von Senegal, Guinea, Mali, Sierra Leone etwa zwischen 8° und 15° n. Br. ostwärts durch nördliche Elfenbeinküste, N Ghana, Burkina, N Togo, S Niger, Nigeria, N Kamerun, S Tschad, Zentralafrikanische Republik, S Sudan, N Zaire und extremer NW von Uganda. — Steinige Areale in Halbwüsten, offenen Savannen, Hochländer (Kamerun), bisweilen auch auf kultiviertem Gelände (Flugplätze, Straßen, Fußballplätze).

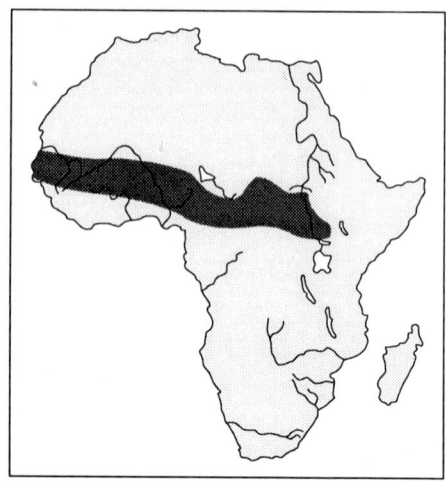

Abb. 190: Verbreitung der Sonnenlerche.

Fortpflanzung: Elfenbein–Küste Jan. und Febr.; Ghana Dez. bis Jan.; Mali Mai und Juni, Nov. bis Jan.; Nigeria Febr. und März, Okt. und Nov.; Sudan Juli. — Typisches Lerchennest im Schutz von Grasbüscheln oder Steinen, dürftig aus Gräsern und Wurzeln vom ♀ gebaut in Begleitung des ♂. Innendurchmesser 50 mm (SERLE 1943). 1 bis 2 Eier (PRAED & GRANT 1955), 4 Eier (BANNERMAN 1953). Keine weiteren Informationen.

Stimme: Ein kurzer, angenehm flötender Gesang im Singflug schwebend vorgetragen oder vom Erdboden aus (BANNERMAN 1953). Rufe unbedeutend piepsend (PRAED & GRANT 1955).

Verhalten, Nahrung, Status: Nicht sehr scheu, gleicht in ihren Gewohnheiten der Kurzzehenlerche *Calandrella cinerea*; liebt es, auf Ameisenhügeln oder Felsvorsprüngen zu sitzen, von denen sie stufenweise zum Gipfel flattert. Singflüge sind kurz mit eingelegten Schwebestrecken. In der Brutzeit wird der Vogel einzeln oder in Paaren angetroffen, sonst in kleineren Trupps von 3 bis 6 Exemplaren, oft an Rändern von staubigen Straßen in der Halbwüste. — Die Nahrung besteht vorwiegend aus Sämereien (Grassamen, diverse Getreidearten), weniger aus Wirbellosen (Insekten). — Ein lokal gemeiner Standvogel, einige Populationen streichen weit umher. Den Westen von Darfur (Sudan) bewohnen diese Vögel (*G. m. giffardi*) von Mai bis Aug., ohne dort zu brüten.

Unterarten und ihre Brutgebiete: *G. m. giffardi*, Ghana bis Sudan; *G. m. modesta*, S Sudan; *G. m. nigrita*, Guinea, Mali, Sierra Leone; *G. m. strümpelli*, W Kamerun; *G. m. bucolica*, Zentralafrikanische Republik, N Zaire, SW Sudan.

2.15   Gattung *Calendula* SWAINSON, 1837

Synonym: *Erana* GRAY, 1840

Sehr ähnlich *Galerida*, aber Schnabel viel kräftiger und wurzelseitige Hälfte des Unterschnabels deutlich gelbbräunlich vom dunkleren spitzenseitigen Schnabelteil abgesetzt. Nasenlöcher bedeckt. Die Haubenfedern kürzer und breiter als bei *Galerida*. Längste Armschwinge reicht bis Flügelspitze. Daumenfittich > 13 mm, aber kürzer als Handdecken. Lauf und Zehen mäßig lang; Hinterkralle lang und nur leicht gebogen. 1 Art.

Calendula magnirostris (STEPHENS, 1826) — Dickschnabellerche

E: Thick–billed Lark, Large–billed Lark.

Synonyme: *Galerida magnirostris* (STEPHENS); *Alauda magnirostris* STEPHENS, 1826; *Alauda crassirostris* VIEILLOT, 1816; *Calendula crassirostris* SHARPE, 1890; *Galerita modesta* (nec HEUGLIN) STARK, 1900.

Habitus: Feldlerchengroße robuste Lerche, relativ kurz-schwänzig, an Haubenlerche erinnernd, aber auffallend dickerer und längerer Schnabel, Haube angedeutet.

Biometrische Daten (mm, g): Länge ca. 180, Flügel ♂ 102 – 110, ♀ 95 – 97, Schwanz 58 – 67, Schnabel 18 – 20, Lauf 25 – 27, Hinterkralle 13 – 17, Masse ♂ 41 – 48 (3), ♀ 35, 43 (2).

Merkmale: ♂ und ♀: Kennzeichnend im Felde ist der dicke, lange Schnabel. Oberseite ist lichtbraun bis grau-braun mit grober schwarzer Sprenkelung. Scheitelfedern können zu kleinem Häubchen gestellt werden. Unterseite weißlich bis gelblichweiß, an der Brust kräftig schwarz gesprenkelt (stärker als bei Feldlerche). Augeneinfassung und Überaugenstreif weißlich. Schwingen und Schwanz

Abb. 191: Dickschnabellerche.   Verändert nach NEWMAN (1983). Zeichnung: PÄTZOLD.

schwarzbraun, erstere mit helleren Säumen, ST 1 braun mit helleren Rändern, ST 6 schwarzbraun mit schmalen gelbbraunen Rändern. — Das Jugendkleid ist oberseits gelblichweiß getüpfelt; Handschwingen mit schmalen gelbbraunen Rändern und breiteren gelbbraunen Spitzen, Armschwingen breit gelbbraun gesäumt. — Schnabel dunkelbraun, an der Basis, besonders des Unterschnabels gelb. Füße rötlichbraun, Iris braun.

Fortpflanzung: Brutsaison Juli bis Dez. Typisches Lerchennest unter Grasbüschel oder kleinem Strauch. Oberer innerer Durchmesser 60 – 70 mm, Tiefe 30 mm, bestehend aus Gräsern und Wurzeln, ausgelegt mit Wolle, Federn und feinem Pflanzenmaterial. 2 bis 4 Eier; 23,2 x 16,6 mm (62) (MACLEAN), Frischvollgewicht 3,26 (SCHÖNWETTER); Grundfarbe weiß oder hell creme bei starker brauner und grauer Sprenkelung, fast ohne Glanz. Über Brutdauer und

Nestlingsaufenthalt keine Information. Beide Elternpaare füttern und halten das Nest sauber. Innerhalb von 313 Minuten wurden an 2 Jungen 24 Fütterungen registriert.

Verbreitung und Biotop: Afrikanische Subregion: Extremes südwestliches Namibia, südliches und südwestliches Südafrika, nur bisweilen in Natal beobachtet, Lesotho. — Steppen, Halbwüsten und Kultursteppen von der Ebene bis ins Bergland, gemein im Sukkulenten–Karroo.

Stimme: Gesang (vom Zweig oder im Flug) besteht aus flötenartigen Rollern, in 4 bis 8 Elementen rasch ausgestoßen, klingend wie »tiitriddly–piie« oder »whit–titwiddliddle–widdli«. Auch Rufe von anderen Steppenvögeln (mindestens 13 Arten) in zarten Gesangsweisen vorgetragen, wurden notiert (MacLean 1985).

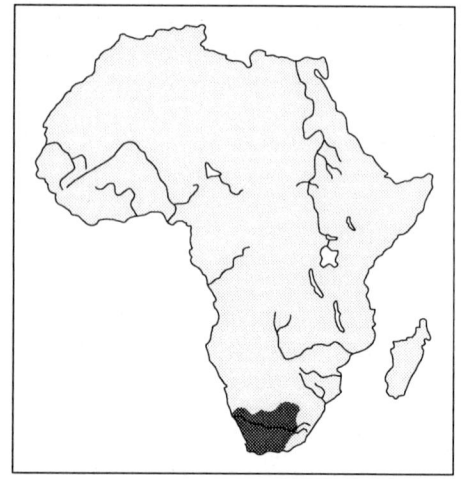

Abb. 192: Verbreitung der Dickschnabellerche.

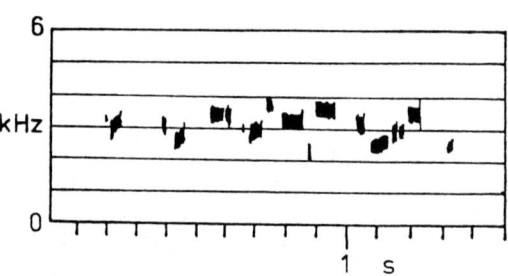

Abb. 193: Typische rollende Gesangsphrase der Dickschnabellerche. Nach MacLean (1985).

Verhalten, Nahrung, Status: Gewöhnlich einzeln oder in Paaren anzutreffen; fällt auf durch ihre Rufe, die von Zweigen, Zäunen, Steinen oder Erdhügeln erklingen, Zum Singflug steigt das ♂ 15 bis 20 m hoch, zieht flatternd und singend Kreise etwa 2 bis 5 Minuten lang und stürzt danach mit geschlossenen Flügeln hinab zum Strauch. Singflug wird in Intervallen von 5 bis 10 Minuten wiederholt. — Nahrung wird während des Laufens aufgenommen, sie besteht aus Wirbellosen (vornehmlich Insekten), Sämereien und Pflanzenknollen. Alle untersuchten Mägen enthielten auch kiesige Bestandteile. — Gemeiner Standvogel in der südwestlichen, östlichen und nordwestlichen Kapprovinz. In Namibia sehr seltener Standvogel, in Natal bisweilen umherstreifend.

Unterarten und ihre Brutgebiete: C. m. magnirostris, W und SW Kapprovinz; C. m. harei, SW Transvaal, Oranje Freistaat; C. m. montivaga, Lesotho, SW Natal.

2.16 Gattung *Lullula* KAUP, 1829

Synonym: *Corys* REICHENBACH, 1850

Eine Gattung zwischen *Galerida* und *Alauda*; in Morphologie und Stimme der ersteren näherstehend: HS 10 erreicht die Länge der Handdecken, Haube kurz und stumpf, Schwanz relativ kurz. Die Überaugenstreifen sind deutlich ausgebildet und laufen im Nacken zusammen. Locktöne sehr ähnlich *Galerida*. Dagegen weichen der dünne, kurze und gerade Schnabel, die schwarzweiße Zeichnung der Handdecken, die Schwanzzeichnung mit den weißen Endflecken, die stark gefleckte Färbung der Oberseite sowie die andersartige ökologische Einpassung (Bewohner von Heideflächen und offenen Waldlandschaften) merklich von *Galerida* ab und tendieren zu *Alauda* (HARRISON, 1966, empfahl, *Lullula* mit *Galerida* zu *Alauda* zu stellen). Nasenlöcher bedeckt. 1 Art.

Lullula arborea (LINNAEUS, 1758) — Heidelerche

E: Woodlark.

Synonyme: *Alauda arborea* LINNAEUS, 1758; *Galerita arborea* HEUGLIN, 1869–74; *Alauda nemorosa* GMELIN, 1788.

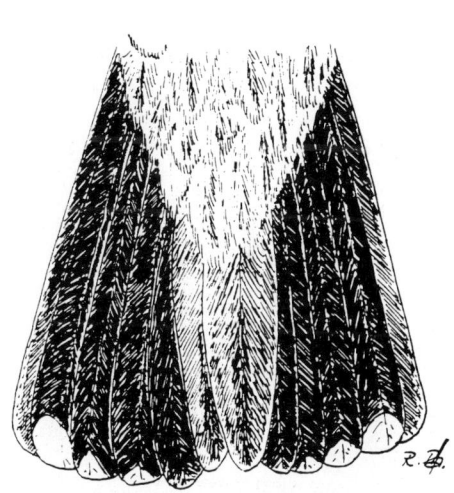

Abb. 194: Heidelerche. Zeichnung: PÄTZOLD, nach eigenem Foto.

Abb. 195: Schwanz der Heidelerche. Zeichnung: PÄTZOLD.

Habitus: Deutlich (knapp 20 %) kleiner als Feldlerche, mit auffallend kürzerem Schwanz.

Biometrische Daten (mm, g): Länge ca. 150, Flügel ♂ 92 – 103, ♀ 87 – 100,

Spannweite 280 – 310, Schwanz ♂ 47 – 59, ♀ 45 – 52,5, Schnabel 8 – 12, Lauf 20 – 23, Masse ♂ 23 – 35, ♀ 22 – 30.

Flügelbau (Abb. s. auch PÄTZOLD 1986): Flügel ziemlich kurz, an der Basis breit, Spitze gerundet. HS 7 (längste) bildet mit HS 8 (O – 1 mm kürzer), HS 9 (1 – 4 mm kürzer) und HS 6 (1 – 3 mm kürzer) die Flügelspitze. HS 5 ist 5 – 10, HS 4 15 – 20, HS 3 19 – 25, HS 1 22 – 31 mm kürzer. HS 10 ist 52 – 62 mm kürzer als Flügelspitze und 0 – 7 mm kürzer als die längste obere Handdecke. Außenfahnen von HS 5 – HS 8 und Innenfahnen (HS 6) – HS 7 – HS 9 sind eingeschnürt. Die längsten Schirmfedern reichen im geschlossenen Flügel zwischen die Spitzen von HS 4 – HS 5 – (HS 6). Bei Jungvögeln ist HS 10 40 – 51 mm kürzer als die Flügelspitze und 1 – 7 mm länger als die längste obere Handdecke.

Merkmale: ♂ und ♀: Von der ähnlich gefärbten Feldlerche außer Habitus durch die im Nacken zusammenlaufenden Überaugenstreifen und das weiß–schwarz– weiße Feld an der Flügelkante, von Daumenfittich und Handdecken gebildet, leicht zu unterscheiden; auch fehlen die weißen Außenfahnen im Schwanz. Auf Scheitel kurze Haube, die nur aufgestellt sichtbar wird. Oberseits feldlerchenfarbig, Unterseite auf rahmweißem Grund in der Kropfgegend kräftig schwarzbraun gestrichelt. Flügel matt schwarzbraun, Außenfahne der Handschwingen mit schmalem wei- ßem Rand, innerste Armschwingen mit zimtbraunem Spitzensaum. Der kaum eingekerbte schwarzbraune Schwanz ragt nur 15 – 18 mm über die Flügelspitzen.

Abb. 196: Verbreitung der Heidelerche.

ST 3, ST 4 und ST 5 zeigen einen kleinen weißen Spitzenfleck, in dieser Reihenfolge an Größe zunehmend. ST 6 an Außenfahne im distalen Teil und am inneren Rand der Innenfahne weißlich–gelbbraun. Jungvögel auf der Oberseite geperlt mit hell rostgelben Flügelspitzen, schwarzweißes Flügelfeld angedeutet. — Schnabel oben matt schwärzlichbraun, unten schmutzig fleischfarben. — Füße schmutzig gelb bis fleischfarben. Iris haselnußfarben, bei Nestlingen grau.

Verbreitung und Biotop: Westliche Paläarktische Subregion: Vom Kaspischen Meer westwärts durch Vorderasien und Europa mit ganz Spanien und Portugal sowie auf dem Küstenstreifen in NW Afrika (Marokko, Algerien, W Tunesien). Maximale nördliche Verbreitung bis etwa 64° n. Br. (Onega Bucht). — Trokkene lockere Heidewälder, 20 – 50 cm hohe Kiefernanpflanzungen (seltener Fichten) mit Grashorsten (Mitteleuropa). In S Europa steinige buschreiche Steppen, bisweilen auch in Weizen– und Maisfeldern; in N Afrika Hügel und Ebenen des Vorgebirges, fehlt im Hohen Atlas und in den Wüsten.

Fortpflanzung: März bis Juni (Juli), 2 (3) Bruten. Vor eigentlichem Nestbau werden mehrere Nesthöhlungen angelegt. Typisches Lerchennest, aber deutlich kunstvoller als bei Feld– und Haubenlerche, im S oft unter Steinen (Schutz vor Schaftritten). Oberer Muldendurchmesser 90 – 110 mm, Muldentiefe 75 – 90 mm, Oberer Napfdurchmesser 65 – 70 mm, Napftiefe 55 – 60 mm. 4 – 5 Eier, 21,3 x 16,0 mm (200), Frischvollgewicht 2,79. Eier auf rötlichweißem Grund dicht mit rötlichbraunen Punkten und Flecken übersät, am stumpfen Pol verdichtet oder Kranzbildung. Brutdauer 13 (11) bis 15 Tage, Nestlingszeit 11 – 12 Tage. Beide Elternteile betreuen die Jungen.

Stimme: Ruf »dilit« oder »didelit«, bei Erregung ein kräftiges »troilit«, im Zorn ein hartes »etoit«. Der wohlklingende weiche Gesang kann mit keiner anderen Lerchenart verwechselt werden, er besteht aus am Ende meist abfallenden »lü–lü–lü...«–Reihen in Höhen zwischen 2 und 6 kHz, die mannigfaltig abgewandelt werden können. 7 – 15 Motive ergeben eine Strophe von 2 – 3 s Länge. Ein ♂ kann bis über 100 verschiedene Strophen vortragen! (s. a. Abb. 197 auf der folgenden Seite)

Verhalten, Nahrung, Status: Fliegt häufiger auf Bäume und Sträucher als seine europäischen Verwandten. Gesang vom Boden, von Baumspitzen oder in der Luft im kreisenden Singflug, dabei schräger Aufstieg; rüttelt selten (im Gegensatz zur Feldlerche), wirkt fledermausähnlich. Brütende Vögel verleiten und lassen Menschen oft bis auf 1 m herankommen. Außerhalb der Brutzeit gesellig und mit den Jungvögeln im gleichen Verbande umherstreifend. — Nahrung im Sommer vorwiegend Arthropoden, besonders Insektenlarven, auch kleine Sämereien. Nestlingsnahrung aufgrund Magenanalysen: 35 % Schmetterlingsraupen, 19 % unbestimmte Insektenlarven, 17 % Regenwürmer, 14 % Käfer, 8 % Spinnen, 3 % Schmetterlinge, etwa je 1 % Heuschrecken, Tausendfüßer und Hautflügler (MACKOWITZ 1970). — Zug–, Strich– und Standvogel. Nominatform überwintert dominierend in W Frankreich, Iberischer Halbinsel und nördlichem Mittelmeerraum. L. a. pallida streicht etwas oder bleibt in den Brutgebieten. Als Irrgast in Island, Färöer, Kuwait, Libyen und Malta nachgewiesen.

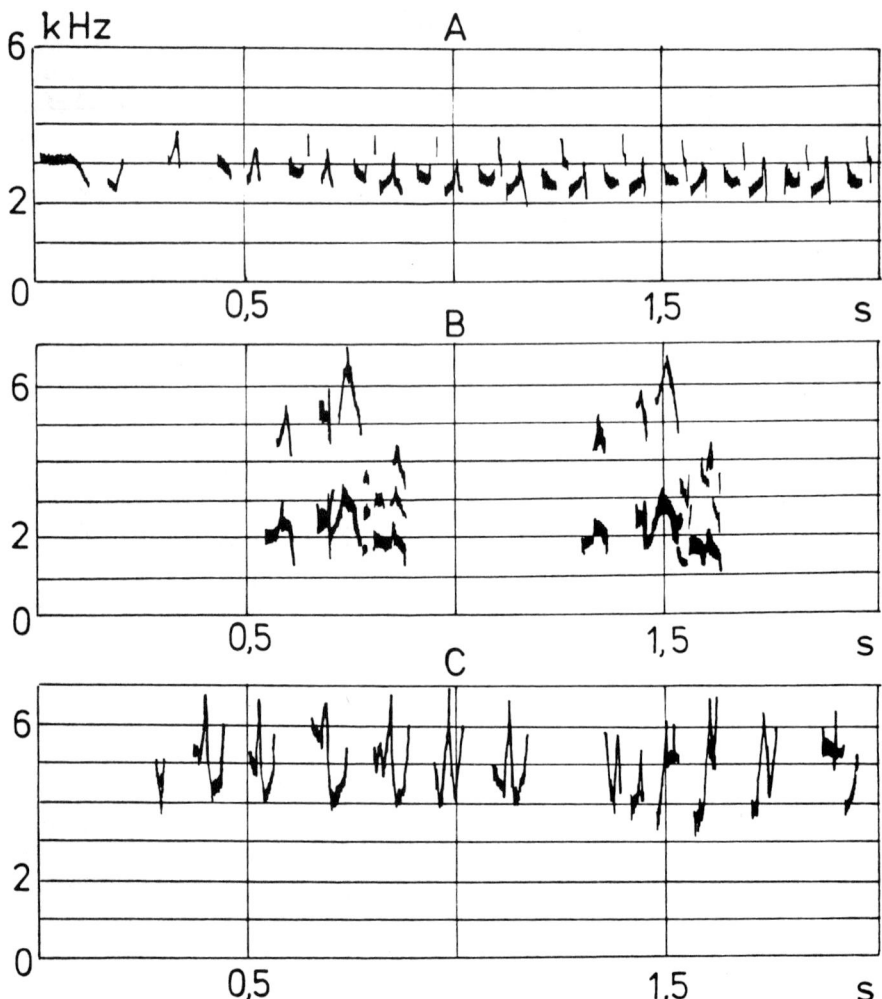

Abb. 197: A) Ausschnitt aus dem Gesang einer Balkan–Heidelerche, *L. a. pallida*, B) Warnruf einer Balkan–Heidelerche an einen Jungvogel, C) Stimmfühlungsrufe einer 15 Tage alten vom Verfasser aufgezogenen Heidelerche. Aus PÄTZOLD (1986).

Unterarten und ihre Brutgebiete: *L. a. arborea*, E, C und N Europa, N Afrika; *L. a. pallida*, S Europa, N Afrika, Kaukasus, Iran.

2.17 Gattung *Alauda* LINNAEUS, 1758

S y n o n y m e : *Corydus* BILLBERG, 1828; *Pseudocorys* BILLBERG, 1828

Schwierig abzugrenzende Gattung mittelgroßer Lerchen, die A. E. BREHM als »Hauptgattung der Familie« bezeichnet. Schnabel schlanker und zarter als bei *Calandrella*. Nasenlöcher bedeckt. HS 10 stark reduziert und in Länge recht variabel, erreicht im adulten Flügel meist nicht die Hälfte der Handdecken, aber von unten deutlicher sichtbar als bei *Calandrella*. Innerste Armschwingen verlängert, aber nicht die Flügelspitze erreichend (Abstand meist > 10 mm). HS 9, HS 8 und HS 7 sind untereinander etwas variabel, aber meist etwa gleich lang und die Flügelspitze bildend. Flügellänge 82 – 123 mm. Lauf relativ lang und kräftig, Kralle der Hinterzehe länger als diese und fast gerade. Viele Merkmale dieser Gattung lassen weite Spielräume, deshalb wurden manche Lerchenarten früher, wenn die Gattungsfindung Schwierigkeiten bereitete, in die Gattung *Alauda* gestellt. So scheint mir diese Gattung ein Paradebeispiel zu sein, wie wenig ausreichend sich museumsdiagnostische Merkmale auch bei der Festlegung einer Gattung erweisen können. Ohne Einbeziehung ethologischer Fakten, die man ja als äußere Widerspiegelung endogener Vorgänge und damit als Ergebnis biochemischer Prozesse zu betrachten hat, wird man künftig nicht mehr auskommen. So könnten z. B. bei der Gattung *Alauda* die sprunghafte Fortbewegungsweise nestverlassender Jungvögel durchaus auch ein Gattungsmerkmal sein, zumal bei *Galerida* und *Lullula* ein so ausgesprochenes Hüpfen nicht beobachtet wird. Ob es freilich das Kriterium nur für diese Gattung sein kann, wird erst erhellen, wenn von allen Lerchenarten diesbezügliche Beobachtungen vorliegen. 2 Arten.

2.17.1 *Alauda arvensis* LINNAEUS, 1758 — Feldlerche

E : Skylark, Eurasian Skylark.

S y n o n y m e : *Alauda japonica* TEMM. & SCHLEGEL, 1848; *Alauda bugiensis* C. L. BREHM, 1855; *Alauda dulcivox*, BROCKS, 1873; *Alauda cinerea* EHMCKE, 1903; *Alauda inopinata* BIANCHI, 1904.

H a b i t u s : Mittelgroße Lerche, größer und schlanker als Haussperling.

B i o m e t r i s c h e   D a t e n   (m m ,   g) : Länge ca. 180, Flügel ♂ 96 – 126, ♀ 97 – 118, Spannweite 300 – 360, Schwanz ♂ 62 – 74, ♀ 59 – 68,5, Schnabel 9 – 13,5, Lauf 22,5 – 27, Masse ♂ 28 – 55, ♀ 17 – 47.

F l ü g e l b a u : Flügel relativ lang und zugespitzt, an der Basis breit. HS 8 und HS 9 (die längsten) bilden mit HS 7 (0,5 – 2 mm kürzer) die Flügelspitze. HS 6 ist 6 – 11 (♂) oder 4 – 8 (♀), HS 5 18   23 (♂) oder 12 – 19 (♀), HS 1 35 – 42 (♂) oder 30 – 36 (♀) mm kürzer. HS 10 (stark reduziert) ist 75 – 87 (♂) oder 64 – 75 (♀) mm kürzer als die Flügelspitze. Beim ♂ ist HS 10 14 – 17, beim ♀ 10 – 14 mm kürzer als längste obere Handdecke. Außenfahnen von HS 6 – HS 8 und Innenfahnen HS 7 – HS 9 sind eingeschnürt. Die längsten Schirmfedern reichen bei geschlossenem Flügel etwa bis zur Spitze von HS 5 oder nur wenig darüber hinaus. Bei Jungvögeln ist

Abb. 199: Schwanz der Feldlerche. Zeichnung: PÄTZOLD.

HS 10 6 mm kürzer und bis 1 mm länger als die längste Handdecke; die längsten Schirmfedern reichen nur bis etwa HS 4.

Merkmale: Von mitteleuropäischen Lerchen im Felde durch den längeren Schwanz und das Weiß auf den äußersten Steuerfedern gekennzeichnet. Beim Landen fällt bisweilen der schmale weißliche Saum am Armflügelrand ins Auge. ♂ und ♀: Oberseite gelbbraun bis rötlichbraun mit kräftiger schwarzbrauner Längsstreifung, die Nackenpartie ist am lichtesten. Unterseite weißlich bis rahmfarben, aber Kinn und Kehle zart bräunlich längsgestrichelt. Bei vielen o͑, möglicherweise älteren Individuen, fand ich das Weiß am Kinn reiner, nahezu ungestrichelt, so daß ich oft bei Nestbeobachtungen vom Zelt, die Geschlechter dadurch auseinanderhalten konnte (s. auch PÄTZOLD 1963, Abb. 10; 1975 und 1983, Abb. 84). Kropf und Vorderbrust auf rahmbräunlichem Grund schwarzbraun längsgetupft. Schwingen dunkelbraun bis schwarzbraun; HS 10 und HS 9 mit weißlicher Außenfahne; HS 4 bis HS 1 und AS 1 bis AS 6 haben verwaschene weißliche Spitzen, AS 7 bis AS 10 sind rostfarben gesäumt. Steuerfedern dunkelbraun bis schwarzbraun, ST 1 rötlich sandfarben gesäumt, ST 4 an Außenfahne sehr schmal weiß gesäumt, ST 5 hat nahezu weiße Außenfahne, ST 6 weiß mit Ausnahme eines graubraunen Längsstreifens auf dem Rande der Innenfahne, der an der Federbasis auf die Außenfahne übergreift. Die Jungen sind oberseits intensiver gelbbraun, die Federn haben hier rahmfarbene Säume und weiße Spitzen; die Unterseite ist rahmfarben mit braun gewölbtem Brustband. — Schnabel hornbraun, unten gelblichgrau; Füße gelbbräunlich, Iris braun.

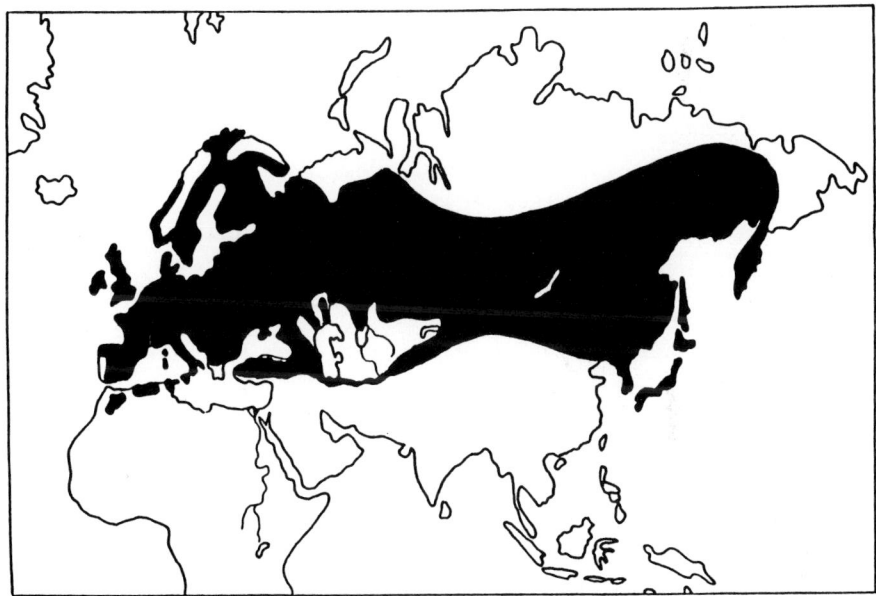

Abb. 200: Verbreitung der Feldlerche.

Verbreitung und Biotop: Paläarktische Subregion: Von Japan und Kamtschatka westwärts bis Spanien und Nordafrika. In der Türkei nur sehr schwache Populationen. In Afghanistan und südlichem Kasachstan vermutlich mit *Alauda gulgula* sympatrisch. Im südöstlichen Australien, auf Neuseeland und der Insel Vancouver (Kanada) erfolgreich eingeführt. — Echter Steppenbewohner, Halbwüsten werden merklich dünner besiedelt. Als Kulturfolger weit verbreitet auf landwirtschaftlichen Flächen, besonders in Getreide und Klee, bisweilen in Gemüsekulturen.

Fortpflanzung: Brutzeit April (März) bis Juli; 2 (3) Bruten. Typisches Lerchennest in Bodenmulde, ohne Steinchenvorbau. Oberer Muldendurchmesser 80 – 100 mm, Muldentiefe 60 – 80 mm, oberer Napfdurchmesser 60 – 70 mm, Napftiefe 50 – 60 mm, Nestbodendicke 10 – 20 mm. Nistmaterial besteht vornehmlich aus trockenen Grashalmen, Innenauskleidung kurze Halme und Würzelchen, selten Tierhaare und Federn. Masse 10 – 20 Gramm. 3 – 5 Eier, meist 4 (selten 6, 7! oder 2); 23,4 x 16,8 mm (300) bei Frischvollgewicht von 3,35. Grundfarbe gräulich–weiß bis rahmfarben mit sehr unterschiedlichen Flecken und Punkten, am stumpfen Pol oft verdichtet. Inkubationsdauer 12 bis 14 Tage. Junge verlassen im Alter von (8), 9 bis 10 Tagen das Nest und bewegen sich vorerst hüpfend fort. Sie fliegen mit 16 bis 20 Tagen und sind mit ca. 30 Tagen selbständig; Versorgung von beiden Elternteilen.

Stimme: Flugruf »tschirit«, in der Brutsaison »trilli« oder »trie« zur Stimmfühlung, auch sanft »tiüp« oder »gürr«, Höhenlage 2 bis 6 kHz. Das Lied (vom Boden oder in der Luft) besteht aus Strophen hoher wohlklingender tirilierend–wirbelnder Töne, bevorzugt zwischen 2,8 und 6,2 kHz. Bei Kurzgesängen von 15 Sekunden wurden etwa 25, bei langen Gesängen bis über 700 Motive ermittelt. Gesangsdauer im März und April am längsten (2 bis 2,5 min); etwa 7 % der Singflüge dauern länger als 5 min, ausnahmsweise wurden 20 und sogar 68! min gemessen. Seltener singen auch ♀ kurze und leise Strophen. Nicht selten sind Imitationen anderer Vogellaute. Junge betteln mit »je, je« oder »ju, ju« und lassen bereits im Jugendkleid Gesangsbruchstücke vernehmen.

Verhalten, Nahrung, Status: Beweglicher Vogel; das ♂ steht gern auf erhöhten Punkten (Steine, Erdhügel, Pfosten), aber sehr selten auf Sträuchern und Bäumen. Geducktes Laufen am Boden, bei Beunruhigung aufrechte Körperhaltung mit zur Holle gestellten Scheitelfedern. Geringste Fluggeschwindigkeit 35 bis 45 km/h, beim Zug 53 bis 59 km/h. Figuren des Singfluges recht unterschiedlich; meist lautloses Auffliegen im Winkel von 20° bis 70° (Schwanz etwas gespreizt und gegen die Rückenlinie 15° bis 20° abgeknickt), nach 10 bis 20 m Höhe Gesangsbeginn (Ruffrequenz 3 bis 19 Hz) mit aufwärts gerichteten klotoidalen Windungen und gespreiztem Schwanz in fast senkrechtem Flatterflug den Gipfelpunkt in 20 bis 100 m Höhe (meist 50 bis 80 m) erreichend. In Endhöhe »Rütteln«, das vom langsamen Kreisen über dem Revier unterbrochen werden kann, dabei Flatterflug mit Anlegen der Flügel aller 5 bis 10 s. Am Ende ein allmähliches Verlieren an Höhe bis auf 20 bis 10 m, wobei Gesang meist abbricht. Mit halb angelegten Flügeln und oft vorgestreckten, etwas gespreizten Läufen stürzt der Vogel in vielen Fällen fast senkrecht herab und fängt sich unmittelbar vor der Landung mit gebreiteten Flügeln und gefächertem Schwanz auf. — Die Nahrung besteht im Sommer vorwiegend aus Insekten und anderen Gliedertieren; im Winter überwiegen Samen von Wildpflanzen, Getreidekörner und in geringem Maße grüne Pflanzenteile. — Feldlerchen sind Zug–, Strich– und Standvögel. Westpaläarktische Populationen (mit Ausnahme des Südens) ziehen nach SW Europa, den Mittelmeerraum und den Nordrand der Sahara. Die Lerchen Südeuropas überwintern im Brutgebiet, Teile vielleicht auch in Nordafrika. Ostasiatische Vögel fliegen nach SE China; mittelasiatische nach N Indien, Afghanistan, Iran; westasiatische und osteuropäische in die Türkei, Syrien, Jordanien, Arabien (bis etwa 20° n. Br.). Als Irrgast nachgewiesen in Kuweit, auf Madeira, Island, Azoren und Bear Insel.

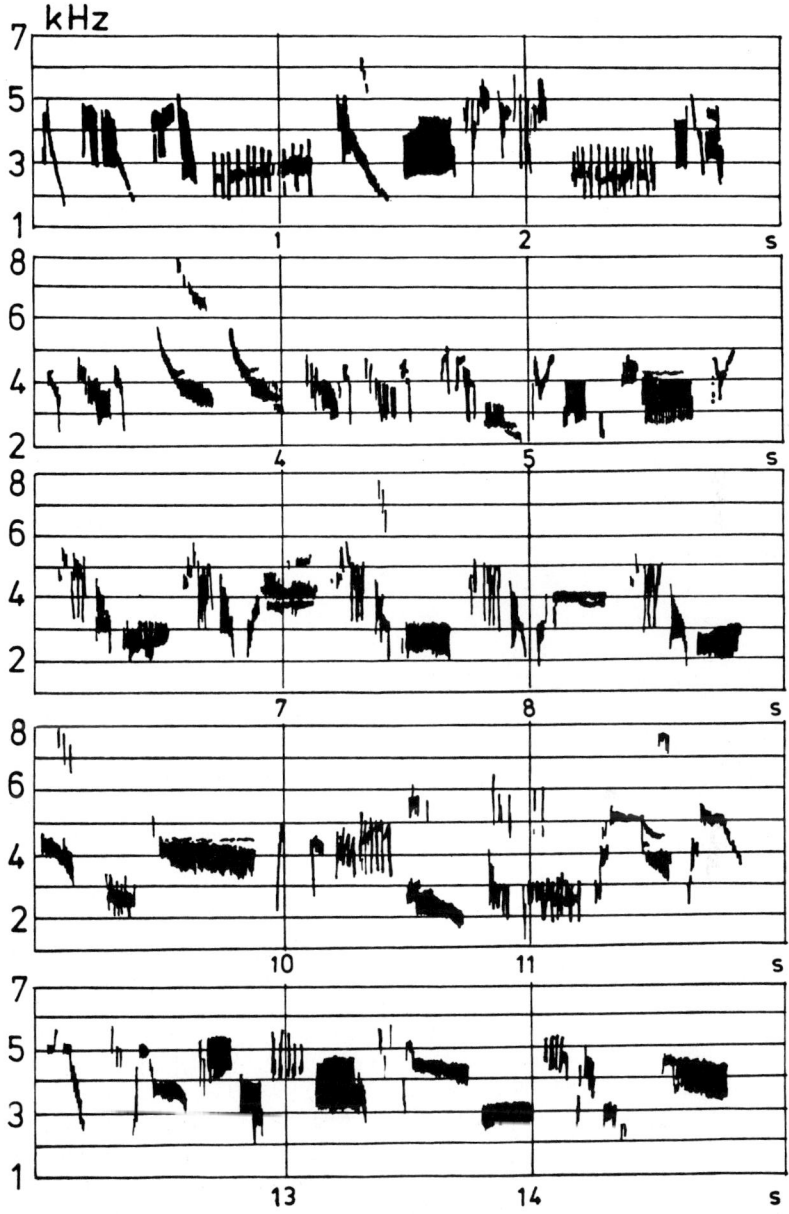

Abb. 201: Ausschnitt aus dem Fluggesang einer Feldlerche. Aus PÄTZOLD (1975).

Unterarten und ihre Brutgebiete: *A. a. arvensis*, N und W Europa; *A. a. sierrae*, N Portugal, Spanien; *A. a. harterti*, W Nordafrika; *A. a. cantarella*, SE Europa, Iran, E Nordafrika; *A. a. dulcivox*, SE Rußland, C Asien, W China, N Indien; *A. a. kiborti*, EC Indien, NE China; *A. a. intermedia*, NE China; *A. a. pekinensis*, NC und NE Asien, Japan; *A. a. lönnbergi*, Insel Sachalin, Korea, NE China, Japan; *A. a. japonica*, Japan, Nansei–Shoto Inseln (wird von manchen Autoren als Unterart zu *Alauda gulgula* gestellt, bisweilen auch als eigene Art *Alauda japonica* betrachtet).

2.17.2 *Alauda gulgula* FRANKLIN, 1831 — Orientalische Feldlerche, Indische Feldlerche, Kleine Feldlerche

E : Small Skylark, Oriental Skylark.

Synonyme: *Alauda guttata* BROOKS, 1872; *Alauda japonica* TEMM. & SCHLEGEL, 1848; *Alauda australis* BROOKS, 1873; *Alauda coelivox* SWINHOE, 1859.

Abb. 202: Orientalische Feldlerche. Foto: NADLER.

Habitus: Ca. 15 % kleiner als Feldlerche, kurzschwänziger, rundflügeliger und mit relativ längerem Schnabel, erinnert in den Körperproportionen etwas an die Heidelerche.

Biometrische Daten (mm, g): Länge 140 – 170, Flügel ♂ 87 – 108, ♀ 82 – 98, Spannweite 260 – 300, Schwanz ♂ 49 – 68, ♀ 48 – 60, Schnabel (vom Schädel) 13 – 17, Lauf ♂ 22 – 27, ♀ 21 – 26, Masse ♂ 24 – 33, ♀ 24 – 29.

Flügelbau: Flügel sehr ähnlich *A. arvensis*, aber relativ kürzer und runder. HS 7 bis HS 9 (die längsten) bilden mit HS 6 (0 – 5 mm kürzer) die Flügelspitze (bei *A. arvensis* ist HS 6 4 – 11 mm kürzer!). HS 5 ist 6 – 10, HS 4 15 – 18, HS 1 23 – 27 mm kürzer. Die reduzierte HS 10 ist 58 – 66 mm kürzer als die Flügelspitze und 9,5 – 12 mm kürzer als die längste obere Handdecke. Im frischen Kleid und geschlossenen Flügel ist die längste Schirmfeder (AS 7) 1 – 8 mm kürzer als die Flügelspitze, im abgetragenen Frühjahrskleid bis 25 mm kürzer. Der Handflügelindex (Entfernung zwischen Flügelspitze und Spitze von HS 1/Flügellänge) beträgt 22 –

26 (bei *Alauda arvensis* infolge des spitzeren Flügels 32 – 37). Die Schnabellänge (bis Schädel gemessen) dividiert durch Flügellänge ergibt 0,154 – 0,201, bei *A. arvensis* 0,134 – 0,156 (VAURIE 1951).

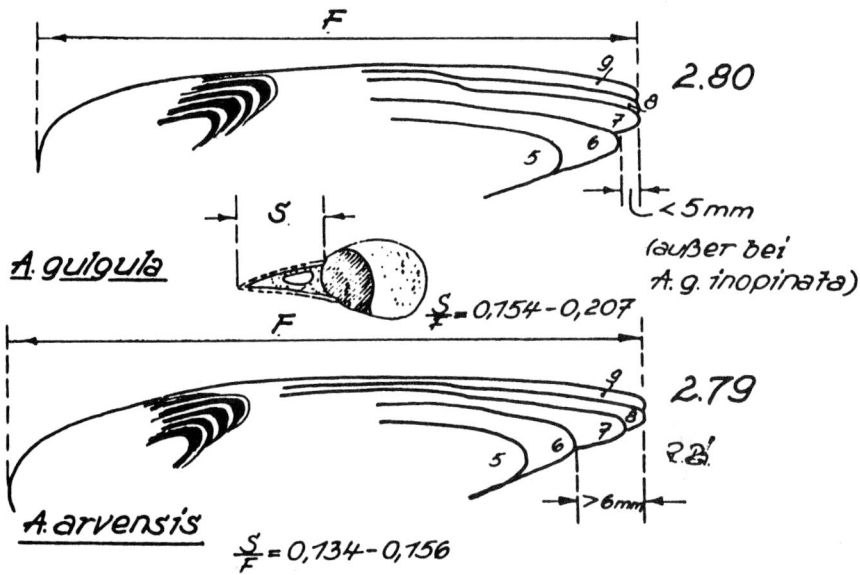

Abb. 203: Schwingen– und Schnabelvergleich zwischen Feldlerche ♂ (*A. arvensis*) und Orientalischer Feldlerche (*A. gulgula*). Zeichnung: PÄTZOLD.

Merkmale: Im Überlappungsgebiet im Felde schwierig von *A. arvensis* zu unterscheiden, doch ist *A. gulgula* in der Regel dunkler und rostfarbener. Auch der Flügelhinterrand ist matt rostbeige (zumindest bei *A. g. conspicua*), nicht weißlich wie bei *A. arvensis*. Desgleichen ist ST 6 meist mehr oder weniger sandfarben statt weiß. Der Schnabel ist länger und leicht gekrümmt. In der Hand zu unterscheiden durch stumpferen Flügel mit Handflügelindex < 30 (bei *A. arvensis* > 30) und den o. a. Flügelstrukturen, auch reichen die Flügelspitzen in der Regel näher an das Schwanzende heran als bei der Feldlerche (WOLTSCHANEZKI in DEMENT'EV 1954), obwohl die Flügel–Schwanzverhältnisse beider Arten etwa übereinstimmen (ECK 1973). Kundige sollen die Art auch am Singflug (fledermausartig) und am häufigeren Niederlassen auf den Spitzen von hohen Gräsern und Sträuchern von der Feldlerche unterscheiden. Junge und unbefiederte Körperpartien wie *A. arvensis*.

Verbreitung und Biotop: Dominierend Vorderindische und Birmesische Subregion, teilweise Paläarktische und Malaiische Subregion: SE Iran, Afghanistan, Tadschikistan, Kirgisien, NW China, Pakistan, ganz Indien, Sri Lanka, Nepal, Bangladesch, Bhutan, Burma, E China, Thailand, Laos, Kampuchea, Vietnam, Philippinen. Nach SHIRIHAI (1986) neuerdings auch im Irak, Saudi–Arabien und Israel nachgewiesen. Überlappung der westlichen Populationen mit *A. arvensis* in Afghanistan und Kirgisien (von Autoren, die *A. arvensis japonica* als Unterart zu *A.*

213

gulgula stellen, wird folgerichtig von einer Sympatrie oder auch Hybridisation zwischen *A. arvensis* und *A. gulgula* auf Sachalin und den Kurilen ausgegangen). Bewohnt der Feldlerche entsprechende Habitate in Steppen und Kultursteppen. Die Nominatform und *A. g. inopinata* siedelt auch auf feuchten Wiesen, Wattenmeeren und Rändern von Salzpfannen.

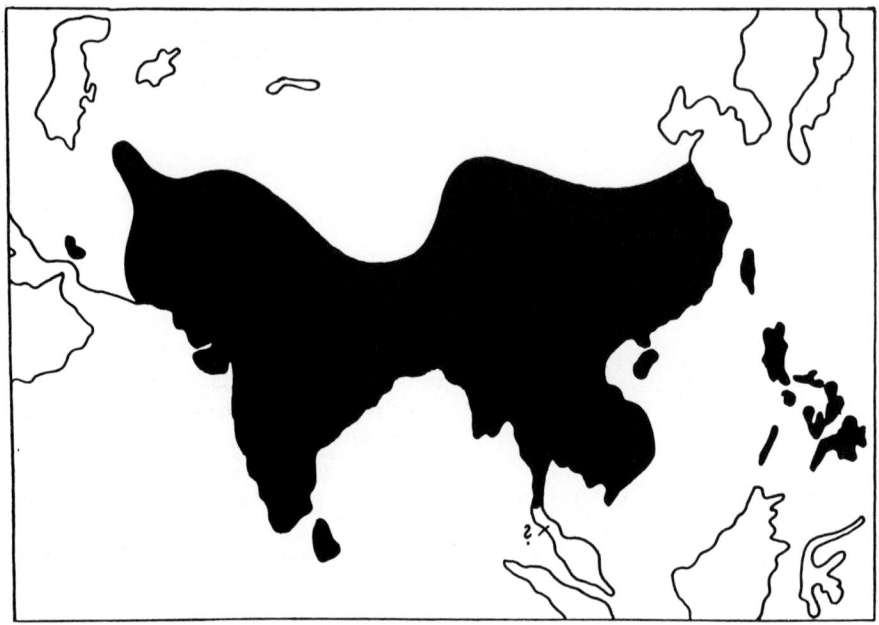

Abb. 204: Verbreitung der Orientalischen Feldlerche.

F o r t p f l a n z u n g : März bis August, Nominatform meist April bis Juni. Typisches Lerchennest, von Feldlerche nicht zu unterscheiden. 3 bis 4 Eier, meist 3, selten 2; 23,1 x 16,8 mm (150) (*A. g. inopinata*), Frischvollgewicht 3,33 g, in Färbung nicht von A. arvensis zu differenzieren. Brutdauer noch nicht exakt bestimmt. Nur ♀ brütet, Versorgung der Jungen von beiden Elternteilen. Nestlingsdauer vermutlich wie bei *Alauda arvensis*.

S t i m m e : Gesang vom Boden oder in der Luft, ähnelt sehr *Mirafra javanica cantillans* und *Galerida deva*; besteht aus anhaltendem melodischem Triller, in dem zahlreiche andere Vogelrufe erkannt werden. Im ganzen enthält das Lied mehr schwirrende Geräusche als das der Feldlerche. Der Flugruf ist ein rauhes »pzieb«, auch näselnde »bäz–bäz«–Laute werden vernommen und bisweilen sanfte »püup«, die an den Ortolan (*Emberiza hortulana*) erinnern.

V e r h a l t e n , N a h r u n g , S t a t u s : Außer den o. a. Verhaltensmerkmalen kaum in den Gewohnheiten von *A. arvensis* zu unterscheiden. Auch die Höhe des Singfluges läßt keine signifikanten Unterschiede erkennen (bis zu 200 Meter!). — Nahrung wie Feldlerche. — Überwiegend Standvogel, bisweilen nomadisierend in vertikaler und horizontaler Richtung. Als Irrgast in Kuweit, Ägypten und im Kaukasus nachgewiesen.

Unterarten und ihre Brutgebiete: *A. a. inconspicua*, SW Asien, Afghanistan, NW Indien; *A. a. lhamarum*, W Himalaja; *A. a. inopinata*, SE Tibet, W China, N Burma, Nepal; *A. a. sala*, S China (Guangdong, Hainan Insel); *A. a. herberti*, C und S Thailand, S Vietnam; *A. a. wattersi*, Taiwan Shan; *A. a. wolfei*, Philippinen; *A. a. vernayi*, E Bhutan, SE Tibet, N Burma; *A. a. weigoldi*, C China; *A. a. coelivox*, SE China, N Vietnam; *A. a. gulgula*, S Indien, Sri Lanka, S Burma; *A. a. australis*, S Indien, Sri Lanka.

Die Art wird zur Superspezies *Alauda arvensis* gestellt.

2.18   Gattung *Eremophila* BOIE, 1828

Synonyme: *Chionophilos* BREHM, 1832; *Niphophilos* BREHM, 1832; *Otocorys* BONAPARTE, 1838; *Philamnus* GRAY, 1840.

Mittelgroße Lerchen mit paarigen Federhörnchen an den Scheitelseiten. Kopfzeichnung schwarz–gelb bis schwarz–weiß; Kropf schwarz. Schnabel an der Wurzel etwas höher als bei *Alauda*, Nasenlöcher bedeckt. Hinterkralle wenig verlängert, nur leicht gebogen. HS 10 fast nicht mehr sichtbar. HS 7, HS 8 und HS 9 bilden die Flügelspitze. Innere Armschwingen weniger verlängert als bei *Alauda*: Abstand der längsten Armschwingen bis zur Flügelspitze größer als Lauflänge (bei *Alauda* kleiner). Schwanzlänge etwa 2/3 der Flügellänge. Einzige Lerchengattung auf dem amerikanischen Kontinent. 2 Arten.

2.18.1   *Eremophila alpestris* (LINNAEUS, 1758) — Ohrenlerche

E: Shore Lark, Horned Lark.

Synonyme: *Alauda alpestris* LINNAEUS, 1758; *Alauda flava* GMELIN, 1788; *Alauda cornuta* WILSON, 1808; *Alauda nivalis* PALLAS, 1811; *Phileremos alpestris* BREHM, 1831; *Otocorys alpestris* DRESSER, 1874.

Habitus: Wie Feldlerche, aber etwas kleiner und Federhörnchen an den Scheitelseiten.

Biometrische Daten (mm, g): Länge 150 – 170, Flügel ♂ 99 – 126, ♀ 95 – 115, Spannweite 300 – 350, Schwanz ♂ 64 – 84, ♀ 56 – 72, Schnabel 10 – 13, Lauf 21 – 25, Masse ♂ 30 – 48, ♀ 26 – 42.

Flügelbau (Abb. s. PÄTZOLD 1987): Flügel ziemlich lang und breit, die Spitze etwas abgerundet. HS 7 (HS 8) (die längsten) bilden mit HS 9 (1 – 3 mm kürzer) und HS 6 (7 – 12 mm kürzer) die Flügelspitze. HS 5 ist 17 – 23, HS 4 24 – 31, HS 1 39 – 44 (♂) oder 34 – 41 (♀) mm kürzer. HS 10 (stark reduziert) ist 74 – 88 (♂) oder 66 – 77 (♀) mm kürzer als die Flügelspitze und etwa 9 – 11 mm lang. Außenfahnen von HS 6 – HS 8 und Innenfahnen von (HS 6) – HS 7 – HS 9 sind eingeschnürt. Die

Spitzen der längsten Schirmfedern reichen bei geschlossenen Flügeln etwa bis zu den Spitzen von (HS 3) – HS 4. Bei Jungvögeln sind HS 10 etwa 18 mm lang oder etwa 2/3 so lang wie die großen oberen Handdecken.

M e r k m a l e : Schwarzes Kropfband und die beim ♂ meist sichtbaren Federhörnchen. Geschlechter unterscheidbar. Beim ♂ Stirn, Überaugenstreif, Kinn und Kehle gelb bis weiß. Über Vorderscheitel läuft schwarzes Querband, das an den Seiten in die spitz auslaufenden schwarzen Federhörnchen übergeht, die mehr oder weniger über den Hinterkopf hinausragen und zu »Ohren« aufgestellt werden können. Oberseite grau oder weinrötlich bis violettbraun. Unterseite (außer Kropfband) weiß bis schmutzigweiß. Schwingen schwarzbraun; Steuerfedern schwarz mit Ausnahme der braunen ST 1, Außenfahne von ST 6 größtenteils weiß. Das ♀ in allen Farben matter, das schwarze Querband hinter der Stirn nur angedeutet, desgleichen die Federhörnchen. Im Jugendkleid fehlen jegliche Schwarz– und Gelbzeichnungen: Die Oberseite ist auf sepiabraunem Grund licht ockergelb längsgetupft (junge Feldlerchen quergebändert); Überaugenstreif fehlt, desgleichen die Federhörnchen (junge Haubenlerchen besitzen bereits eine Haube). Die gelbliche Unterseite ist auf Kropf und Vorderbrust schwarzbraun gefleckt. Schwingen und Schwanz mattschwarz; ST 5 und ST 6 mit gelblichweißen Keilflecken. — Schnabel oben horngrau, Spitze schwärzlich, Unterschnabel heller. Füße dunkelbraun bis schwarz, Zehen dunkler als Läufe. Iris dunkelbraun.

V e r b r e i t u n g u n d B i o t o p : Holarktische und (teilweise) Neotropische Region mit zersplittertem Vorkommen. In der Paläarktis besteht ein nördlicher (Tundra) und südlicher (Halbwüsten und Hochsteppen) Verbreitungsgürtel, durch

Taiga– und Laubwaldzonen getrennt. — Offene steinige Flächen in der Tundra sowie steinige Steppen und Halbwüsten im Süden. In Höhen von 20 m unter Meeresspiegel (Kaspitiefland) bis zur Schneegrenze in 5.300 m (Himalaja) brütend.

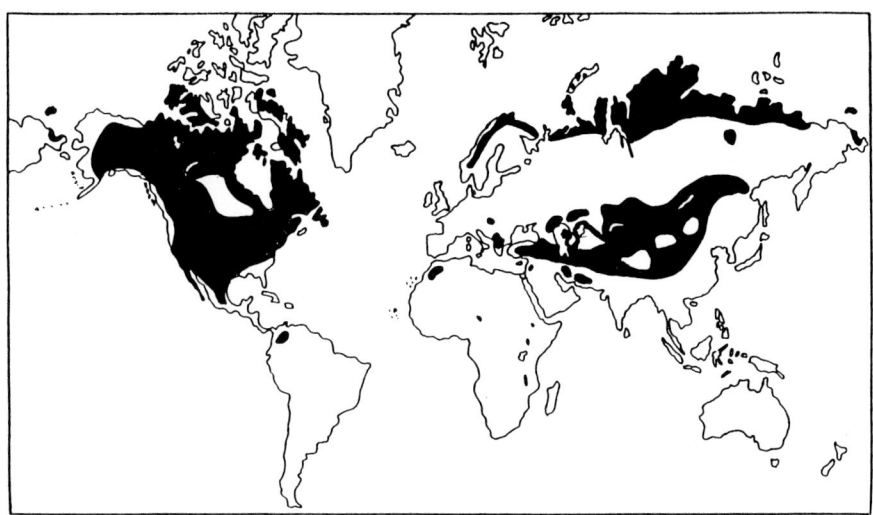

Abb. 206: Verbreitung der Ohrenlerche.

Abb. 207: Lebensraum der Balkan–Ohrenlerche im Ponor (Bulgarien). Foto: PÄTZOLD.

Fortpflanzung: März bis Juli, 1 bis 2 Bruten. Typisches Lerchennest, gut mit Samenwolle, Tierhaaren und ausnahmsweise mit wenigen Federn ausgelegt. Nesteingang in den meisten Fällen mit körnigem Material »gepflastert«. Innen-

217

durchmesser 60 – 70, Tiefe 40 – 55 mm. 3 – 5, meist 4 Eier, 22,8 x 16,2 mm (100), Frischvollgewicht 3,16 g; von Feldlercheneiern oft schwer zu unterscheiden, aber meist blasser: Auf gelbbrauner bis grünlichweißer Grundfarbe blasse dichte graue bis braune Fleckung. Brutdauer 13 Tage, Nestlingsaufenthalt 8 – 10 Tage, beide Geschlechter versorgen die Jungen. Fortbewegung beim Nestverlassen überwiegend durch Laufen. Flugfähigkeit nach 17 – 18 Lebenstagen.

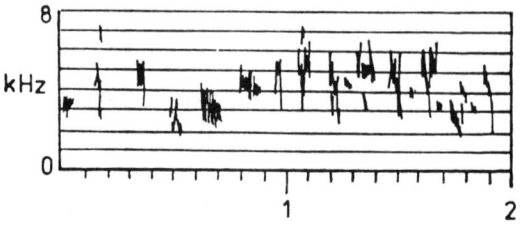

Abb. 208: Ausschnitt aus dem Dauergesang der Ohrenlerche. Aus PÄTZOLD (1987).

S t i m m e : Kontaktruf ein weiches aber auch hell pfeifendes »dü–dirh«; Alarmruf ein einsilbiges »diü«; Angstruf »zirr« oder »tirrlitt«. Gesang vom Boden oder im Flug, unbedeutend und mit geringem Schallpegel, hat wenig Melodisches und erinnert an Grauammer. Fliegende Trupps rufen ein hohes, grelles »di di dü«.

V e r h a l t e n , N a h r u n g , S t a t u s : Steht gern auf Steinen und Erdhügeln, seltener (amerikanische Tiere) auf Zaunpfählen und Sträuchern. Im Gang eleganter als Feldlerche, auch Flug leichter und wendiger; Geschwindigkeit bis 87 km/h. Singhöhen 40 – 100 m. Ohrenlerchen fliegen zur Tränke und zeigen an gemeinsamen Wasserstellen auch in der Brutsaison kein Revierverhalten. — Nahrung ähnlich der Feldlerche, in der Tundra besonders Dungfliegen und Mücken. — Stand–, Strich– und Zugvogel. Nur Tundrapopulationen sind ausgesprochene Zugvögel, die in Breitengraden zwischen 55° und 35° n. Br. überwintern. Gebirgsvögel begeben sich in niedrigere Lagen und streichen dort mehr oder weniger weit umher. Irrgäste in Spitzbergen, Island, Färöer, Irland, ehemalige Tschechoslowakei, Österreich, Malta, Spanien.

U n t e r a r t e n u n d i h r e B r u t g e b i e t e : *E. a. flava*, N Europa, N Asien; *E. a. balcanica*, SE Europa; *E. a. penicillata*, Kleinasien, W Iran; *E. a. albigula*, N Iran, Afghanistan, C Asien; *E. a. brandti*, EC Asien, N China; *E. a. longirostris*, Baluchistan, NW Himalaja; *E. a. teleschowi*, Altun Shan Gebirge (NW China); *E. a. przewalski*, NW Qinghai; *E. a. argalea*, NW Indien; *E. a. elwesi*, N Indien, Sikkim, Nepal, S Tibet; *E. a. nigrifrons*, NW China, Kukunor–Gebiet; *E. a. khamensis*, SE Tibet; *E. a. atlas*, C Marokko; *E. a. bicornis*, Kleinasien, Libanon; *E. a. arcticola*, N Alaska, W Kanada, NW USA; *E. a. alpina*, W Washington (Staat); *E. a. hoyti*, N Kanada, N USA; *E. a. alpestris*, NE Kanada, NE USA; *E. a. leucolaema*, S Kanada, C und S USA, N Mexiko; *E. a. enthymia*, C Kanada, C USA; *E. a. praticola*, SE Kanada, C und EC USA; *E. a. strigata*, NW USA; *E. a. merrilli*, W Kanada, W USA; *E. a. lamprochroma*, W und SW USA; *E. a. utahensis*, WC USA; *E. a. sierrae*, NE Kalifornien; *E. a. rubea*, C Kalifornien; *E. a. actia*, S Kalifornien; *E. a. insularis*, N Niederkalifornien; *E. a. ammophila*, SW USA, NE Kalifornien, NW Mexiko; *E. a. leucansiptila*, SW USA, NE Kalifornien, NW Mexiko;

E. a. occidentalis, S USA, N Mexiko; *E. a. adusta*, S USA; *E. a. giraudi*, S Texas, NC Mexiko; *E. a. enertera*, WC Niederkalifornien; *E. a. aphrasta*, NC Mexiko; *E. a. diaphora*, E Mexiko; *E. a. lactea*, Coahuila (Mexiko); *E. a. chrysolaema*, SC Mexiko; *E. a. oaxacae*, S Mexiko; *E. a. peregrina*, Kolumbien.

2.18.2 *Eremophila bilopha* (TEMMINCK, 1823) — Hornlerche, Afrikanische Ohrenlerche, Saharaohrenlerche

E: Temminck's Horned Lark.

Synonyme: *Alauda bilopha* TEMMINCK, 1823 (Von diversen Autoren z. B. HARTERT, 1905; VOOUS, 1962, NADLER/PÄTZOLD 1987 als Unterart der Ohrenlerche *Eremophila alpestris bilopha* angesehen).

Habitus: Ähnlich Feld– und Ohrenlerche, aber noch bis zu 20 % kleiner als letztere und in der »Ohren«–Stellung etwas abweichend.

Biometrische Daten (mm, g): Länge 130 – 150, Flügel ♂ 96 – 106, ♀ 88 – 96, Spannweite 260 – 310, Schwanz ♂ 62 – 69, ♀ 57 – 64, Schnabel ♂ 9,1 – 10,2, ♀ 8,7 – 9,7, Lauf 18 – 22, Masse 22,8 – 38,39 (♂).

Flügelbau: Flügel ziemlich kurz und breit, Spitzen gerundet. HS 8 (längste) bildet mit HS 7 (0 – 1 mm kürzer), HS 9 (0 – 1 mm kürzer) und HS 6 (4 – 6 mm kürzer) die Flügelspitze. HS 5 ist 12 – 16, HS 4 20 – 24, HS 1 29 – 36 mm kürzer. HS 10 (ganz verborgen) ist 64 – 72 mm kürzer als die Flügelspitze und 9 – 13 mm kürzer als längste obere Handdecke; bei Jungvögeln 54 – 59 mm kürzer als längste Handschwinge und 1 – 4 mm kürzer als längste obere Handdecke.

Merkmale: Diese Art vertritt die Ohrenlerche in der Sahara. Im Westen berührt ihr Verbreitungsgebiet nahezu das von *Eremophila alpestris atlas* (Hoher Atlas), im Osten (Gebirge von Libanon) das von *Eremophila alpestris bicornis*. Ein direkter Kontakt mit den Ohrenlerchen scheint aber nicht bestätigt, so daß im Felde, zumindest in der Brutzeit, kaum Verwechslungsmöglichkeiten bestehen. Die Unterschiede sind dennoch nicht zu übersehen: Die Hornlerche unterscheidet sich von *E. a. atlas* außer ihren geringeren Abmessungen durch die fast einfarbig bräunlich–rote Oberseite, der die dunkle Strichelung fehlt, desgleichen sind Stirn und Kinn weiß (bei *E. a. atlas* gelb). Von den Populationen der *E. a. bicornis* (mit ähnlicher Rückenfarbe, auch Stirn und Kinn weiß) ist *E. bilopha* auseinander zu halten durch die Trennung des Schwarz zwischen Wangen und Kropfband. Ins Auge fallend bei Feldbeobachtungen sind auch die längeren und repräsentativeren »Ohren«, die aufgestellt und von vorn gesehen mit dem schwarzen Stirnband die Form eines nach links auf den Rücken gefallenen »C« erhalten; woraus offensichtlich der Name »Horn«lerche resultiert. Ohrenlerchen tragen diesen Federschmuck gewöhnlich nahezu parallel zur Körpersymmetrieachse. Ein signifikanter Unterschied zu *E. alpestris* besteht im fehlenden Geschlechtsdimorphismus (die »Ohren« beim ♀ nur wenig kleiner) und in der weitgehenderen Ähnlichkeit der Jungvögel mit adulten Exemplaren. Dem Jugendkleid fehlt die bei anderen holarktischen Lerchen übliche Fleckung der

Oberseite, diese ist hell sandfarben mit nur wenig auffallenden weißlichen Federspitzen, auch die rahmfarbene Unterseite ist ohne markantere Fleckung. Im ganzen
ähneln die Jungen den adulten Sandlerchen (*Ammomanes cincturus*), die im gleichen
Gebiet vorkommen. »Ohren« fehlen im Jugendkleid aller *Eremophila*–Arten. —
Schnabel hornfarben, an der Spitze schwärzlich. Füße braunschwarz, im Jugendkleid braun. Iris braun.

Verbreitung und Bio-
top: SW Paläarktische Subregion: Westsahara, S und
NE Marokko, N Algerien
(ohne Küstenstreifen), Tunesien, N Libyen, N Ägypten
(einschließlich Sinai Halbinsel), N Arabien bis E Syrien
und W Irak. — Steinige und
sandige Wüsten mit ver-
streuten felsigen Plätzen (Sahara); liebt noch extremere
vegetationsarme Flächen als
E. alpestris. In Syrien nach
BAUMGART & STEPHAN (1987)
ziemlich regelmäßig auch in
der Umgebung von Bedu-
inenlagern, da dort oft alle
Vegetation durch Fahrzeuge,
Tiere und Menschen zerstört
wurde. Auch in ausgetrockneten Salzseen mit spärlicher
Vegetation.

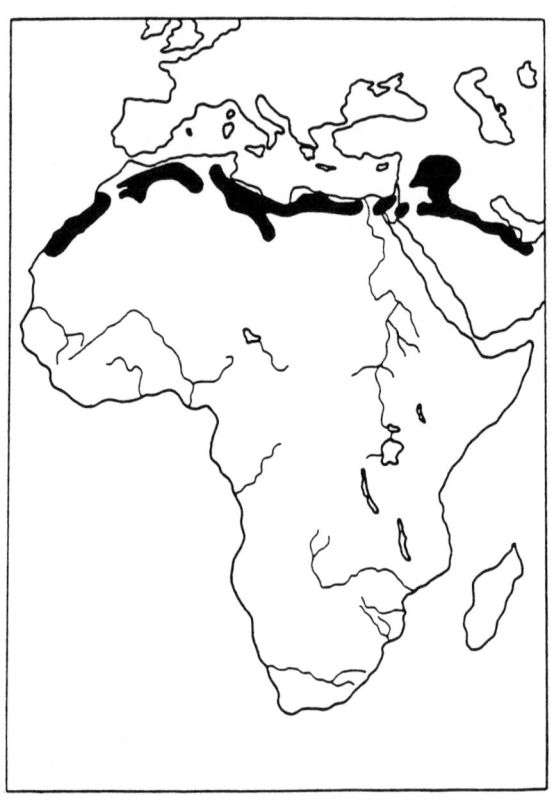

Fortpflanzung: Gelege
in Marokko Mitte Febr. bis
April; Algerien Apr. bis Mai;
in Jordanien wurden Eier
und Junge Ende Apr. und

Abb. 209: Verbreitung der Hornlerche.

Anfang Mai gefunden. Nest wie Ohrenlerche, oberer Durchmesser 70 mm, Tiefe
25 mm (KOENIG 1895). 2 bis 4 (5) Eier, 22 x 15,3 mm (40), Frischvollgewicht 2,65.
Eier sind praktisch von denen der *E. alpestris* und *Ammomanes deserti* nicht zu unterscheiden, im ganzen sehr hell, bisweilen fast einfarbig. Inkubationsdauer vermutlich wie Ohrenlerche. Beide Geschlechter füttern. Nestlingsaufenthalt 8 bis 10
Tage (die Angabe in CRAMP (1988) von 16 – 17 Tagen ist sicher ein Irrtum).

Stimme: Ruf wird mit »sie och« oder »chie–oo« angegeben (K. D. SMITH) und
ähnelt sehr dem der Ohrenlerche. Gesang unbedeutend, besteht aus zwitschernden
und gurgelnden Tönen, meist in Höhenlage zwischen 3 und 6 kHz, vom Boden
oder im Flug vorgetragen.

Abb. 210: Ausschnitt aus dem Gesang der Hornlerche. Nach CRAMP (1988).

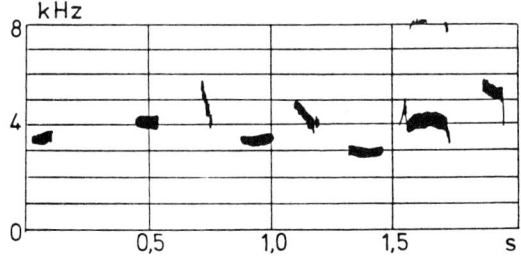

Verhalten, Nahrung, Status: Ähnlich der Ohrenlerche. Jedoch konnten Leithaus und Schimkat in Tunesien auffällige Unterschiede in der deutlich geringeren Fluchtdistanz zum Menschen registrieren. Sie konnten sich den Vögeln außerhalb der Nestumgebung minutenlang ohne Tarnung mit der Kamera auf 5 bis 4 m nähern. Wie Ohrenlerchen stehen Hornlerchen gern auf Steinen und Sandhügeln. Singflug 10 bis 50 m hoch. Streckenflug leicht wellenförmig. Auch in der kalten Jahreszeit halten die Paare offenbar zusammen. Bei stärkerer Annäherung werden andere Paare vertrieben (BAUMGART & STEPHAN 1987). — Nährt sich im Sommer von Insekten und anderen Arthropoden, im Winter von Sämereien der Wüstenpflanzen. — Stand- und Strichvogel. Mindestens 2 mal auf Malta als Irrgast nachgewiesen.

Unterarten: Keine.

3   Danksagung

In der Reihe freundlicher Helfer, die meine Arbeit förderten und denen ich zu danken habe, sind zu nennen:

Frau PETRA DIETZE, Dresden, für das Zeichnen der Verbreitungskarten; Frau KARIN HERTEL und Frau KARIN KANZLER vom Tierkundemuseum Dresden, für Bereitstellung von Literatur; Herr Dr. DIETER BRANDES, Dresden, für Übersetzungsarbeiten; Herr WINFRIED D. DAUNICHT, Nettelsee, für Zeichnung und Literatursendungen; Herr SIEGFRIED ECK vom Tierkundemuseum Dresden für Einsichten in Balgmaterial und Hinweise auf neuere Literatur; Herr C. J. HAZEVOET vom Institut für taxonomische Zoologie Amsterdam, für Sendungen von Sonderdrucken und Sonagrammen; Herr F. HÖHLER, vom Tierkundemuseum Dresden, für Erstellung von Farbreproduktionen; Herr HELMUT JORDAN, Pfungstadt und Herr HELMUT KLOSTERBECKER, Hasselroth, für umfangreiche Literaturbeschaffung und Herstellung von Kopien; Herr EKKEHARD LIESE, Zoologischer Garten Rostock, für Einsichten in Privatliteratur; Herr Prof. GORDON MACLEAN, Universität Natal, Pietermaritzburg, Südafrika, für Zusendung von Sonderdrucken und Fotos südafrikanischer Lerchen; die Verlage TRUSTEES OF THE JOHN VOELCKER BIRD BOOK FUND und OXFORD UNIVERSITY PRESS, für Gestattung von Nachzeichnungen von Sonagrammen; Herr TILO NADLER, Dresden, für Beobachtungsdaten, Sonagramme und Fotos tibetanischer Lerchen, besonders *Melanocorypha maxima*; Herr BERND RACHOW für die Übernahme des Manuskriptes auf Diskette; Herr KLAUS RUDLOFF vom Tierpark Berlin, für Fotos exotischer Lerchen.

Zu danken habe ich letztlich auch meinen jungen Freunden GABRIEL LEITHAUS, Dresden und JAN SCHIMKAT, Dresden, mit deren Hilfe es mir möglich wurde, noch im 8. Lebensjahrzehnt afrikanische Lerchen zu beobachten und zu fotografieren.

4   Literaturverzeichnis

ABS, M. (1963): Vergleichende Untersuchungen an Haubenlerche (*Galerida cristata*) und Theklalerche (*G. theklae*). — Bonn. Zool. Beitr. 14: 1 – 128.

ABS, M. (1970): Fam. Lerchen. — In: GRZIMEK, B. (Hrsg.): Tierleben IX, Vögel 3, Kindler, Zürich.

ALEXANDER, B. (1898): An ornithological expedition on the Cape Verde Islands. — Ibis 4: 74 – 118.

ALI, S. (1969): Birds of Kerala. — Oxford.

ALI, S. & S. D. RIPLEY (1972): Handbook of the Birds of India and Pakistan. — Bombay et al.

ALLAN, D. G., G. R. BATCHELOR & W. R. TARBOTON (1983): Breeding of Botha's Lark. — Ostrich 54: 55 – 57.

ANDERSSON, C. J. (1872): Notes on the Birds of Damaraland and the Adjacent Countries of Southwest Africa. — John van Voorst, London.

ARAGÜES, A. & A. HERANZ (1983): Dupont's lark in the Spanish steppes. — Brit. Birds 76: 57 – 62.

ARCHER, G. & E. M. GODMAN (1937): The Birds of British Somaliland and the Gulf of Aden. Vol. 1 and 2. — London.

ARCHER, G. & E. M. GODMAN (1961): The Birds of British Somaliland and the Gulf of Aden. Vol. 3 and 4. — Gurney and Jackson, London.

ASH, J. (1951): Domed nest of wood–lark. — Brit. Birds 44: 202.

ASH, J. S. (1981): Field description of the Obbia lark *Calandrella obbiensis*, its breeding and distribution. — Bull. Brit. Orn. Club 101: 379 – 383.

ASH, J. S. & S. L. OLSON (1985): A second specimen of *Mirafra (Heteromirafra) sidamoensis* ERARD. — Bull. Brit. Orn. Club 105: 141 – 143.

ASH, J. S. & T. M. GULLICK (1989): The present situation regarding the endemic breeding birds of Ethiopia. — Scopus 13: 90 – 96.

ASH, J. S. & T. M. GULLICK (1990): Field observations on the Degodi lark, *Mirafra degodiensis*. — Bull. Brit. Orn. Club 110: 90 – 93.

ASPINWALL, D. R. (1979): Bird notes from Zambesi District, NW Province. — Zambian Orn. Soc. Occ. Pap. 2: 1 – 61.

BAKER, E. C. S. (1930): The Fauna of British India, including Ceylon and Burma. — London.

BANNERMAN, D. A. (1936): The Birds of Tropical West Africa with special Reference to those of the Gambia, Sierra Leone, the Gold Coast and Nigeria — London.

BANARRESCU, P. & N. BOSCAIU (1978): Biogeographie. — Jena.

BANNERMAN, D. A. (1953): The Birds of West and Equatorial Africa. Vol. 2. — Edinburgh, London.

BATES, G. L. (1934): Birds of the Southern Sahara and adjoining countries in French Africa. — Ibis Ser. 13 (4): 439 – 466.

BAUER, K. (1989): Vögel und Säugetiere Österreichs. Statusbericht. — Klagenfurt.

BAUMGART, W. & B. STEPHAN (1987): Ergebnisse ornithologischer Beobachtungen in der Syrischen Arabischen Republik. Teil 2: Passeriformes. — Mitt. Zool. Mus. Berlin 63: 57 – 61.

BELCHER, C. F. (1930): The Birds of Nyasaland. — London.

BENES, J. & Z. BURIAN (1990): Tiere der Urzeit. — Hanau.

BENSON, C. W. (1946): Notes on the birds of Southern Abyssinia. — Ibis 88: 25 – 48.

BENSON, C. W. (1956): New or unusual records from Northern Rhodesia. — Ibis 98: 595 – 605.

BENSON, C. W. (1959): The dusky lark *Mirafra nigricans* (SUNDEVALL). — Bull. Brit. Orn. Club 79: 124 – 127.

BENSON, C. W. (1963): The breeding seasons of birds in the Rhodesias and Nyasaland. — Proc. XIII. Int. Orn. Cong.: 623 – 639.

BENSON, C. W. & M. P. S. IRWIN (1965): The grey–backed sparrow–lark *Eremopterix verticalis* (SMITH). — Arnoldia 1 (36).

BERNDT, R. & W. MEISE (1966): Naturgeschichte der Vögel. 2. Bd. — Stuttgart.

BERRUTI, A. & J. C. SINCLAIR (1983): Where to Watch Birds in Southern Africa. — Cape Town.

BESHIR, E. S. A. (1978): The black–breasted lark (*Melanocorypha bimaculata*), a pest of sorghum in Butana region, Gezira Province, Sudan. — Proc. vert. Pest Conf. 8: 220 – 223.

BILFINGER (1929): Aus der Oase Figuig in Südmarokko. — Gef. Welt 58: 344.

BÖLSCHE, W. (1913): Festländer und Meere im Wechsel der Zeiten. — Stuttgart.

BORRET, R. P. & K. J. WILSON (1971): Notes on the food of the redcapped lark. — Ostrich 42: 37 – 40.

BOURKE, P. A. (1947): Notes on the Horsfield bush–lark. — Emu 47: 1 – 10.

BOYER, H. J. (1988): Breeding biology of the Dune lark. — Ostrich 59: 76 – 77.

BRAVERY, J. A. (1962): Notes an *Mirafra javanica* in the Atherton District, North Queensland. — Emu: 55 – 58.

BREHM, A. E. (1925): Brehms Tierleben. Die Vögel, 4. Bd. — Neubearbeitung von W. MARSHALL, Leipzig.

BREHM, A. E. (1982): Reise zu den Kirgisen. — Leipzig.

BREHM, C. L. (1824): Ornis oder das Neueste und Wichtigste der Vögelkunde. — Jena, Reprint Leipzig 1986.

BROOKE, R. K. (1988): Is the bimaculated lark *Melanocorypha bimaculata* a valid member of the southern African avifauna? — Ostrich 2: 76 – 77.

BRUUN, B., A. SINGER & C. KÖNIG (1986): Der Kosmos-Vogelführer. — Kosmos Franck, Stuttgart.

BUB, H. (1981): Lerchen und Schwalben. — N. Brehm — Büch. 540, Ziemsen, Wittenberg Lutherstadt.

CALEY, N. W. (1963): What Bird is that? A Guide to the Birds of Australia. — Sydney.

CARDWELL, P. & J. DUNNING (1971): The mimicking ability of the clapper lark. — Wits B. C. News 76: 1.

CAVE, C. F. O. & J. D. MACDONALD (1955): Birds of the Sudan. — London, Edinburgh.

CHAPPELL, B. M. A. (1946): Siting of crested larks' nests. — Brit. Birds 39: 278.

CHAPIN, J. P. (1932 – 1954): The birds of the Belgian Congo. 4. Bd. — Bull. A M N H 65, 75, 75 A, 75 B.

CHENG TSO–HSIN (ZHENG ZUO–XIN) (1987): A Synopsis of the Avifauna of China. — Hamburg, Berlin.

CHITTENDEN, H. N. & G. R. BATCHELOR (1977): Nesting habits of the chestnutbacked finchlark. — Ostrich 48: 112.

CLANCEY, P. A. (1945): Observations on crested larks nests in southern Italy. — Brit. Birds 38: 134.

CLANCEY, P. A. (1957): On the range and status of *Certhilauda falcirostris* REICHENOW, 1916: Port Nolloth, N. W. Cape. — Bull. Brit. Orn. Club 77: 133 – 137.

CLANCEY, P. A. (1966a): The cliff swallow South West Africa. — Ostrich 37: 197.

CLANCEY, P. A. (1966b): Subspeciation in the southern African populations of the Sabota lark *Mirafra sabota* SMITH. — Ostrich 37: 207 – 213.

CLANCEY, P. A. (1967): Comments on *Ammomanes burra* (BANGS). — Bull. Brit. Orn. Club 87: 13 – 14.

CLANCEY, P. A. (1968): Seasonal movement and variation in the southern populations of the dusky lark *Pinarocorys nigricans* (SUNDEVALL). — Bull. Orn. Club 88: 166 – 171.

CLAPHAM, C. S. (1964): The birds of the Dahlac archipelago. — Ibis 106: 376 – 388.

COLEBROOK–ROBJENT, J. F. R. (1988): Nests and eggs of the Angola lark *Mirafra angolensis*. — Bull. Brit. Orn. Club 108: 27 – 28.

COLSTON (1982): A new species of *Mirafra* (Alaudidae) and new races of the Somali longbilled lark, *Mirafra somalica*, Thekla lark, *Galerida malabarica* and Malindi pipit, *Anthus malindae* from southern coastal Somalia. — Bull. Brit. Orn. Club 102: 106 – 114.

COX, G. W. (1983): Foraging behaviour of the dune lark. — Ostrich 2: 113 – 120.

CRAMP, S. et al. (1988): Handbook of the Birds of Europe, the Middle East and North Africa. — Oxford, New York.

CSICSÁKY, M. (1978): Über den Gesang der Feldlerche (*Alauda arvensis*) und seine Beziehung zur Atmung. — J. Orn 119: 249 – 264.

CURRIE, P. W. E. (1965): Nest and young of bifasciated lark *Certhilauda alaudipes*. — Ibis 107: 253.

CYRUS, D. & N. ROBSON (1980): Bird atlas of Natal. — Pietermaritzburg.

DATHE, H. (1952): Beitrag zur Biologie der Kurzzehenlerche *Calandrella brachydactyla*. — Beitr. Vogelke. 2: 15 – 32.

DAVID, J. H. M. (1971): A short note on the frequency of feeding of thick–billed lark nestlings. — Ostrich 42: 152.

DE VILLIERS, J. S. (1958): A report on the bird life of the Kalahari Gemsbok National Park. — Koedoe 1: 143 – 161.

DEAN, W. R. J. (1989): A review of the genera *Calandrella*, *Spizocorys* and *Eremalauda* (Alaudidae). — Bull. Brit. Orn. Club 109: 95 – 100.

DEAN, W. R. J. & P. R. COLSTON (1988): The taxonomy of Sclaters lark *Spizocorys sclateri*. — Bull. Brit. Orn. Club 108: 173 – 174.

DEAN, W. R. J. & P. A. R. HOCKEY (1989): An ecological perspective of lark (Alaudidae) distribution and diversity in the southwest — arid zone of Africa. — Ostrich 60: 27 – 34.

DEAN, W. R. J., S. J. MILTON, M. K. WATKEYS & P. A. R. HOCKEY (1991): Distribution, habitat preference and conservation status of the red lark *Certhilauda burra* in Cape Province, South Africa. — Biological Conservation 58: 257 – 274.

DEKEYSER, P. L. & J. H. DEVIOT (1967): Les Oiseaux de l'Quest Africain. — Ifan–Dakar.

DELACOUR, J. & P. JABOUILLE (1931): Les Oiseaux de l'Indochine Française. Bd. IV. — Paris.

DELIUS, J. D. (1963): Das Verhalten der Feldlerche. — Z. Tierpsychol. 20: 297 – 348.

DELIUS, J. D. (1965): A population study of skylarks. — Ibis 107: 466 – 492.

DEMENT'EV, G.P. N.A. GLADKOV et al. (1954): Ptizy Sov'etzkogo Sojusa (Die Vögel der Sowjetunion). Bd. 5. — Moskau (russ.).

DOLGUSIN, I. A., S. I. GAWRILOV, M. N. KORELOV, M. A. KUSHMINA, A. F. KOVSHAR & J. F. BOROGUSCHIN (1970): Ptizy Kasachstana (Die Vögel

Kasachstans). Bd. 3 und 4. — Alma–Ata (russ.).

DOWSETT, R. J. (1979): Recent additions to the Zambian list. — Bull. Brit. Orn. Club 99: 94 – 98.

DOWSETT, R. J. (1983): Fischer's finch lark (*Eremopterix leucopareia*) in Kasungu District. — Nyala 9: 57.

DOWSETT–LEMAIRE, P. & R. J. DOWSETT (1978): Vocal mimicri in the lark *Mirafra hypermetra* as a possible species isolating mechanism. — Bull. Brit. Orn. Club 98: 140 – 144.

DUBOIS, A. D. (1935): Nests of horned larks and longspurs on a Montana prairie. — Condor 37: 56 – 72.

ECK, S. (1973): Neue Feststellungen zur Morphologie der Feldlerchen. — Naturk. Jber. Mus. Heineanum 8: 19 – 29.

ELGOOD, J. H. (1982): The birds of Nigeria. — London.

ERARD, C. (1975): Variation geographique de *Mirafra gilletti* SHARPE et description d'une espèce nouvelle. — Oiseau et R. F. O. 45: 293 – 312.

ERARD, C. (1975): Une nouvelle alouette du sud de l'Ethiopie. — Alauda 43: 115 – 124.

ERARD, C. & G. JARRY (1973): A new race of Thekla lark in Harrar, Ethiopia. — Bull. Brit. Orn. Club 93: 139 – 140.

ERLANGER, C. F. VON (1905): Beiträge zur Vogelfauna Nordostafrikas – Forschungsreise durch Süd – Schoa, Galla und die Somaliländer. — Sonderdruck aus J. Orn., Oktoberheft.

ERLANGER, C. F. VON (1907): Beiträge zur Vogelfauna Nordostafrikas. — J. Orn. 55: 42 – 49.

ERTEL, R. & C. KÖNIG (1979): Vögel Afrikas. Bd. 2. — Stuttgart, Zürich.

ETCHÉCOPAR, R. D. & F. HÜÉ (1967): The Birds of North Africa from the Canary Islands to the Red Sea. — Edinburgh, London.

ETCHÉCOPAR, R. D. & F. HÜÉ (1983): Les Oiseaux de Chine de Mongolic et de Corée. — Paris.

FEDUCCIA, A. (1975): Morphology of the bony stapes (Columella) in the Passeriformes and related groups: evolutionary implications. — Univ. Kansas, Publ. Mus. Nat. Hist. 63, Lawrence, Kansas.

FEDUCCIA, A. (1984): Es begann am Jura-Meer. — Hildesheim.

FIRBAS, F. (1949): Waldgeschichte Mitteleuropas nördlich der Alpen. Bd. 1. — München.

FISCHER, J. (1959): Geschichte der Vögel. — Jena.

FLUMM, D. S. (1977): Bimaculated lark in the Isles of Scilly. — Brit. Birds 70: 298 – 300.

FORBUSH, E. H. (1927): Birds of Massachusetts and other New England states. Vol. 2. — Massachusetts Department of Agriculture.

FRIEDMANN, H. (1930a): A lark new tosscixnce from north–central Kenya Colony. — Auk 47: 418 – 419.

FRIEDMANN, H. (1930b): *Mirafra candida* sp. nov. — Auk 47: 418.

FRIEDMANN, H. (1930c): *Mirafra pulpa* sp. nov. — Occ. Papers, Boston Soc. Nat. Hist. 5: 257.

FRY, C. H. (1966): Crested lark feeding on ant–lion larvae. — Bull. Niger. Orn. Soc. 3: 47.

GASTON, A. J. (1970): Birds in the central Sahara in winter. — Bull. Brit. Orn. Club 90: 53 – 66.

GELLERT, F. et al. (1987): Die Erde. — Leipzig et al.

GINN, P. (1972/74): Birds of the Highveld. — Rhodesia.

GINN, P. (1974): Birds of the Lowveld. — Rhodesia.

GLADKOV, N. A., G. P. DEMENTJEV, E. C. PTUSCHENKO & A. M. SUDILOWCKAJA (1964): Opredelitel Ptic CCCR. — Moskau.

GLAUBRECHT, M. (1992): Sexuelle Selektion beim Feldlerchengesang. — Naturwiss. Rundsch. 7: 274 – 275.

GLUTZ VON BLOTZHEIM, U. N. (Hrsg.) (1985): Handbuch der Vögel Mitteleuropas. Bd. 10/I. — Wiesbaden.

GOODMAN, S. M., P. L. MEININGER & W. C. MULLIÉ (1986): The birds of the Egyptian Western Desert. — Misc. Publ. Mus. zool. Mich. 172: 1 – 91.

GUICHARD, K. M. (1955): The birds of Fezzan and Tibesti. — Ibis 97: 393 – 424.

HAFTORN, S. (1925): Norges Fugler. — Oslo et al.

HALL, B. P. (1961): The status of *Mirafra pulpa* and *Mirafra candida*. — Bull. Brit. Orn. Club 81: 108 – 111.

HARRISON, C. J. O. (1966): The validity of some genera of larks (Alaudidae). — Ibis 108: 573 – 583.

HARRISON, C. J. O. (1975): A field guide to nests, eggs and nestlings of Britain and European birds. — London.

HARRISON, C. J. O. & J. FORSTER (1959): Woodlark territories. — Bird Study 6: 60 – 68.

HARTERT, E. (1910): Die Vögel der paläarktischen Fauna. Bd. 1. — Berlin.

HARTERT, E. & F. STEINBACHER (1932 – 1938): Die Vögel der paläarktischen Fauna. Erg.–Bd. — Berlin.

HARTLEY, P. H. T. (1946): Notes on the breeding biology of the crested lark. — Brit. Birds 39: 142 – 144.

HAZEVOET, C. J. (1989): Notes on behaviour and breeding of the Razo lark, *Alauda razae*. — Bull. B. O. C. 109 (2): 82 – 86.

HAZEVOET, C. J. (1989): Wing – clapping display of Dupont's lark, *Chersophilus duponti*. — Bull. B. O. C. 109 (3): 181 – 184.

HEGAZI, E. M. (1981): A study of the amount of some invertebrates that are eaten by wild birds in the Egyptian western desert. — J. Aric Sci. 96: 497 – 501.

HEIM DE BALSAC, H. & N. MAYAUD (1962): Les Oiseauc Du Nord – Quest de l'Afrique. — Paris.

HEINRICH, G. (1958): Zur Verbreitung und Lebensweise der Vögel in Angola. — J. Orn. 99: 121 – 141, 322 – 362, 399 – 421.

HENRY, G. M. (1955): A Guide to the Birds of Ceylon. — Oxford, London.

HERRMANN, J. (1988): Die Menschwerdung. — Berlin.

HEUGLIN, T. VON (1864): *Galerida modesta*. — J. Orn.: 274 – 275.

HILGERT, C. (1908): »Katalog der Collection von Erlanger in Nieder–Ingelheim a. Rhein«. — Berlin, Friedlander und Sohn.

HILL, R. (1967): Australian Birds. — Nelson.

HOCKEY, P. A. R. & J. C. SINCLAIR. (1981): The nest and systematic position of Sclater's lark. — Ostrich 52: 256 – 257.

HOCKEY, P. A. R., D. G. ALLAN, A. G. REBELO & W. R. J. DEAN (1988): The distribution, habitat requirements and conservation status of Rudd's lark, *Heteromirafra ruddi*, in South Africa. — Biol. Conser. 45: 255 – 266.

HOESCH, W. (1953): Über die Rassenbildung der südwestafrikanischen Bodenvögel. — J. Orn. 94: 274 – 284.

HOESCH, W. (1955): Die Vogelwelt Südwestafrikas. — Windhoek.

HOESCH, W. (1958a): Über die Auswirkung der Gefiedereinstäubung auf die Federfarbe der Lerchen. — J. Orn. 99: 367 – 371.

HOESCH, W. (1958b): Nest und Gelege der Wüstenlerche *Ammomanes grayi*. — J. Orn. 99: 426 – 430.

HOESCH, W. & G. NIETHAMMER (1940): Die Vogelwelt Deutsch–Südwestafrikas. — J. Orn. 88, Sonderheft.

HOLLOM, P. A. D., R. F. PORTER, S. CHRISTENSEN & I. WILLIS (1988): »Birds of the Middle East and North Africa. A companion guide«. — T. and A. D. Poyser, Calton, England.

HOWARD, R. & A. MOORE (1984): A Complete Checklist of the Birds of the World. — London.

HÜE, F. & R. D. ETCHÉCOPAR (1970): Les Oiseaux du Proche et du Moyen Orient. — Paris.

HUSTLER, C. W. (1980): The song of the short–clawed lark, *Mirafra chuana*. — Unpublished B Sc Honours dissertation, University of Witwatersrand, Johannesburg.

HUSTLER, K. (1985): First breeding record of the short–clawed lark . — Honeyguide 31: 109 – 111.

HOWARD, R. & A. MOORE (1984): A Complete Checklist of the Birds of the World. — London.

ILICEV, V. D. & V. E. FLINT (Hrsg.) (1985): Handbuch der Vögel der Sowjetunion. Bd. 1. — Ziemsen, Wittenberg Lutherstadt.

IRWIN, M. P. S. (1982): The status of the chestnut–backed finch lark in the middle Zambezi and Luangwa valleys. — Honeyguide 111/112: 20 – 21.

IRWIN, M. P. S. & P. LORBER (1983): The breeding season of the chestnut–backed Finch Lark in Zimbabwe. — Honeyguide 114 – 115: 22 – 24.

JACKSON, F. I. (1938): Birds of Kenya Colony and the Uganda Protectorate. — London.

JENNINGS, M. C. (1980): Breeding birds of central Arabia. — Sandgrouse 1: 71 – 81.

JOHANSEN, H. (1944): Die Vogelfauna Westsibiriens. — J. Orn. Heft 1/2.

KAHLKE, H. D. (1984): Das Eiszeitalter. — Leipzig et al.

KARCHER, F. & R. D. Medland (1989): Preferred habitat of Fischer's finchlark. — Nyala 14: 45.

KEITH, G. S. & A. TWOMEY (1968): New distributional records of some East African birds. — Ibis 110: 537 – 548.

KEITH, S., E. K. URBAN & C. H. FRY (1992): The Birds of Africa. Volume IV. — London et al.

KING, B. & M. WOODCOCK (1975): A Field Guide to the Birds of South East Asia. — London.

KIRKPATRICK, K. M. (1954): A display of the red-winged bushlark. — I Bombay Nature History 52: 601 – 602.

KLEINSCHMIDT, O. (1940): Katalog meiner ornithologischen Sammlung. — Beilage zu Falco 1935 – 1943.

KOFFAN, K. (1960): Observations on the nesting of the woodlark (*Lullula arborea* L.). — Acta zool. Budapest 6: 371 – 412.

KÖNIGSTEDT, D. & D. ROBEL (1983): Über die Feldkennzeichen einiger mongolischer Vogelarten. — Mitt. Zool. Mus. Berlin 7: 127 – 149.

KÖNIGSTEDT, D. & D. ROBEL (1985): Zur feldornithologischen Unterscheidung von Stummellerche (*Calandrella rufescens*) und Kurzzehenlerche (*C. cinerea*). — Zool. Abh. Mus. Tierkde. Dresden 41: 65 – 75.

KOZLOVA, E. V. (1981): Entwicklungsrichtung der Merkmale des Geschlechtsdimorphismus bei den Ohrenlerchen als Grundlage für das Verständnis der Ausbreitungsgeschichte der Gattung. — Filogenija i sistematica ptic. Tr. Zool. Inst. AN SSSR 102: 56 – 61, Leningrad (russ.).

LABITTE, A. (1958): Observations sur *Lullula arborea* en Pays Droguais. — Oiseaux 28: 39 – 52.

LABUSCHAGNE, R. J. (1959): Birds of the Kalahari Gemsbok National Park. — Ostrich 3: 86 – 95.

LACK, D. (1966): Populations Studies of Birds. — Oxford.

LACK, P. C. (1976): The first recorded nest of the pink–breasted lark *Mirafra poecilosterna* (REICHENOW). — Bull. Brit. Orn. Club 96: 111 – 112.

LACK, P. C. (1977): The status of Friedmann's bush lark, *Mirafra pulpa*. — Scopus 1: 34 – 39.

LACK, P. C., W. LEUTHOLD & C. SMEENK (1980): Check–list of the birds of Tsavo East National Park, Kenya. — J. E. Afr. Nat. Hist. Soc. 170: 1 – 25.

LAMBRECHT, K. (1933): Handbuch der Palaeornithologie. — Berlin.

LAWSON, W. J. (1961): The races of the Karoo lark, *Certhilauda albescens* (LAFRESNAYE). — Ostrich 32: 64 – 74.

LEISTNER, O. A. (1959a): Notes on the vegetation of the Kalahari Gemsbok National Park with special reference to its influence on the distribution of antelopes. — Koedoe 2: 128 – 151.

LEISTNER, O. A. (1959b): Preliminary list of plants found in the Kalahari Gemsbok National Park. — Koedoe 2: 152 – 172.

LEUNIS, J. (1883): Synopsis der Thierkunde. 1. Bd. — Hannover.

LIPPENS, L. & H. WILLE (1976): Les Oiseaux du Zaire. — Lannoo, Tielt.

LORENZ, K. (1988): Hier bin ich – wo bist du? — München.

LOUW, P. A. (1964): Bodemkundige aspecte van die Kalahari–Gemsbokpark. — Koedoe 7: 156 – 172.

LOVELL, H. B. (1944): Breeding records of the prairie horned lark in Kentucky. — Auk 61: 648 – 650.

LYNES, H. (1920): Ornithology of the Moroccan »Middle – Atlas«. — Ibis 11: 260 – 301.

MACDONALD, J. D. (1952a): Notes on the longbill lark, *Certhilauda curvirostris*. — Ibis 94: 122 – 127.

MACDONALD, J. D. (1952b): Notes on the taxonomy of the clapper larks of South Africa. — Ibis 94: 629 – 635.

MACDONALD, J. D. (1953): Taxonomy of the Karroo and red–back larks of western South Africa. — Bull. Brit. Mus. Zool. 1: 319 – 350.

MACDONALD, J. D. (1957): Contribution to the ornithology of western South Africa. — Trustees of the Brit. Mus. London.

MACKOWICZ, R. (1970): Biology of the woodlark, *Lullula arborea* (LINNAEUS, 1758) (Aves) in the Rzepin forest (western Poland). — Acta zool. Cracov. 15: 61 – 160.

MACKWORTH–PRAED, C. W. & C. H. B. GRANT (1955): Birds of Eastern and North Eastern Africa. In: African Handbook of Birds. Bd. 2. — London.

MACKWORTH–PRAED, C. W. & C. H. B. GRANT (1973): Birds of West Central and Western Africa. — In: African Handbook of Birds. London.

MACLEAN, G. L. (1957): Nests of pallid Karroo lark in Namib Desert. — Ostrich 28: 124.

MACLEAN, G. L. (1960): Records from southern South West Africa. — Ostrich 31: 49 – 63.

MACLEAN, G. L. (1965): Further ornithological records from southern South West Africa. — Ostrich 36: 9 – 11.

MACLEAN, G. L. (1967): The breeding biology and behaviour of the double–banded courser *Rhinoptilus africanus* (Temminck). — Ibis 109: 556 – 569.

MACLEAN, G. L. (1968): Field studies on the sandgrouse of the Kalahari Desert. — Living Bird 7: 209 – 235.

MACLEAN, G. L. (1969a): South African lark genera. — Cimbebasia A1: 79 – 94.

MACLEAN, G. L. (1969b): The biology of the larks (Alaudidae) of the Kalahari sandveld. — Zool. afr. 5: 7 – 39.

MACLEAN, G. L. (1970): Breeding behaviour of larks in the Kalahari Sandveld. — Ann. Natal Mus. 20: 381 – 401.

MACLEAN, G. L. (1985): Roberts' Birds of Southern Africa. — Cape Town.

MACLEAN, G. L. & C. J. VERNON (1976): Mouthspots of passerine nestlings. — Ostrich 47: 95 – 98.

MAKATSCH, W. (1976): Die Eier der Vögel Europas. — Leipzig, Radebeul.

MAKATSCH, W. (1980): Wir bestimmen die Vögel Europas. — 4. Aufl., Leipzig, Radebeul.

MARCINEK, J. (1977): Die Erde im Eiszeitalter. — Gotha, Leipzig.

MARTIN, I. (1972): The nest of the dusky lark. — Bokmakirie 24 (1): 3.

MAUERSBERGER, G. (1972): Urania Tierreich — Vögel. — Leipzig et al.

MAUERSBERGER, G. (1982): Allgemeiner Bericht über eine ornithologische Gemeinschaftsreise in die Mongolei (30. V. bis 13. VI. 1979). — Mitt. Zool. Mus. Berlin.

MAYAUD, N. (1985): Les Oiseaux du Nord – Quest de l'Afrique. Notes complémentaires. — Alauda 3: 197 – 208.

MAYR, E. & A. MC. EVEY (1960): The distribution and variation of *Mirafra javanica* in Australia. — Emu 60: 155 – 192.

MAZÁK, V. & Z. BURIAN (1983): Der Urmensch und seine Vorfahren. — Prag.

MCLACHLAN, G. R. & R. LIVERSIDGE (1970): Roberts' Birds of South Africa. — Johannesburg.

MEINERTZHAGEN, R. C. (1930): Nicoll's Birds of Egypt. Bd. 1. — London.

MEINERTZHAGEN, R. C. (1951): Review of the Alaudidae. — Proc. Zool. Soc. London 121: 81 – 132.

MEINERTZHAGEN, R. C. (1954): Birds of Arabia. — Edinburgh.

MEISE, W. (1933): Zoogeographische Lerchenstudien. — Mitt. Zool. Mus. Berlin 19: 34 – 37.

MEISE, W. (1937): Zur Vogelwelt des Matengo–Hochlandes nahe dem Nordende des Njassasees. — Mitt. Zool. Mus. Berlin 22: 86 – 160.

MEYER DE SCHAUENSEE, R. (1984): The Birds of China. — Oxford.

MISKELL, J. E. & J. S. ASH (1985): Gillett's lark, *Mirafra gilletti*, new to Kenya. — Scopus 9: 53 – 54.

MOREAU, R. E. (1966): The Birds of Africa and its Islands. — New York, London.

MOREL, G. J. & M. Y. MOREL (1984): *Eremopterix nigriceps albifrons* et *Eremopterix leucotis melano-*

cephala (Alaudidés) au Sénégal. — Proc. V Pan–Afr. Orn. Congr.: 309 – 322.

MORGAN, J. H. & J. PALFERY (1986): Some notes on the black–crowned Finch Lark. — Sandgrouse 8: 58 – 73.

MUNDY, P. J. & A. W. COOK (1972): Birds of Sokoto. — Bull. Niger. Orn. Soc. 9: 26 – 47, 61 – 76.

MYBURGH, N. & P. STEYN (1989): Notes on a red lark's nest. — Birding in Southern Africa 41: 114 – 115.

NADLER, T. (1974): Die Kurzzehenlerche, ein Brutvogel Ungarns. — Falke 21: 12-17.

NADLER, T. (1982): In: MAUERSBERGER, G.: Neue Daten zur Avifauna Mongolica. — Mitt. Zool. Mus. Berlin 58: 44 – 45.

NADLER, T. (1989): Beobachtungen am Wüstenregenpfeifer in der Mongolei. — Falke 36: 42 – 47.

NADLER, T. (1991): Der Goliath der Lerchen, die Riesensumpflerche – ein Brutvogel Tibets. — Falke 38: 106 – 111.

NAKONZER, B. (1987): Zu Eremopterix leucopareia – Braunscheitellerche. — Monatszeitschrift des SZG Ziergeflügel und Exoten 10: 153 und 11: 164 – 166.

NAUMANN, J. F. (1900): Naturgeschichte der Vögel Mitteleuropas. Bd. 3. — Gera–Untermhaus.

NAUROIS, R. DE (1974): Dé couverte de la reproduction d'Eremalauada dunni dans le Zemmour (Mauritanic Septentrionale). — Alauda 42: 111 – 116.

NEUMANN, O. (1917): Über die Avifauna des unteren Senegal–Gebietes. — J. Orn. 65: 189 – 214.

NEUNZIG, R. (1925): Neueinführungen und Seltenheiten. Wüstenläuferlerche. — Gef. Welt 54: 467 – 468.

NEUNZIG, R. (1929): Aus meiner Vogelstube. — Gef. Welt, 58. Jg.: 460 – 461.

NEWMAN, K. (1983): Newman's Birds of Southern Africa, Updated. — Johannesburg.

NIETHAMMER, G. (1937): Handbuch der deutschen Vogelkunde. Bd. 1. — Leipzig.

NIETHAMMER, G. (1940): Die Schutzanpassung der Lerchen. — J. Orn. 88, Sonderheft: 75 – 83.

NIETHAMMER, G. (1954): Winterliche »Männchenpaare« in der algerischen Sahara. — Vogelwarte 17: 194 – 196.

NIETHAMMER, G. (1955a): Zur Kennzeichnung von Galerida cristata und G. theklae. — J. Orn. 96: 411 – 417.

NIETHAMMER, G. (1955b): Zur Vogelwelt des Ennedi Gebirges. — Bonner zool. Beitr. 6: 29 – 80.

NIETHAMMER, G. (1963): Zur Vogelwelt des Hogar–Gebirges (Zentral–Sahara). — Bonner zool. Beitr. 14: 129 – 150.

NIETHAMMER, G. (1969): Am Nest der Namiblerche Ammomanes gray. — J. Orn. 110: 503 – 504.

NIETHAMMER, G. (1973): Buch der Vogelwelt Mitteleuropas. Stuttgart et al.

NORRIS, A. S. (1964): Nest and young of bifasciated lark, Certhilauda alaudipes. — Ibis 106: 531 – 532.

NORTH, A. J. (1901 – 1904): Nest and Eggs of Birds in Australia and Tasmania. Vol. 1. — Sydney.

NORTH, M. E. W. & D. S. MCCHESNEY (1964): More Voices of African Birds. — Houghton Mifflin Co., Boston.

ORLANDO, C. (1943): Alauda arvensis (A proposito di Lodole nane). — Riv. Ital. Orn. 13: 51 – 54.

PÄTZOLD, R. (1963/1975/1983): Die Feldlerche. — 1. – 3. Aufl. N. Brehm–Büch. 323, Ziemsen, Wittenberg Lutherstadt.

PÄTZOLD, R. (1966): Frühlingsboten Feldlerche. — Vogelkosmos 3: 103 – 107.

PÄTZOLD, R. (1967): Über das Verhalten der Heidelerche (Lullula arborea) gegenüber am Nest aufgestellten Singvogelattrappen sowie bei erzwungenem Höhlenaufenthalt der Jungen. — Vögel der Heimat 37: 176 – 179.

PÄTZOLD, R. (1968): Über die Schlafhaltung der Lerchen. — Falke 15: 16.

PÄTZOLD, R. (1969): Erlebtes und Experimentiertes am Nest der Heidelerche. — Vogelkosmos 6: 134 –137.

PÄTZOLD, R. (1971/1986): Heidelerche und Haubenlerche. — 1. u. 2. Aufl. N. Brehm–Büch. 440, Ziemsen, Wittenberg Lutherstadt.

PÄTZOLD, R. (1974): Über eine Feldlerchenbrut im Freikäfig. — Falke 19: 312 – 315.

PÄTZOLD, R. (1979): Aufzeichnungen am Brutplatz der Balkanohrenlerche. — Falke 26: 118 – 125.

PÄTZOLD, R. (1981): Aufzucht, Mauser und Verhalten bei handaufgezogenen Balkanohrenlerchen. — Falke 28: 114 – 123.

PÄTZOLD, R. (1986): Ohrenlerchenbruten im Ponor. — Falke 33: 245 – 251.

PÄTZOLD, R. (1987): Die Ohrenlerche. — N. Brehm–Büch. 586, Ziemsen, Wittenberg Lutherstadt.

PÄTZOLD, R. (1989): Lerchenstudien an der bulgarischen Schwarzmeerküste. — Falke 36: 298 – 303, 344 – 349, 386 – 389.

PÄTZOLD, R. (1991): Die Balkan-Ohrenlerche im Ponor/Westbalkan. — Falke 38: 292 – 302.

PÄTZOLD, R. (1993): Die Steinlerche Ammomanes deserti algeriensis im Bergland von Tamerza. — Falke 40: 336 – 342.

PÄTZOLD, R. & J. SCHIMKAT (1992): Lerchen und Steinschmätzer: Die dominierenden Vogelgruppen in Südtunesien – mit einer Avifaunistik weiterer gesichteter Arten. — Falke 39: 150 – 161.

PALLAS, P. S. (1771): Reise durch verschiedene Provinzen des Russischen Reiches. — Teil 1, Auszüge, Herausgeber M. LAUCH 1987, Leipzig.

PALLAS, P. S. (1776): Reise durch verschiedene Provinzen des Russischen Reiches. — Teil 3, Auszüge, Herausgeber M. LAUCH 1987, Leipzig.

PALLAS, P. S. (1811): Zoographia rosso–asiatica. —
1. Bd.: 518, 526.

PALMGREN, P. (1937): Beiträge zur biologischen
Anatomie der hinteren Extremitäten der Vögel. —
Fauna Flora Fennica 60: 136 – 161.

PAYNE, R. B. (1978): Local dialects in the wingflaps
of flappet lark, Mirafra rufocinnamomea. — Ibis 120:
204 – 207.

PETERS, D. S. (1989): Warum die Läufer unter den
Sperlingsvögeln ihre Hinterzehen behalten haben.
— Natur u. Mus. 119: 177 – 183.

PICKWELL, G. P. (1931): The prairie horned lark. —
Trans Acad. Sci. St. Luis 27: 1 – 153.

PIECHOCKI, R. (1958): Beiträge zur Avifauna Nord–
und Nordost–Chinas (Mandschurei). — Zool. Abh.
Mus. Tierkde. Dresden 24: 105 – 203.

PIECHOCKI, R. & A. BOLOD (1972): Beiträge zur
Avifauna der Mongolei. T. 2. Passeriformes. —
Mitt. Zool. Mus. Berlin 48: 41 – 175.

PIZZEY, G. (1980): A Field Guide to the Birds of
Australia. — Sydney.

PORTENKO, L. A. (1954): Ptizy SSSR (Die Vögel der
Sowjetunion). — Moskau, Leningrad.

PROZESKY, O. P. M. (1970): A Field Guide to the
Birds of Southern Africa. — London, Johannesburg.

PROZESKY, O. P. M. & C. H. HAAGNER (1962): A
check–list of the birds of the Kalahari Gemsbok
Park. — Koedoe 5: 171 – 182.

RAND, A. L., H. FRIEDMANN & M. A. TRAYLOR
(1959): Birds from Gabon and Moyen Congo. —
Fieldiana Z. 41: 219 – 411.

REICHENOW, A. (1894): Die Vögel Deutsch–Ost–
Afrikas. — Berlin.

REICHENOW, A. (1900 – 1905): Die Vögel Afrikas. —
Neudamm.

REICHENOW, A. (1914): Die Vögel. Handbuch der
systematischen Ornithologie. Bd. 2. — Stuttgart.

RIPLEY, S. D. (1989): Crested lark using »anvil«. —
Brit. Birds 82: 30 – 31.

RIPLEY, S. D. & G. M. BOND (1966): The birds of
Socotra and Abd-el-Kuri. — Smithsonian Misc.
Col.. 151: 1 – 37.

ROBEL, D. & D. KÖNIGSTEDT (1989): Ornithologische
Winterbeobachtungen an der bulgarischen
Schwarzmeerküste. — Falke 36: 60 – 65.

ROBERTS, A. (1937): Some results of the Barlow–
Transvaal Museum expedition to South–west
Africa. — Ostrich 8: 84 – 111.

ROBERTS, A. (1953): The Birds of South Africa —
London.

ROTHMALER, W. (1950): Allgemeine Taxonomie und
Chorologie der Pflanzen. — Jena.

SAFRIEL, U. N. (1990): Winter foraging behaviour of
the dune lark in the Namib Desert, and the effect of
prolonged drought on behaviour and population
size. — Ostrich 61: 77 – 80.

SATYA, C. L. (1924): Observations on Pyrrhulauda
grisea. — Ibis 35: 645 – 647.

SCHÄFER, E. (1938): Ornithologische Ergebnisse
zweier Forschungsreisen nach Tibet. — J. Orn. 86,
Sonderheft: 180 – 190.

SCHILDMACHER, H. (1982): Einführung in die Ornithologie. — Jena.

SCHLEICH, H. & H. WUTTKE (1988): Die Kapverdischen Eilande Santa Luzia, Branco und Razo – ein
Reisebericht. — Natur und Museum 113: 33 – 44.

SCHMEIL, O. (1905): Über die Reformbestrebungen
auf dem Gebiet des naturgeschichtlichen Unter-
richts. — Stuttgart.

SCHMIDL, D. (1982): The birds of the Serengeti
National Park, Tanzania. — Brit. Orn. Union
Checklist 5, London.

SCHÖNWETTER, M. & W. MEISE (1969): Handbuch
der Oologie. — Lief. 16, Berlin.

SCHÜZ, E. (1959): Die Vogelwelt des Südkaspischen
Tieflandes. — Stuttgart.

SCHUSTER, L. (1926): Beiträge zur Verbreitung und
Biologie der Vögel Deutsch–Ost–Afrikas. — J. Orn.
74: 138 – 167, 521 – 541, 709 – 742.

SCOTT, D. A. et al. (1975): The birds of Iran. —
Teheran.

SEIBT, U. (1975): Instrumentaldialekte der Klapper-
lerche Mirafra rufocinnamomea (SALVADORI). — J.
Orn. 116: 103 – 107.

SERLE, W. (1943): Notes on East African birds. —
Ibis 85: 55 – 82.

SERLE, W., G. J. MOREL & W. HARTWIG (1977): A
Field Guide to the Birds of West Africa. — London.

SERVENTY, D. L. & A. J. MARSHALL (1957): Breeding
periodicity in Western Australian birds, with an
account of unseasonal nestings in 1953 and 1955. —
EMU 57: 99 – 126.

SERVENTY, D. L. & H. M. WHITELL (1976): Birds of
Western Australia. — Perth.

SHANNON, G. R. (1974): Studies of less familiar
birds 174. Shore lark and Temminck's horned lark.
— Brit. Birds 67: 502 – 511.

SHELLEY, G. E. (1902): The Birds of Africa in the
Ethiopian Region. Bd. 3. — London.

SHUEL, R. (1938): Notes on the breeding habits of
birds near Zaria, N. Nigeria, with descriptions of
their nests and eggs. — Ibis 14: 230 – 244.

SIBLEY, C. G. (1970): A comparative study of the
egg–white proteins of passerine birds. — Bull.
Peabody Mus. Nat. Hist., Yale Univ. 32: 1 – 131.

SIBLEY, C. G. & J. E. AHLQUIST (1990): Phylogeny
and Classification of Birds. A Study in Molecular
Evolution. — London.

SIMMONS, K. E. L. (1952): Social behaviour in the
desert lark, Ammomanes deserti (LICHT.). — Ardea
40: 67 – 72.

SINCLAIR, J. (1984): Field Guide to the Birds of Southern Africa. — London.

SKEAD, D. M. (1975): Drinking habits of birds in the central Transvaal bushveld. — Ostrich 46: 139 – 146.

SMIT, P. J. (1964): Die geohidrologie van die Nasionale Kalahari–Gemsbokpark. — Koedoe 7: 153 – 155.

SMITHERS, R. H. N. (1959): Notes on the avifauna of the south–west Kalahari area of the Bechuanaland Protectorate. — Ostrich 3: 126 – 132.

SMYTHIES, B. E. (1953): The Birds of Burma. — Edinburgh, London.

SMYTHIES, B. E. (1960): The Birds of Borneo. — Edinburgh.

SNOW, D. W. (1950): The birds of Sao Tomé and Principe in the Gulf of Guinea. — Ibis 92: 579 – 595.

STANGE, A. (1929): Vogelschutz und Vogelliebhaberei. — Gef. Welt 58: 381.

STEGMANN, B. (1931): Die Vögel des dauro–mandschurischen Übergangsgebietes. — J. Orn. 79: 171 – 173.

STEPHAN, B. (1965): Die Zahl der Armschwingen bei den Passeriformes. — J. Orn. 106 (4): 446 – 458.

STEYN, P. (1964): A note on the chestnut–backed finch–lark. — Bokmakierie 16: 2 – 4.

STEYN, P. (1988): Co–operative breeding in the spikeheeled lark. — Ostrich 59: 182.

STEYN, P. & N. MYBURGH (1989): Notes an Sclater's Lark. — Birding in Southern Africa 41: 67 – 69.

STRESEMANN, E. & G. HEINRICH (1940): Die Vögel des Mount Victoria. — Mitt. Zool. Mus. Berlin 24: 151 – 264.

STRESEMANN, E., W. MEISE & M. SCHÖNWETTER (1937): Aves Beickianae. — J. Orn. 85: 488 – 499.

SUÁREZ, F. (1983): Estructura y composicion de las communidades de aves invernantes en las zonas semiaridas de Lanzarote y Fuerteventura (Isla Canarias. — Ardeola 30: 83 – 91.

SUÁREZ, F., T. SANTOS & J. L. TELLERIA (1982): The status of Dupont's lark, Chersophilus duponti, in the Iberian Peninsula. — Gerfaut 72: 231 – 235.

SWYNNERTON, C. F. M. (1916): On the coloration of the mouths and eggs of birds – I. The mouths of birds. — Ibis 4: 264 – 294.

SY, M. (1936): Funktionell anatomische Untersuchung am Vogelflügel. — J. Orn. 84: 199 – 296.

SYMMES, T. C. L. (1961): Notes on the rufous–naped lark and the red–capped lark. — North Rhodes 4: 377 – 381.

TARBOTON, W. R. (1980): Avian populations in Transvaal savanna. — Proc. IV. Pan–Afr. Orn. Congr.: 113 – 124.

TELLERIA, J. L. (1981):»La migracion de las Aves en el Estrecho de Gibraltar«, 2.»Aves no Planeadras«. — Universidad Complutense, Madrid.

THIEDE, W. (1991): Bemerkenswerte faunistische Feststellungen 1986/87 in Europa. — Orn. Mitt., 43. Jg., Nr. 4: 87.

THIELE, R. (1935): Sprechende Haubenlerche. — Gef. Welt 4: 381.

THOMSON, W. R. (1983): On the monotonous or white–tailed bush lark in Zimbabwe. — Honeyguide 113: 21 – 22.

TISCHLER, W. (1955): Synökologie der Landtiere. — Stuttgart.

TOMLINSON, W. (1950): Some notes chiefly from the northern frontier district of Kenya. Part II. — J. E. Afr. Nat. Hist. Soc. 19: 225 – 250.

TOOK, J. M. E. (1972): Breeding records 1971. — Cyprus Orn. Soc. (1957) Ann. Rep. 18: 40 – 49.

TRETZEL, E. (1965a): Imitation und Variation von Schäferpfiffen durch Haubenlerchen. — Z. Tierpsychol. 22: 784 – 809.

TRETZEL, E. (1965b): Artkennzeichnende und reaktionsauslösende Komponenten im Gesang der Heidelerche. — Zool. Anz. 29: 367 – 380.

TRIAR, J. (1933): Die Haubenlerche des Herrn Kullmann. — Gef. Welt 62: 358.

TURNER, D. A. (1985): On the claimed occurrence of the spikeheeled lark, Chersomanes albofasciata, in Kenya. — Scopus 9: 142.

VALVERDE, J. A. (1957): Aves del Sahara Español. — Madrid.

VAN SOMEREN, V. G. L. (1956): Days with birds. Studies of some East African species. — Fieldiana Zool. 38: 1 – 520.

VAURIE, C. (1951): A study of Asiatic Larks. — Bull. Amer. Mus. Nat. Hist. 97, Art. 5.

VAURIE, C. (1959): The Birds of the Palearctic Fauna. — London.

VERHEYEN, R. (1958): Contribution a l'anatomie de base et à la systématique des Alaudidae (Passeriformes). — Alauda 26: 1 – 25.

VERHEYEN, R. (1959): Contribution to the systematics of the larks Alaudidae. What is Certhilauda? — Ostrich 30: 51 – 52.

VERNON, C. J. (1973): Vocal imitation by southern Africans birds. — Ostrich 44: 23 – 30.

VERNON, C. J. (1983): Notes on the monotonous or white–tailed bush lark in Zimbabwe. — Honeyguide 113: 19 – 20.

VESEY–FITZGERALD, D. F. (1957): Nest of Mirafra albicauda WHITE. — Bull. Brit. Orn. Club 77: 23 – 24.

VOOUS, K. H. (1962): Die Vogelwelt Europas und ihre Verbreitung. — Hamburg, Berlin.

WADEWITZ, O. (1957): Die Heidelerche. — Falke 4: 151 – 153.

WALKER, F. J. (1981): Notes on the birds of Dhofar, Oman. — Sandrouse 2: 56 – 85.

WALLACE, D. I. M. (1983): The breeding birds of the Azraq Oasis and its desert surround, Jordan, in the mid–1960s. — Sandgrouse 5: 1 – 18.

WEIGOLD, H. (1925): Vogelliebhaber in China. — Gef. Welt 54: 309 – 311.

WETMORE, A. (1960): A classification for the birds of the world. — Smithson. Misc. Coll. 139: 1 – 37.

WHISTLER, H. (1930): The birds of the Rawal District, NW India. — Ibis 6: 118 – 119.

WHITE, C. M. N. (1952): On the genus *Mirafra*. — Ibis 94: 687 – 689.

WHITE, C. M. N. (1956a): Notes on African larks. — Part. I, Bull. Brit. Orn. Club 76: 2 – 6.

WHITE, C. M. N. (1956b): Notes on African larks. — Part. II, Bull. Brit. Orn. Club 76: 53 – 60.

WHITE, C. M. N. (1956c): Notes on African larks. — Part. III, Bull. Brit. Orn. Club 76: 120 – 124.

WHITE, C. M. N. (1957a): Notes on African larks. — Part. IV, Bull. Brit. Orn. Club 77: 103 – 104.

WHITE, C. M. N. (1957b): Notes on African larks. — Part. V, Bull. Brit. Orn. Club 77: 119 – 120.

WHITE, C. M. N. (1959a): Nomadism, breeding and subspeciation in some African larks. — Bull. Brit. Orn. Club 79: 53 – 57.

WHITE, C. M. N. (1959b): The limits of the genus *Mirafra*. — Bull. Brit. Orn. Club 79: 163 – 166.

WHITE, C. M. N. (1960): The Ethiopian and allied forms of *Calandrella cinerea* (GMELIN). — Bull. Brit. Orn. Club 80: 24 – 35.

WILLIAMS, J. G. (1973): Die Vögel Ost – und Zentralafrikas. — Hamburg, Berlin.

WILLIAMS, J. G. & N. ARLOTT (1980): A Field Guide to the Birds of East Africa. — London.

WILLOUGHBY, E. J. (1968): Water econony of the Stark's lark and grey–backed finch–lark from the Namib Desert of South West Africa. — Comp. Biochem. Physiol. 27: 723 – 745.

WILLOUGHBY, E. J. (1971): Biology of larks (Aves, Alaudidae) in the central Namib Desert. — Zool. Afr. 6: 133 – 176.

WINTERBOTTOM, J. M. (1959): Notes on the breeding of the red–capped lark. — Ostrich 3: 289 – 299.

WINTERBOTTOM, J. M. (1967a): Some Karoo birds. — Bokmakierie 19: 14 – 16.

WINTERBOTTOM, J. M. (1967b): Systematic notes on the birds of the Cape Province. The status of *Ammomanes burra* (BANGS). — Ostrich 38: 156 – 157.

WINTERBOTTOM, J. M. & M. K. ROWAN (1962): Effect of rainfall on breeding of birds in arid areas. — Ostrich 33: 77 – 78.

WHITHERBY, H. F. (1952): The Handbook of British Birds I. — London.

WITTSACK, W. (1968): Beiträge zur Biologie der Haubenlerche. — Naturkdl. Jber. Mus. Heineanum 3: 47 – 66.

WOLFF–METTERRNICH, GRAF FERDINAND (1956): Biologische Notizen über Vögel von Fernando Po. — J. Orn. 97: 274 – 290.

WOLTERS, H E. (1979): Die Vogelarten der Erde. — Heft 4: 309 – 314.

WOLTSCHANETZKI (1954) In: DEMENT'EV & GLADKOV: Vögel der Sowjetunion. — Bd. 5, Moskau (russ.).

ZARUDNYI, N. (1911): Verzeichnis der Vögel Persiens. — J. Orn. 59: 185 – 241.

ZEDLITZ, O. G. (1909): Ornithologische Beobachtungen aus Tunesien, speziell dem Chott–Gebiete. — J. Orn. 57: 121 – 211, 241 – 322.

5 Nachweis der Abbildungen (ohne Fotos), Sonagramme und Verbreitungskarten

Soweit bei den Abbildungen nicht anders vermerkt stammen sie vom Verfasser. Sie wurden nach Vorlagen aus nachstehenden Arbeiten (vielfach geändert) gezeichnet:

BANNERMANN, D. A. (1953): The Birds of West and Equatorial Africa. — London.

BLOTZHEIM, G. VON (1985): Handbuch der Vögel Mitteleuropas. Bd. 10/I Passeriformes. — Wiesbaden.

BRUNN/SINGER/KÖNIG (1986): Der Kosmos–Vogelführer. — Stuttgart.

CAVE, C. & J. D. MACDONALD (1955): Birds of the Sudan. — London.

ETCHÉCOPAR, R. D. & F. HÜÉ (1967): The Birds of North Africa from the Canary Islands to the Red Sea. — Edinburgh, London.

GLADKOV, N. A., G. P. DEMENTJEV, E. C. PTUSCHENKO & A. M. SUDILOWCKAJA (1964): Opredelitel Ptic CCCR. — Moskau.

GRANDIDIER, P. A. (MDCCCLXX IX): Historie Physique, Naturelle et Politique de Madagascar. Vol. X IV, Tome III–Atlas–II. — Paris.

HILL, R. (1967): Australian Birds. — Nelson.

Ibis 1889, S. 415.

MACKWORTH–PRAED, C. W. & C. H. B. GRANT (1955): Birds of Eastern and North Eastern Africa. In: African Handbook of Birds. Bd. 2. — London.

MACLEAN, G. L. (1985): Roberts' Birds of Southern Africa. — Cape Town.

MACLEAN, G. L. & C. J. VERNON (1976): Mouthspots of Passerine Nestlings. — Ostrich 47: 95 – 98.

NEWMAN, K. (1983): Newman's Birds of Southern Africa, Updated. — Johannesburg.

PFORR & LIMBRUNNER (1980): Ornithologischer Bildatlas der Brutvögel Europas.

PORTENKO, L. A. (1954): Ptizy SSSR (Die Vögel der Sowjetunion). — Moskau, Leningrad.

Sonagramme

ABS, M. (1963): Vergleichende Untersuchungen an Haubenlerche (*Galerida cristata*) und Theklalerche (*G. theklae*). — Bonn. Zool. Beitr. 14: 1 – 128.

CRAMP, S. et al. (1988): Handbook of the Birds of Europe, the Middle East and North Africa. — Oxford, New York.

HAZEVOET, C. J. (1989): Notes on behaviour and breeding of the Razo Lark, *Alauda razae*. — Bull. B. O. C. 109 (2): 82 – 86.

HAZEVOET, C. J. (1989): Wing–clapping display of Dupont's Lark, *Chersophilus duponti*. — Bull. B. O. C. 109 (3): 181 – 184.

MACLEAN, G. L. (1985): Roberts' Birds of Southern Africa. — Cape Town.

PÄTZOLD, R. (1975): Die Feldlerche. — 2. Aufl. N. Brehm–Büch. 323, Wittenberg.

PÄTZOLD, R. (1986): Heidelerche und Haubenlerche. — 2. Aufl. N. Brehm–Büch. 440, Wittenberg.

PÄTZOLD, R. (1987): Die Ohrenlerche. — N. Brehm–Büch. 586, Wittenberg.

Verbreitungskarten

Sie entstanden größtenteils durch Sammeln von Karten und Textangaben aus diversen Arbeiten über begrenzte geographische Gebiete, die vom Verfasser vereinigt und durch neue Literatur ergänzt bzw. verändert wurden. Als Grundlage dienten Werke von:

ALI, S. & S. D. RIPLEY (1972): Handbook of the Birds of India and Pakistan. — Bombay et al..

CHENG TSO–HSIN (ZHENG ZUO–XIN) (1987): A Synopsis of the Avifauna of China. — Hamburg, Berlin.

CRAMP, S. et al. (1988): Handbook of the Birds of Europe, the Middle East and North Africa. — Oxford, New York.

ETCHÉCOPAR, R. D. & F. HÜÉ (1967): The Birds of North Africa from the Canary Islands to the Red Sea. — Edinburgh, London.

ETCHÉCOPAR, R. D. & F. HÜÉ (1983): Les Oiseaux de Chine de Mongolic et de Corée. — Paris.

KEITH, S., E. K. URBAN & C. H. FRY (1992): The Birds of Africa. Volume IV. — London et al.

MACKWORTH–PRAED, C. W. & C. H. B. GRANT (1955): Birds of Eastern and North Eastern Africa. In: African Handbook of Birds. Bd. 2. — London.

MACLEAN, G. L. (1985): Roberts' Birds of Southern Africa. — Cape Town.

MAYR, E. & A. MC. EVEY (1960): The distribution and variation of *Mirafra javanica* in Australia. — Emu 60: 155 – 192.

NEWMAN, K. (1983): Newman's Birds of Southern Africa, Updated. — Johannesburg.

SINCLAIR, J. (1984): Field Guide to the Birds of Southern Africa. — London.

VOOUS, K. H. (1962): Die Vogelwelt Europas und ihre Verbreitung. — Hamburg, Berlin.

Die Neue Brehm-Bücherei
Ornithologische Titel

Allgemeines

HANS BUB
Kennzeichen und Mauser europäischer Singvögel, 3. Teil
1983, Bd. 550, 200 S., 34,- ISBN 3 89432 335 3

HANS BUB
Kennzeichen und Mauser europäischer Singvögel, 4. Teil
1988, Bd. 580, 221 S., 35,- ISBN 3 89432 336 1

HANS BUB
Vogelfang und Vogelberingung, 3
4. Aufl. 1986, Bd. 389, 240 S., 26,- ISBN 3 89432 339 6

HANS BUB, HANS OELKE
Markierungsmethoden für Vögel
2. Aufl. 1985, Bd. 535, 152 S., 25,- ISBN 3 89432 337 X

GERHARD CREUTZ
Geheimnisse des Vogelzuges
10. Aufl. 1989, Bd. 75, 110 S., 16,- ISBN 3 89432 340 X

Monographien

WOLFGANG BAUMGART
Der Sakerfalke, *Falco cherrug*
3. Aufl. 1991, Bd. 514, 156 S., 39,- ISBN 3 89432 377 9

PETER BERTHOLD, ULRICH QUERNER, ROLF SCHLENKER
Die Mönchsgrasmücke, *Sylvia atricapilla*
1990, Bd. 603, 180 S., 32,- ISBN 3 89432 393 0

HANS BLÜMEL, RUDOLF KRAUSE
Die Schellente, *Bucephala clangula*
1990, Bd. 605, 108 S., 19,- ISBN 3 89432 395 7

GERHARD CREUTZ
Der Graureiher, *Ardea cinerea*
2. Aufl. 1983, Bd. 530, 192 S., 34,- ISBN 3 89432 341 8

GERHARD CREUTZ
Der Weißstorch, *Ciconia ciconia*
2. Aufl. 1988, Bd. 375, 236 S., 35,- ISBN 3 89432 342 6

HARTMUT DITTBERNER, WINFRIED DITTBERNER
Die Schafstelze, *Motacilla flava*
1983, Bd. 559, 188 S., 32,- ISBN 3 89432 358 2

ROLF DWENGER
Das Rebhuhn, *Perdix perdix*
2. Aufl. 1991, Bd. 447, 144 S., 39,- ISBN 3 89432 373 6

ROLF DWENGER
Die Dohle, *Corvus monedula*
1989, Bd. 588, 148 S., 24,- ISBN 3 89432 372 8

HELMUT ENGLER
Die Teichralle, *Gallinula chloropus*
2. Aufl. 1983, Bd. 536, 231 S., 37,- ISBN 3 89432 347 7

HERMANN HÖTKER
Der Wiesenpieper, *Anthus pratensis*
1989, Bd. 595, 156 S., 26,- ISBN 3 89432 360 4

LOTHAR KALBE
Der Gänsesäger, *Mergus merganser*
1990, Bd. 604, 137 S., 26,- ISBN 3 89432 394 9

SIEGFRIED KLAUS, ALEXANDER V. ANDREEV, HANS-HEINER BERGMANN, FRANZ MÜLLER, JAN PORKERT, JOCHEN WIESNER
Die Auerhühner, *Tetrao urogallus* und *T. urogalloides*
2. Auf. 1989, Bd. 86, 280 S., 39,- ISBN 3 89432 345 0

SIEGFRIED KLAUS, HANS-HEINER BERGMANN, CHRISTIAN MARTI, FRANZ MÜLLER, OLEG A. VITOVIC, JOCHEN WIESNER
Die Birkhühner, *Tetrao terix* und *T. mlokosiewiczi*
1990, Bd. 397, 288 S., 44,- ISBN 3 89432 397 3

SIEGFRIED KRÜGER
Der Brachpieper, *Anthus campestris*
1989, Bd. 598, 128 S., 19,- ISBN 3 89432 361 2

HANS LÖHRL
Die Haubenmeise, *Parus cristatus*
1991, Bd. 609, 120 S., 32,- ISBN 3 89432 375 2

WOLFGANG LÜBCKE, ROBERT FURRER
Die Wacholderdrossel, *Turdus pilaris*
1985, Bd. 569, 198 S., 29,- ISBN 3 89432 363 9

HORST MARKS
Kropftauben
2. Aufl. 1986, Bd. 568, 192 S., 32,- ISBN 3 89432 351 5

HORST MARKS
Kurzschnäblige Tümmler
1989, Bd. 594, 174 S., 33,- ISBN 3 89432 352 3

FALKO MELDE, MANFRED MELDE
Die Singdrossel, *Turdus philomelos*
1991, Bd. 611, 120 S., 32,- ISBN 3 89432374 4

JIRI MLIKOWSKY, KAREL BURIC
Die Reiherente, *Anser fuligula*
1983, Bd. 556, 99 S., 16,- ISBN 3 89432 343 4

REINHARD MÖCKEL
Die Hohltaube, *Columba oenas*
1988, Bd. 590, 200 S., 29,- ISBN 3 89432 353 1

HELMUT ÖLSCHLEGEL
Die Bachstelze, *Motacilla alba*
1985, Bd. 571, 191 S., 29,- ISBN 3 89432 359 0

RUDOLF PÄTZOLD
Die Feldlerche, *Alauda arvensis*
3. Aufl. 1983, Bd. 323, 144 S., 19,- ISBN 3 89432 355 8

RUDOLF PÄTZOLD
Der Baumpieper, *Anthus trivialis*
1990, Bd. 601, 130 S., 24,- ISBN 3 89432 391 4

RUDOLF PÄTZOLD
Heidelerche und Haubenlerche, *Lululla arborea, Galerida cristata*
2. Auf. 1986, Bd. 440, 183 S., 29,- ISBN 3 89432 356 6

RUDOLF PÄTZOLD
Die Ohrenlerche, *Eremophila alpestris*
1987, Bd. 586, 144 S., 22,- ISBN 3 89432 357 4

RUDOLF PÄTZOLD
Der Wasserpieper, *Anthus spinoletta*
1984, Bd. 565, 108 S., 17,- ISBN 3 89432 362 0

DIETER POLEY
Kolibris, Trochilidae
3. Auf. 1994, Bd. 484, 217 S., 43,- ISBN 3 89432 409 0

RUDOLF PIECHOCKI
Der Turmfalke, *Falco tinnunculus*
7. Aufl. 1991, Bd. 116, 164 S., 38,- ISBN 3 89432 376 0

HARTWIG PRANGE
Der Graue Kranich, *Grus grus*
1989, Bd. 229, 272 S., 39,- ISBN 3 89432 346 9

FRANK L. RADICKE
Der Indische Brillenvogel, *Zosterops palpebrosus*
1985, Bd. 572, 120 S., 18,- ISBN 3 89432 369 8

HORST SCHEUFLER, ARND STIEFEL
Der Kampfläufer, *Philomachus pugnax*
1985, Bd. 574, 210 S., 34,- ISBN 3 89432 348 5

EGON SCHMIDT, TIBOR FARKAS
Der Steinrötel, *Monticola saxatilis*
2. Aufl. 1988, Bd. 478, 104 S., 15,- ISBN 3 89432 365 5

MANFRED SCHÖNFELD
Der Fitislaubsänger, *Phylloscopus trochilus*
2. Aufl. 1984, Bd. 539, 184 S., 29,- ISBN 3 89432 366 3

MANFRED SCHÖNFELD
Die Beutelmeise, *Remiz pendulinus*
1994, Bd. 599, 264 S., 48,- ISBN 3 89432 410 4

SIEGFRIED SCHÖNN, WOLFGANG SCHERZINGER, KLAUS-MICHAEL EXO, ROTTRAUT ILLE
Der Steinkauz, *Athene noctua*
1991, Bd. 606, 237 S., 39,- ISBN 3 89432 396 5

ARND STIEFEL, HORST SCHEUFLER
Der Alpenstrandläufer, *Calidris alpina*
1989, Bd. 592, 248 S., 37,- ISBN 3 89432 349 3

ARND STIEFEL, HORST SCHEUFLER
Der Rotschenkel, *Tringa totanus*
1984, Bd. 562, 172 S., 26,- ISBN 3 89432 350 7

ELLEN THALER-KOTTEK
Die Goldhähnchen, *Regulus regulus, Regulus ignicapillus*
1990, Bd. 597, 166 S., 29,- ISBN 3 89432 367 1

HEINZ WAWRZYNIAK, GERTFRED SOHNS
Die Bartmeise, *Panurus biarmicus*
1986, Bd. 533, 168 S., 27,- ISBN 3 89432 368 X

....

In Vorbereitung 1995 (Neuauflagen):

RUDOLF PIECHOCKI, WILHELM BERGERHAUSEN, KARL RADLER, WOLFGANG SCHERZINGER: **Der Uhu,** (6. Aufl.)

RUDOLF ORTLIEB: **Der Schwarzmilan**

....

Nachdrucke: SCHNEIDER: **Schleiereulen;** MÄRZ: **Rauhfußkauz;** WACHS: **Vögel am Meer;** MÄRZ: **Von Rupfungen und Gewöllen;** GERBER: **Sumpfohreule;** SCHÖNN: **Sperlingskauz**

Fordern Sie unseren aktuellen Katalog mit den Reprint-Angeboten vergriffener Brehm-Bände an!

Westarp Wissenschaften
Uhlichstr. 6
39108 Magdeburg
Tel. u. Fax: 0391/35620